智能制造高技能人才培养规划丛书

新手学PLC

电工技术基础

工控帮教研组 / 编著

電子工業出版社
Publishing House of Electronics Industry
北京 · BEIJING

内 容 简 介

PLC 编程技术的初学者常因指令的抽象性而感到困惑，即使在大量学习理论知识后，面对实际操作时仍可能感到无所适从。为了解决这一学习难题，编者依托多年的教学积累及在工业自动化领域的实战经验，精心编写了一套专为初学者量身定制的教学内容。

本书聚焦于初学者在 PLC 学习过程中不可或缺的电工知识，从基础的安全用电知识开始，逐步深入到电路的基本原理，进而引导读者认识与 PLC 编程密切相关的外围设备。此外，本书还覆盖了电工工具的使用技巧、电工实操技能、经典电路的解读，以及 EPLAN 电气制图软件和 PLC 周边电气自动化控制设备等内容。

本书以层层递进的方式，巧妙地将理论与实践相融合，旨在为机电类大中专院校的学生提供一本全面且深入的教材或参考书籍。读者通过研读本书，有望能够更透彻地理解和掌握电工基础知识，同时精进 PLC 编程技术，从而为未来的职业生涯筑牢坚实的基石。

图书在版编目（CIP）数据

新手学 PLC：电工技术基础 / 工控帮教研组编著. 北京：电子工业出版社, 2024. 8. --(智能制造高技能人才培养规划丛书). -- ISBN 978-7-121-48262-5

Ⅰ. TM571.61

中国国家版本馆 CIP 数据核字第 2024A7C301 号

责任编辑：张　楠　　文字编辑：纪　林
印　　刷：固安县铭成印刷有限公司
装　　订：固安县铭成印刷有限公司
出版发行：电子工业出版社
　　　　　北京市海淀区万寿路 173 信箱　邮编　100036
开　　本：787×1092　1/16　印张：15.75　字数：403.2 千字
版　　次：2024 年 8 月第 1 版
印　　次：2025 年 1 月第 2 次印刷
定　　价：59.80 元

凡所购买电子工业出版社图书有缺损问题，请向购买书店调换。若书店售缺，请与本社发行部联系，联系及邮购电话：（010）88254888，88258888。

质量投诉请发邮件至 zlts@phei.com.cn，盗版侵权举报请发邮件至 dbqq@phei.com.cn。

本书咨询联系方式：（010）88254579。

本书编委会

主　编：余德泉

副主编：宋　汉　赵　威　罗　兵

前言
PREFACE

随着德国工业 4.0 的提出，中国制造业向智能制造方向转型已是大势所趋。工业机器人是智能制造业最具代表性的装备。根据 IFR（国际机器人联合会）发布的最新预测，未来十年，全球工业机器人销量年平均增长率将保持在 12%左右。

当前，工业机器人替代人工生产已成为未来制造业的必然，工业机器人作为“制造业皇冠顶端的明珠”，将大力推动工业自动化、数字化、智能化的早日实现，为智能制造奠定基础。然而，智能制造发展并不是一蹴而就的，而是从“自动信息化”“互联化”到“智能化”层层递进、演变发展的。智能制造产业链涵盖智能装备（机器人、数控机床、服务机器人、其他自动化装备）、工业互联网（机器视觉、传感器、RFID、工业以太网）、工业软件（ERP/MES/DCS 等）、3D 打印及将上述环节有机结合起来的自动化系统集成和生产线集成等。

根据智能制造产业链的发展顺序，智能制造需要先实现自动化，然后实现信息化，再实现互联网化，最后才能真正实现智能化。工业机器人是实现智能制造前期最重要的工作之一，是联系自动化和信息化的重要载体。智能装备和产品是智能制造的实现端。围绕汽车、机械、电子、危险品制造、国防军工、化工、轻工等应用需求，工业机器人将成为智能制造中智能装备的普及代表。

由此可见，智能装备应用技术的普及和发展是我国智能制造推进的重要内容，工业机器人应用技术是一个复杂的系统工程。工业机器人不是买来就能使用的，还需要对其进行规划集成，把机器人本体与控制软件、应用软件、周边的电气设备等结合起来，组成一个完整的工作站方可进行工作。通过在数字工厂中工业机器人的推广应用，不断提高工业机器人作业的智能水平，使其不仅能替代人的体力劳动，而且能替代一部分脑力劳动。因此，以工业机器人应用为主线构造智能制造与数字车间关键技术的运用和推广显得尤为重要，这些技术包括机器人与自动化生产线布局设计、机器人与自动化上下料技术、机器人与自动化精准定位技术、机器人与自动化装配技术、机器人与自动化作业规划及示教技术、机器人与自动化生产线协同工作技术及机器人与自动化车间集成技术，通过建造机器人自动化生产线，利用机器手臂、自动化控制设备或流水线自动化，推动企业技术改造向机器化、自动化、集成化、生态化、智能化方向发展，从而实现数字车间制造过程中物质流、信息流、能量流和资金流的智能化。

近年来，虽然多种因素推动着我国工业机器人在自动化工厂的广泛使用，但是一个越来越大的问题清晰地摆在我们面前，那就是工业机器人的使用和集成技术人才严重匮乏，甚至阻碍这个行业的快速发展。哈尔滨工业大学机器人研究所所长、长江学者孙立宁教授指出：

按照目前中国机器人安装数量的增长速度，对工业机器人人才的需求早已处于干渴状态。目前，国内仅有少数本科院校开设工业机器人的相关专业，学校普遍没有完善的工业机器人相关课程体系及实训工作站。因此，学校老师和学员都无法得到科学培养，从而不能快速满足产业发展的需要。

工控帮教研组结合自身多年的工业机器人集成应用技术和教学经验，以及对机器人集成应用企业的深度了解，在细致分析机器人集成企业的职业岗位群和岗位能力矩阵的基础上，整合机器人相关企业的应用工程师和机器人职业教育方面的专家学者，编写"智能制造高技能人才培养规划丛书"。按照智能制造产业链和发展顺序，"智能制造高技能人才培养规划丛书"分为专业基础教材、专业核心教材和专业拓展教材。

专业基础教材涉及的内容包括触摸屏编程技术、运动控制技术、电气控制与 PLC 技术、液压与气动技术、金属材料与机械基础、EPLAN 电气制图、电工与电子技术等。

专业核心教材涉及的内容包括工业机器人技术基础、工业机器人现场编程技术、工业机器人离线编程技术、工业组态与现场总线技术、工业机器人与 PLC 系统集成、基于 SolidWorks 的工业机器人夹具和方案设计、工业机器人维修与维护、工业机器人典型应用实训、西门子 S7-200 SMART PLC 编程技术等。

专业拓展教材涉及的内容包括焊接机器人与焊接工艺、机器视觉技术、传感器技术、智能制造与自动化生产线技术、生产自动化管理技术（MES 系统）等。

本书内容力求源于企业、源于真实、源于实际，然而因编著者水平有限，错漏之处在所难免，欢迎读者关注微信公众号 GKYXT1508 进行交流。

与本书配套的资源已上传至华信教育资源网（www.hxedu.com.cn），读者可下载使用。若在下载过程中遇到问题，可以发送邮件至 zhangn@phei.com.cn，或者直接在公众号 GKYXT1508 留言，索取配套资料。

工控帮教研组

目 录

CONTENTS

第 1 章

安全用电常识

学习目标

本章将简单介绍安全用电常识，让读者了解人体触电的种类和方式，使得更多人在生活中减少触电危险，以及在触电时有一定的自救能力。

1.1 人体触电的基本概念

电能，作为一种便捷且高效的能源，其广泛应用推动了人类历史上的第二次技术革命，极大地促进了人类社会的进步，为人类积累了巨大的财富。然而，电能及与之相关的电气设备，在使用、安装及维护过程中，如稍有不慎或违反操作规程，便可能引发停电、设备损坏、火灾，甚至人身伤害等严重后果。因此，即便是普通的电能用户，也应具备基本的用电安全知识，深入理解电能的性能和运行规律，全面掌握安全用电的各项措施。只有这样，我们才能安全、有效地利用这一清洁、高效的能源。

1.1.1 人体触电的种类

人体因直接接触或过分接近带电体而引起局部受伤或死亡的现象称为触电。

人体触电的种类如下。

- 电击：电击是指电流通过人体时对人体内部造成的伤害，表现为肌肉抽搐、人体内部组织损伤、身体发热或发麻等，严重时将引起昏迷、窒息，甚至死亡。
- 电伤：电伤是指电流的热效应、化学效应、机械效应，以及电流本身对人体外部造成的伤害。常见的电伤有电灼伤、电烙印和皮肤金属化等。

电击、电伤的特征及危害如表 1-1 所示。

表 1-1 电击、电伤的特征及危害

名　称	特　征	说明与危害
电击	电击常会给人体留下明显的特征，如电标、电纹、电流斑等：电标是电流通过皮肤表面时，在其出入口产生的革状和炭化标记；电纹是电流通过皮肤表面时，在其出入口产生的树枝状、不规则的发红线条；电流斑则是电流通过皮肤表面时，在其出入口产生的烫伤	电击是触电事故中最危险的一种，会致使人体产生痉挛、刺痛、灼热感、昏迷、心室颤动、呼吸困难、心脏停止跳动等现象

（续表）

名　称		特　征	说明与危害
电伤	电灼伤	接触灼伤：是指在发生高压触电事故时，电流通过人体的皮肤时，在其出入口产生的灼伤 电弧灼伤：是指在误操作或者过分接近高压带电体时，因产生的电弧放电或高温电弧而造成的灼伤	电灼伤的表现包括皮肤烧伤、皮肤发红、皮肤起泡、皮肤烧焦、皮肤组织破坏，以及眼睛受到伤害等
	电烙印	电烙印是带电体在皮肤表面留下的与带电体形状相似的肿块痕迹，一般由电流的化学效应和机械效应引起，通常在人体与带电体具有良好接触的情况下产生。有时，电烙印在触电后并不立即出现，而是在一段时间后才出现	电烙印一般不会发炎或化脓，而是造成局部麻木或局部失去知觉
	皮肤金属化	皮肤金属化是由极高的电弧温度使得周围的金属熔化、蒸发并飞溅到皮肤表层，致使皮肤表面变得粗糙坚硬的现象，其颜色与金属的种类有关，例如，铅会导致皮肤呈现灰黄色，紫铜会导致皮肤呈现绿色，而黄铜则会导致皮肤呈现蓝绿色	金属化的皮肤经过一段时间后会自行脱落，一般不会给身体带来不良反应

1.1.2　人体触电的方式

人体触电的方式包括单相触电、两相触电、跨步电压触电。

- 单相触电：单相触电是指在人体的某一部分接触带电体的同时，另一部分又与大地或中性线相接，如图1-1所示。

图 1-1　单相触电

- 两相触电：两相触电是指人体的不同部分因同时接触两相电源而造成的触电，如图1-2所示。此时，人体所承受的线电压将比单相触电时承受的线电压要高，危险性更大。

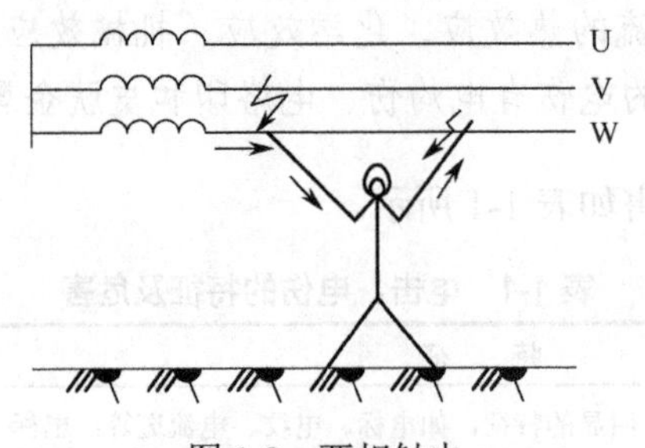

图 1-2　两相触电

- 跨步电压触电：在雷电流入地或电力线（特别是高压线）断散到地时，会在导线接地点及周围形成强电场。当人体跨进这个区域时，两脚之间出现的电位差就被称为跨步电压，在该区域内发生的触电就被称为跨步电压触电，如图 1-3 所示。

图 1-3　跨步电压触电

电流伤害人体的主要因素包括如下几点。

- 电流的大小：通过人体的电流越大，对人体造成的伤害就越大。不同大小的电流通过人体时的反应如表 1-2 所示。
- 电压的高低：人体触电时的电压越高，流过人体的电流越大，对人体的伤害就越大。
- 电流频率的高低：频率为 40～60Hz 的交流电最危险。随着频率的增加，人体触电的危险性将逐步降低。
- 通电时间的长短：通电时间越长，通过人体的电流越多，触电危险性就越大。一般情况下，常用触电电流与触电持续时间的乘积（电击能量）来衡量电流对人体造成的伤害。若电击能量超过 150mA·s，则触电者会有生命危险。
- 电流通过人体的路径：电流通过人体的路径不同，造成的危害也不同。例如，若电流通过头部，则可能使触电者昏迷；若电流通过脊髓，则可能导致触电者瘫痪；若电流通过心脏，则可能造成触电者心脏停止跳动、血液循环中断等。
- 人体状况：触电时，触电者遭受的伤害程度与触电者的性别、健康状况、精神状态等密切相关。
- 人体电阻的大小：人体电阻越大，触电时触电者遭受的伤害就越小。

表 1-2　不同大小的电流通过人体时的反应

电流（mA）	交流电（50Hz）	直　流　电
0.6～1.5	手指开始麻木	无感觉
2～3	手指强烈麻木	无感觉
5～7	手指肌肉痉挛	手指感到灼热和刺痛
8～10	手指关节和手掌痛，手较难脱离电源，但尚可摆脱	手指感到灼热，较 5～7mA 时的灼热感更强
20～25	手指剧痛，迅速麻痹，不能摆脱电源，呼吸困难	灼热感很强，手指肌肉痉挛
50～80	呼吸困难，心室开始震颤	灼热感强烈，手指肌肉痉挛，呼吸困难
90～100	呼吸麻痹，在持续 3 秒或更长时间后开始心脏麻痹或心脏停止跳动	呼吸麻痹
>500	若持续 1 秒以上，则触电者有生命危险	呼吸麻痹，心室颤动，心脏停止跳动

1.2 安全用电

触电时，人体所承受的电压越低，通过人体的电流就越小，触电伤害就越轻。当电压降至一定数值时，对人体不再造成伤害。在没有任何防护设备的情况下，当人体接触带电体时，电压达到不会对身体各部位造成伤害的水平，称为安全电压。安全电压由人体电阻和人体允许电流的乘积决定。

1.2.1 人体电阻

人体电阻主要受到微小的皮肤电容、体内电阻、皮肤电阻的影响。

- 皮肤电容的数值较小，几乎可以忽略不计。
- 体内电阻基本上不受外界影响，大致保持在一个定值，约为 0.5kΩ。
- 在人体电阻中，皮肤电阻占据主导地位。通常情况下，人体电阻约为 1～2kΩ。但是，皮肤电阻并非固定不变，它会受到多种外界条件的影响，从而产生较大的波动。例如，皮肤的厚薄、湿度状况，以及是否有破损或接触到导电性粉尘；人体与带电物体的接触面、接触压力的大小，以及接触电压的高低。值得注意的是，随着接触电压的升高，人体电阻会呈现非线性降低的趋势。此外，人体电阻还会随着电源频率的增加而降低。

1.2.2 人体允许电流

人体允许电流是指在发生触电后，触电者能够自行摆脱电源并解除触电危害的最大电流。它代表了在遭受电击后一段时间内不至于危及生命的电流强度。通常情况下，男性的允许电流为 9mA，而女性为 6mA。在安装了防止触电的快速保护装置的情况下，可以将人体允许电流设置为 30mA；而在容易导致发生严重二次事故（如再次触电、摔倒、溺水等）的场合，应将允许电流设置为不至于引起强烈反应的 5mA。至于人体允许电压，通常指 36V 以下的电压。当电流通过人体时，若电压低于 36V，则在理论上不会产生危险。因此，也将 36V 称为安全电压。

1.3 安全用电措施

1.3.1 保护接地

保护接地通常用于电源中点不接地的供电系统中，例如，车间的动力用电与照明用电不共用同一电源时，就会采用这种供电系统。保护接地的实施方式是将三相用电设备的外壳通过接地线和接地电阻连接到地面。当人们接触到由于绝缘损坏导致与金属外壳短路的电机时，其中一相的电流将分成两路：一部分通过人体与地面形成回路（因为人体电阻相对较大，所以这部分的电流极小），另一部分通过接地电阻（远小于人体电阻）进入地面，从而使大部分电流绕过人体，以避免触电事故的发生。

1.3.2　保护接零

在动力和照明共用的低压三相四线制供电系统中，若电源中点已接地，则推荐实施保护接零措施，也就是将电气设备的金属外壳通过导线直接连接到系统的中线上。例如，电动机的三相绕组不慎接触到外壳，在采取保护接零措施后，三相绕组将会与中线形成短路，从而因触发短路保护而使得熔断器的熔丝烧断，有效预防了触电事故的发生。

在单相用电设备的正确接线方法中，设备的外壳应通过导线与插座的地线相连。一旦发生因漏电导致外壳带电的情况，电流就可以经由地线安全地导入大地，从而防止发生触电事故。然而，需要警惕的是，有些用户在使用如洗衣机、电风扇和电冰箱等家用电器时，忽视了地线的连接，这种行为存在着极大的安全隐患。

此外，为了确保用电安全，电器的电源开关应置于火线上。这样做的好处是，当开关处于断开状态时，电器设备将完全断电。若将开关接在零线上，则即使开关断开，电器仍可能带电，这无疑增加了人员触电的风险。

1.3.3　触电急救

当人员触电后，可能会因肌肉痉挛或意识丧失等原因紧抓带电物体，从而无法自行脱离电源。在触电急救过程中，最首要的是通过观察患者的症状准确判断触电事故的发生，随后采取恰当、及时的抢救方法。若判断失误，误将触电当作普通疾病处理，则施救者自身也将面临触电的危险。

若不幸遭遇触电事故，最紧迫的任务是立刻断开电源，然后迅速执行有效的急救流程，力求将伤害降至最低。

1. 尽快地使触电者脱离电源

（1）低压触电事故的急救

- 立即拔掉电源插头或断开触电地点附近的开关。
- 如果电源开关远离触电地点，则可使用带有绝缘柄的电工钳或干燥木柄的斧头切断导线，或将干木板等绝缘物塞入触电者身下，以隔断电流。
- 若导线搭落在触电者身上或被压在身下，则可使用干燥的衣服、手套、绳索、木板、木棒等绝缘物作为工具，拉开触电者或挑开导线，使触电者脱离电源。

（2）高压触电事故的急救

- 立即通知有关部门停电。

- 戴上绝缘手套，穿上绝缘靴，利用相应电压等级的绝缘工具断开电源。
- 将裸露的金属线一端稳定连接至地线，另一端故意接触到线路上，以人工方式产生电路短路，进而激活保护装置，使其切断电源供应。

2．脱离电源后的救护

脱离电源后的主要救护方法包括人工呼吸法和胸外心脏按压法。如果触电者伤势不重，神志清醒，但是有些心慌、四肢发麻、全身无力，或者在触电的过程中曾经昏迷，这时应当使触电者保持安静，不要走动，并酌情邀请医生前来诊治或送往医院。如果触电者已失去知觉，但仍有心跳和呼吸，应当使触电者平卧，松开其衣领，以利于呼吸，若天气寒冷，则要注意保温，并立即请医生前来诊治或送往医院。

3．脱离电源后的注意事项

- 救护者在施救时，必须避免直接使用手、金属或潮湿的物品，而应选用适当的绝缘工具，并确保单手操作，以预防自身遭遇触电风险。
- 确保触电者在脱离电源后不会因失去平衡而摔伤。
- 若触电事件发生在夜间，则应迅速安排临时照明，以确保抢救工作的顺利进行，同时防止因视线不佳导致事故扩大。

1.4 电工安全操作规程

- 电工上岗时，必须按照规定穿戴防护装备，通常不允许进行带电操作。
- 开始工作前，应细致检查使用的工具是否安全，对工作环境进行了解，并选定最佳工作位置。
- 严格遵循“安全安装、彻底拆卸、定期检查、及时维修”的工作准则。
- 对线路或设备进行作业前，必须切断电源，挂上警示标志，并确保完全断电后再进行工作。
- 禁止无故拆除电器设备上的安全防护装置，如保险丝、过载继电器或限位开关。
- 在机电设备安装或维修完成后，必须在正式通电前仔细检查绝缘电阻、接地装置及传动部分的保护装置，确保其满足安全标准。
- 若发生触电事故，则应立即切断电源，并采取安全、正确的方法对受害者进行救助。
- 在安装灯头时，要控制火线；在敷设临时线路时，应先接地线；在拆除线路时，应先拆火线。
- 在使用电压超过 36V 的手电钻时，必须穿戴绝缘手套和鞋；在使用电烙铁时，要注意放置位置，并在使用后及时拔下插头。
- 在进行高空作业时，应系上安全带，并确保有防滑措施；工具和物品不得随意抛掷，应使用工具袋进行传送。
- 雷雨或大风天气时，严禁在架空线路上进行工作。

- 在低压架空线路上进行带电作业时，不得同时接触两根导线，也不得跨越未采取绝缘措施的导线。
- 在带电的低压开关柜上工作时，应采取必要的安全措施，以防止相间短路或接地。
- 若电器发生火灾，应立即切断电源。在断电前，应使用四氯化碳、二氧化碳或干沙进行灭火，严禁使用水或常规的酸碱泡沫灭火器进行灭火。

1.5　电气设备安全操作规程

- 操作电气设备时，必须严格遵循操作规程，按照规定的顺序进行电源的合闸与分闸操作，以预防意外事故的发生和设备损坏。
- 若要在潮湿的环境中使用电气设备，则应采取有效的防雨和防潮措施。与此同时，要确保设备具备良好的通风和散热条件，实施完备的防火措施，并采取因小动物进入而导致发生短路的措施。
- 所有电气设备的金属外壳，必须实施可靠的保护接地措施，并加装短路、过载、欠压及失压等安全防护装置。
- 对于可能遭受雷击的设备，必须安装防雷设施，以确保设备免受雷电的损害。
- 在需要切断故障区域电源的情况下，应尽量减少停电范围，以避免对其他正常用电区域造成的影响，与此同时尽量不采取越级断电的方式。
- 对于出现故障的电气设备、装置和线路，应及时进行检修，以保障设备的正常运行。

课后习题

1．人体触电有哪几种类型？哪几种方式？
2．电流伤害人体与哪些因素有关？
3．什么是安全电压？安全电压的 3 个等级是什么？试述各自的适用场合。
4．在电气操作和日常用电过程中，常采用哪些预防触电的措施？

第2章

电路的基础知识

学习目标

本章主要介绍电路的基础知识，如电路的基本组成以及一些电气概念量，从而为之后的学习奠定基础。

2.1 电路的基本组成

电路是电流流通的路径，是由各种元器件或设备按一定的方式连接起来组成的总体。一个完整的电路一般由电源、负载、导线、控制装置四部分组成。

- 电源：电源的作用是将其他形式的能量转换成电能，它是为电路提供电能的一种设备。
- 负载：负载又称用电器，是指连接在电路中电源两端的用电设备，其作用是把电能转换成其他形式的能量，是应用电能的装置。
- 导线：导线用于把电源、负载和其他设备连接成闭合回路，起到输送和分配电能的作用。
- 控制装置：控制装置的作用是控制电路的通断，如开关、继电器等。

由电池、灯泡、开关和导线组成的电路如图 2-1 所示。电路最基本的作用：一是进行电能的传输和转换，如照明电路、动力电路等；二是进行信息的传输和处理，如测量电路、扩音机电路、计算机电路等。

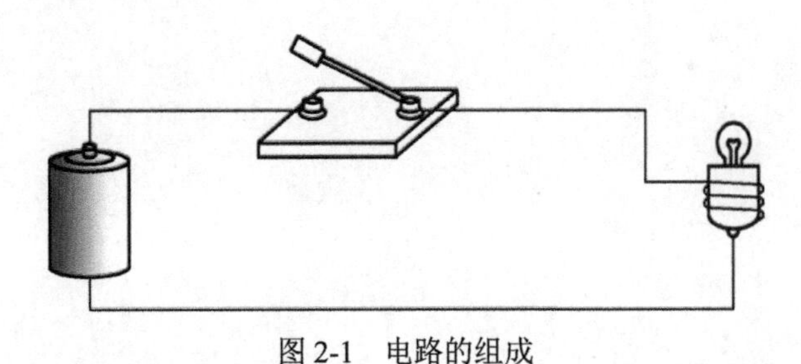

图 2-1　电路的组成

2.2　电路的基本参考量

2.2.1　电流

1．电流产生的条件

电流是因带电粒子或电荷在电场力作用下的定向移动形成的。因此，产生电流必须具备两个条件：

- 导体内要有做定向移动的自由电荷，这是形成电流的内因。
- 要有使自由电荷做定向移动的电场，这是形成电流的外因。

2．电流的大小

度量电流大小的物理量称为电流强度，是指在单位时间内通过某一横截面电荷的电量，即

$$I=\frac{q}{t}$$

在国际单位制（SI）中，电流的单位为安[培]，符号为 A。

$$1\text{A}=\frac{1\text{C}}{1\text{S}}$$

常用的电流单位还有千安（kA）、毫安（mA）、微安（μA）等，它们之间的换算关系如下：

$$1\text{kA}=10^{3}\text{A}，\ 1\text{mA}=10^{-3}\text{A}，\ 1\mu\text{A}=10^{-3}\text{mA}=10^{-6}\text{A}$$

3．电流的参考方向

电流不仅具有大小，还具有方向。按照惯例，规定正电荷的运动方向为电流的方向。在电路中，电流的方向是客观存在且确定的，但在具体分析电路时，有时难以准确确定电流的实际方向。为解决这一问题，引入了电流参考方向的概念，具体分析步骤如下：

❶ 在分析电路之前，可以任意假设一个电流的参考方向，如图 2-2 中 i 的方向。

❷ 一旦参考方向被选定，电流就成为一个带有方向的数，可正可负。如果计算结果为正值，则表示电流的设定参考方向与实际方向相同，如图 2-2（a）所示；如果计算结果为负值，则表示电流的设定参考方向与实际方向相反，如图 2-2（b）所示。

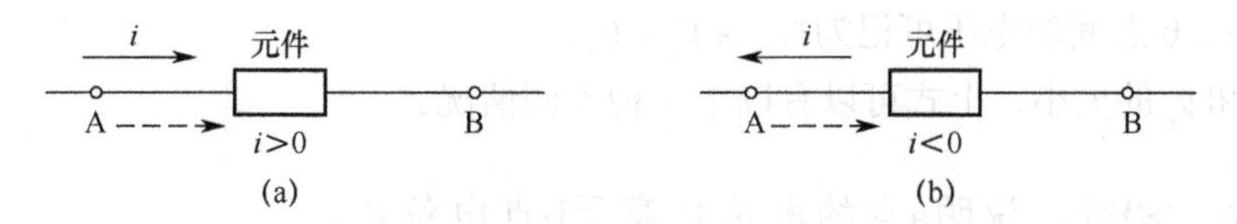

图 2-2　电流的参考方向与实际方向

2.2.2 电压

在电场中，两点之间的电势差称为电压或电压降。电场的方向是电势降落梯度最大的方向。带电粒子在电场中移动时，电场力做功。电场力把单位正电荷由 a 点移到 b 点所做的功在数值上等于 a、b 两点之间的电压。

在国际单位制（SI）中，电压的单位为伏特，符号为 V。

$$1\text{V}=\frac{1\text{J}}{1\text{C}}$$

常用的电压单位还有千伏（kV）、毫伏（mV）、微伏（μV）等，它们之间的换算关系如下：

$$1\text{kV}=10^{3}\text{V}，1\text{mV}=10^{-3}\text{V}，1\mu\text{V}=10^{-6}\text{V}。$$

2.2.3 电位

在电路中选择任意一个参考点，该点到参考点的电压称为该点的电位，用符号 V 表示。例如，电路中 A 点和参考点 O 之间的电压记为 U_{AO}，称为 A 点的电位，记作 V_A，电位的单位也是伏特（V），如图 2-3（a）所示。

电压和电位都是描述电路能量特征的物理量，它们有联系但也有区别。电压指的是电路中两点之间的电位差，因此电压是绝对的，与参考点的选择无关；而电位是相对的，它的大小与参考点的选择有关。参考点的选择是任意的，电路中各点的电位都是相对于参考点而言的。

一般情况下，我们将参考点的电位设为零，因此参考点也称为零电位点。电位比参考点高的称为正电位，比参考点低的称为负电位，如图 2-3（b）所示。在一般的电子线路中，通常会将电源的一个极作为参考点；而在工程技术中，则会选择电路的接地点作为参考点。

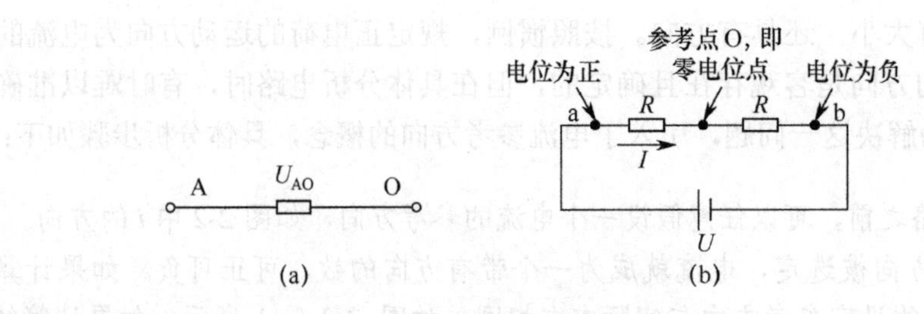

图 2-3 电位

电位是指某一点和参考点之间的电压。电路中任意两点之间的电压即为此两点之间的电位差，如 a、b 之间的电压可记为 $U_{ab}=V_a-V_b$。

根据 V_a 和 V_b 的大小，上式可以有以下 3 种不同情况。

- 当 $U_{ab}>0$ 时，说明 a 点的电位 V_a 高于 b 点电位 V_b。
- 当 $U_{ab}<0$ 时，说明 a 点的电位 V_a 低于 b 点电位 V_b。

- 当U_{ab}=0时，说明a点的电位V_a等于b点电位V_b。

2.3 欧姆定律

欧姆定律是电路分析中的基本定律之一，用来确定电路各部分的电压与电流的关系。只含有负载而不包含电源的一段电路称为部分电路，如图 2-4 所示。部分电路欧姆定律的内容是：导体中的电流与导体两端的电压成正比，与导体的电阻成反比。根据欧姆定律可写出

$$I = \frac{U}{R}$$

式中，I 为电路中的电流，单位为安培（A）；U 为电路两端的电压，单位为伏特（V）；R 为电路的电阻，单位为欧姆（Ω）。

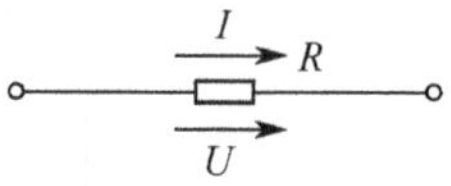

图 2-4　部分电路图

2.3.1　部分电路欧姆定律

部分电路中电阻两端的电压与流经电阻的电流之间的关系曲线称为电阻的伏安特性曲线，如图 2-5 所示。

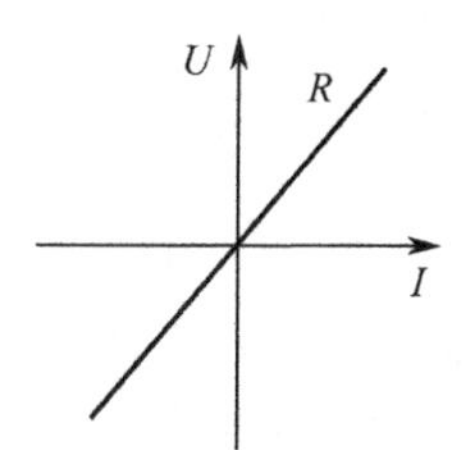

图 2-5　电阻的伏安特性曲线

2.3.2　全电路欧姆定律

含有电源的闭合电路称为全电路，如图 2-6 所示。电源内部的电路称为内电路，电源内部的电阻称为内电阻。电源外部的电路称为外电路，外电路的电阻称为外电阻。全电路欧姆定律的内容是：闭合电路中的电流 I 与电源的电动势 E 成正比，与电路的总电阻（外电阻 R 和内电阻 r_0 之和）成反比，即

$$I = \frac{E}{R + r_0}$$

由全电路欧姆定律可得：

$$E = IR + Ir_0 = U + Ir_0$$

$$U=E - Ir_0$$

式中，U 为外电路的电压降，即电源两端的电压；Ir_0 为内电路的电压降。

将阻值不随电压、电流的变化而改变的电阻称为线性电阻，由线性电阻组成的电路称为线性电路。阻值随电压、电流的变化而改变的电阻称为非线性电阻，含有非线性电阻的电路称为非线性电路。欧姆定律只适用于线性电路。

一般情况下，电源的电动势是不变的，但由于电源存在一定的内电阻，当外电路的电阻变化时，端电压也随之改变。由公式 $U=E-Ir_0$ 可知，当外电路的电阻 R 增大时，电流 I 要减小，端电压 U 就增大；当外电路的电阻 R 减小时，电流 I 要增大，端电压 U 就减小。

电源的端电压 U 与负载电流 I 变化的规律称为电源的外特性，电源的外特性曲线如图 2-7 所示。

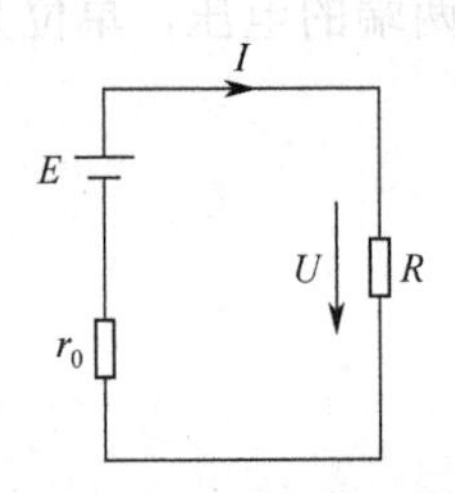

图 2-6　全电路示意图

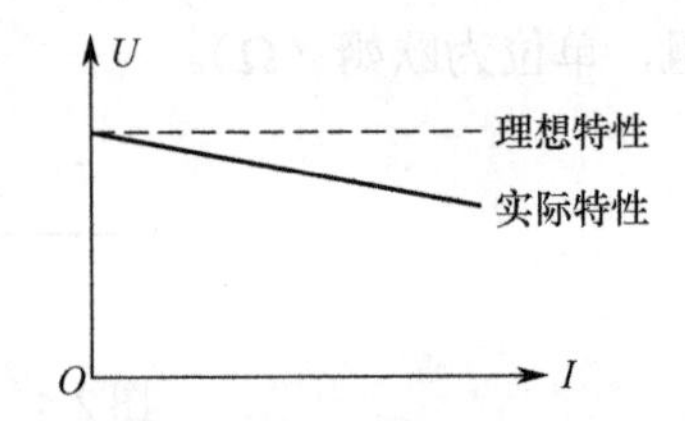

图 2-7　电源的外特性曲线

电源端电压的稳定性取决于内电阻的大小，在相同的负载电流下，内电阻越大，电源端电压下降得越多，外特性就越差。

【例 1】假设人体的最小电阻为 800Ω，已知在通过人体的电流为 50mA 时，会引起呼吸困难，试求安全工作电压。

【解】I=50mA=5×10^{-2} A

$U=IR=5\times10^{-2}\times800$V=40V

【答】安全工作电压为 40V 以下。

2.4　电阻连接方式的等效电路

电阻的连接方式有串联、并联、混联等形式。

2.4.1　电阻的串联

电阻串联是电路中较常见的一种连接形式，串联电阻的等效电路如图 2-8 所示。电阻串联后必定位于同一条支路上，因此有

$$U_{ab} = U_1 + U_2 + U_3$$

$$U_{ab} = IR_1 + IR_2 + IR_3 = I(R_1 + R_2 + R_3)$$

$$U_{ab} = U = IR$$

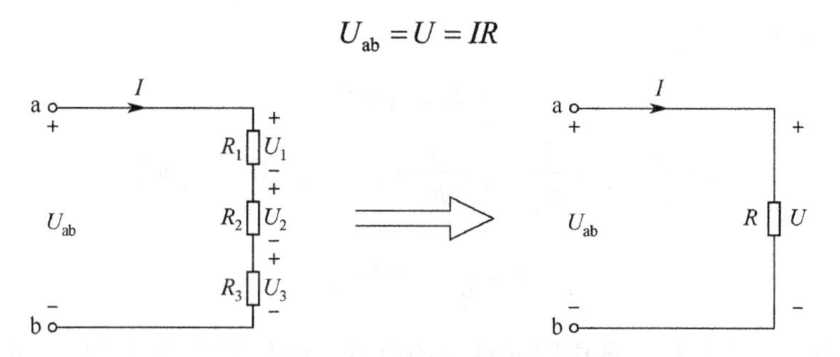

图 2-8　串联电阻的等效电路

若将两个电阻串联后的电路如图 2-9 所示，则各电阻元件的电压之比与其阻值成正比，其与端电压的关系如下：

$$U_1 = IR_1 = \frac{U_{ab}}{R_1 + R_2} R_1 = \frac{R_1}{R_1 + R_2} U_{ab}$$

$$U_2 = IR_2 = \frac{U_{ab}}{R_1 + R_2} R_2 = \frac{R_2}{R_1 + R_2} U_{ab}$$

$$U_1 = IR_1$$

$$U_2 = IR_2$$

$$\frac{U_1}{U_2} = \frac{R_1}{R_2}$$

利用串联的分压特性，可为检流计串联一个较大的电阻，以便改装成不同量程的电压表，如图 2-10 所示。

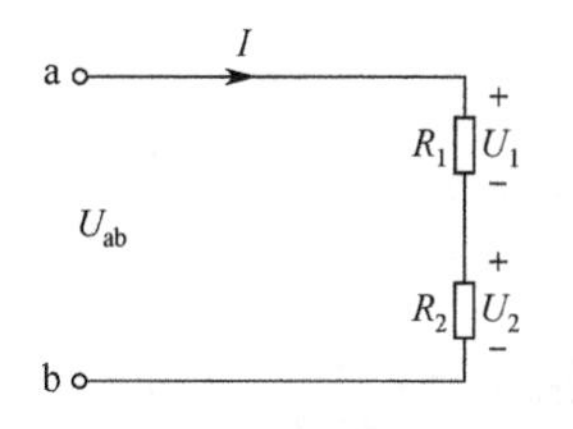

图 2-9　两个电阻串联的电路

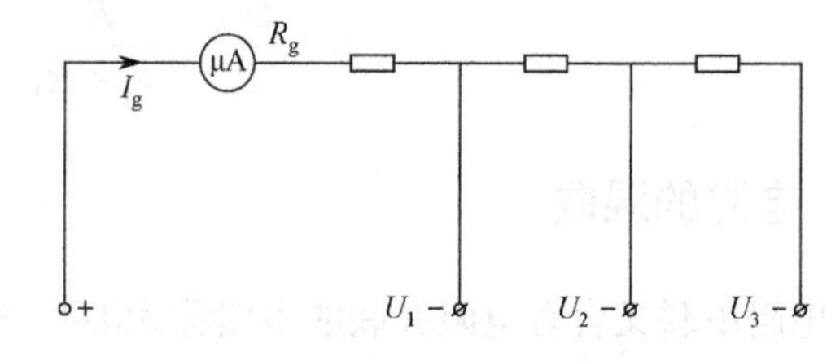

图 2-10　改装成不同量程的电压表

2.4.2　电阻的并联

电阻元件首首相连、尾尾相连的连接形式称为并联。并联电阻的等效电路如图 2-11 所示。

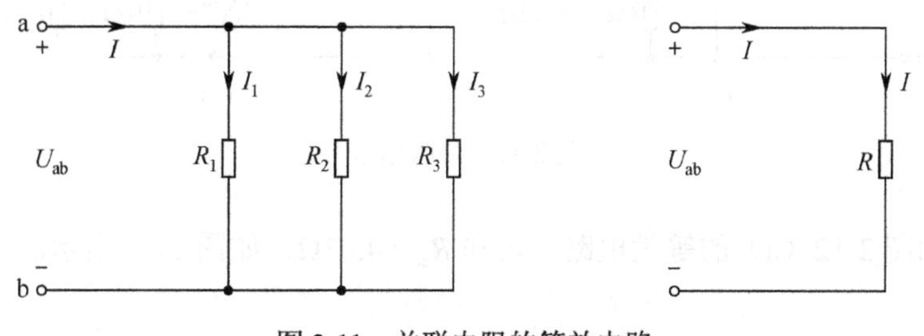

图 2-11　并联电阻的等效电路

并联电路具有以下特点：

$$I = I_1 + I_2 + I_3$$

$$I = \frac{1}{R_1}U_{\text{ab}} + \frac{1}{R_2}U_{\text{ab}} + \frac{1}{R_3}U_{\text{ab}} = (G_1 + G_2 + G_3)U_{\text{ab}}$$

$$I = \frac{1}{R}U_{\text{ab}} = GU_{\text{ab}}$$

在两个电阻元件并联后，各电阻元件上的电流之比与其阻值成反比，其与端电流的关系如下：

$$I_1 = \frac{U_1}{R_1}$$

$$I_2 = \frac{U_2}{R_2}$$

$$U_1 = U_2 = U_{\text{ab}}$$

由上式可推导出：

$$I_1 : I_2 = R_2 : R_1$$

$$U_{\text{ab}} = R_{\text{ab}} I = \frac{R_1 R_2}{R_1 + R_2} I$$

$$I_1 = \frac{U_{\text{ab}}}{R_1} = \frac{R_2}{R_1 + R_2} I$$

$$I_2 = \frac{U_{\text{ab}}}{R_2} = \frac{R_1}{R_1 + R_2} I$$

2.4.3 电阻的混联

既含有电阻串联又含有电阻并联的电路称为混联电路。

【例 2】混联电路如图 2-12 所示，求电路中 ab 端的等效电阻 R_{ab}。

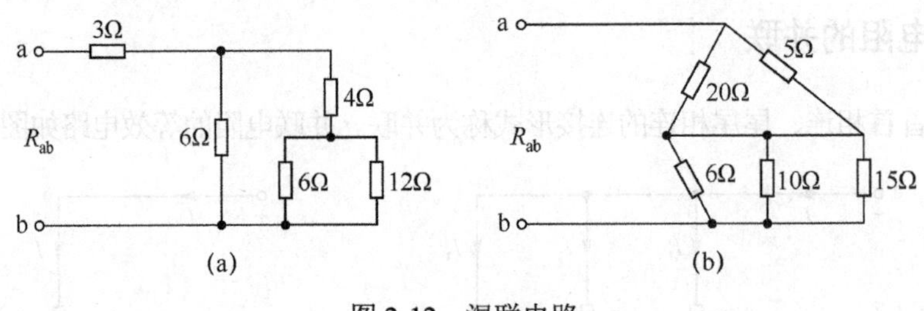

图 2-12 混联电路

【解】绘制图 2-12（a）的等效电路，可知 R_{ab}=45/7Ω，如图 2-13 所示。

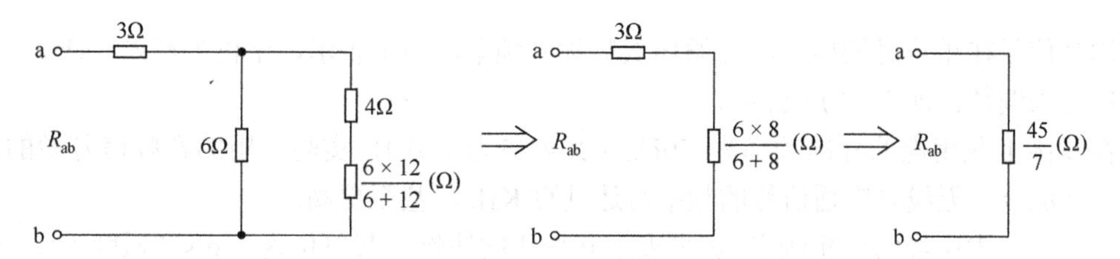

图 2-13 与图 2-12（a）等效

绘制图 2-12（b）的等效电路，可知 R_{ab} =7Ω，如图 2-14 所示。

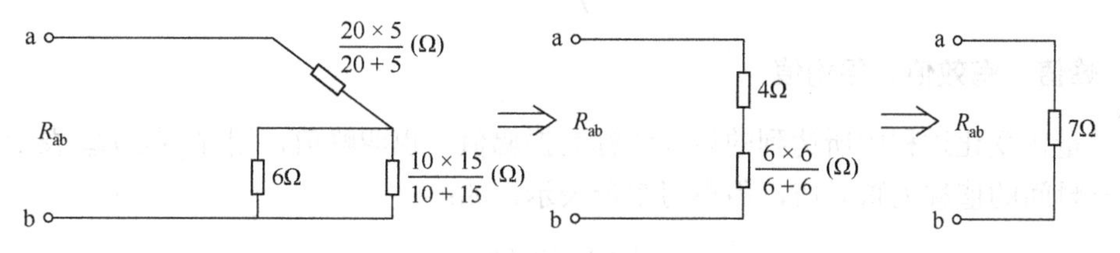

图 2-14 与图 2-12（b）等效

2.5 正弦交流电

广义的直流电指的是电压或电流的方向保持不变的电源，如图 2-15 所示。

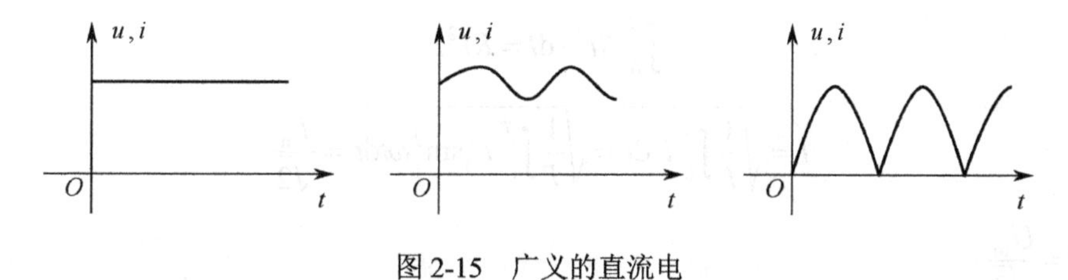

图 2-15 广义的直流电

若电压和电流的大小或方向（极性）随时间而变化，则称之为交流电，如图 2-16 所示。

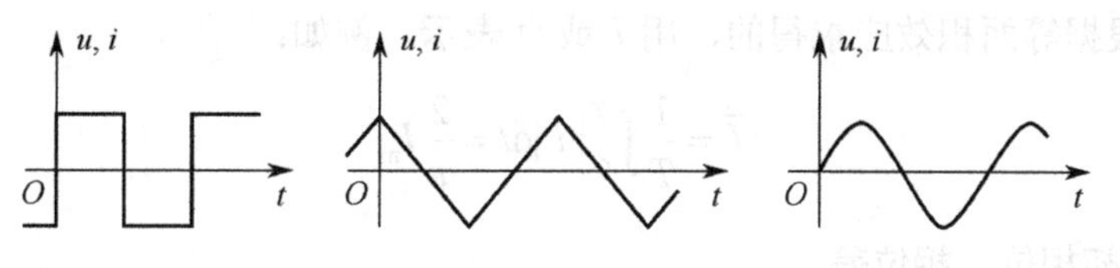

图 2-16 交流电示意图

交流电的种类较多，其中电压和电流的大小或方向随时间呈正弦规律变化的，称为正弦交流电。

1. 周期、频率

所谓周期，是指信号每隔一定的时间 T，电流或电压的波形重复出现，或者说每隔一定的时间 T，电压或电流的波形循环一次。

周期信号在单位时间内完成的循环次数称为频率，用 f 表示，单位为赫兹（Hz）。频率与周期互为倒数，即 $T=1/f$ 或 $f=1/T$。

在我国工业用电的标准频率为 50Hz（又被称为工频），实验室用的音频信号源的频率为 20～20kHz，无线电广播信号的频率可达几百 KHz，甚至更高。

在电工技术中经常用角频率 ω 来表示其变化的快慢，其单位为 rad/s（弧度/秒），表示单位时间内经历的弧度数，即

$$\omega=\frac{2\pi}{T}=2\pi f$$

2．峰值、有效值、平均值

正弦量在变化过程中所达到的最大值称为振幅值，也叫峰值，用 I_{m} 或 U_{m} 表示。正弦量在任一瞬间的值称为瞬时值，用小写字母表示，如：

$$i=I_{\mathrm{m}}\sin\omega t$$
$$u=U_{\mathrm{m}}\sin\omega t$$

另外，在电工技术中，还常用有效值或平均值来描述正弦量。正弦量的有效值是根据交流电流和直流电流热效应相等的原则来确定的。假设一交流电流 i 和直流电流 I 通过阻值相同的电阻 R，在相同的时间内（T）产生的热量相等，那么就规定这个交流电流 i 的有效值在数值上等于这个直流电流 I 的数值。由焦耳定律可得：

$$\int_0^T Rt^2\cdot\mathrm{d}t=RI^2T$$

$$I=\sqrt{\frac{1}{T}\int_0^T i^2\mathrm{d}t}=\sqrt{\frac{1}{T}\int_0^T I_{\mathrm{m}}^2\sin^2\omega t\mathrm{d}t}=\frac{I_{\mathrm{m}}}{\sqrt{2}}$$

同理：$U=\dfrac{U_{\mathrm{m}}}{\sqrt{2}}$。

在电工技术中，有时也会遇到求平均值的情况，但由于正弦交流电在一个周期内的平均值为零，因此这里所指的平均值是指半个周期内的平均值。

平均值是根据等面积效应求得的，用 $\overline{I}$ 或 $\overline{U}$ 表示。例如：

$$\overline{I}=\frac{1}{T}\int_0^T|i|\mathrm{d}t=\frac{2}{\pi}I_{\mathrm{m}}$$

3．相位、初相位、相位差

如果某一正弦电压的波形图如图 2-17 所示，则对应的波形函数可表达为：

$$u=U_{\mathrm{m}}\sin(\omega t+\theta)$$

式中，$\omega t+\theta$ 为相位（或相位角），θ 为初相位（或初相角）。

假设波形图中的曲线从负值向正值过渡时所经过的零值点为零点，若零点位于坐标原点左侧，则初相位大于零；若零点位于坐标原点右侧，则初相位小于零。

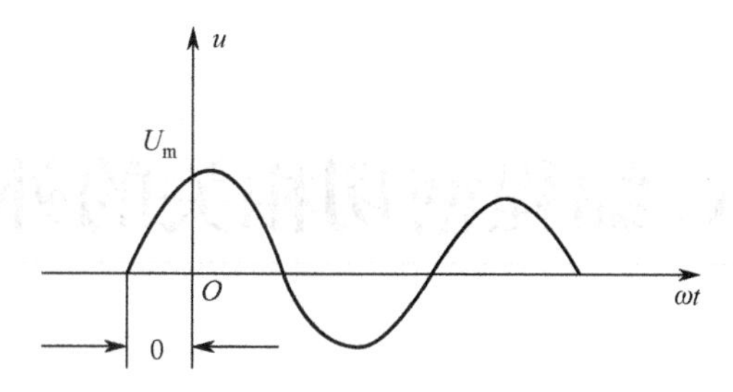

图 2-17　某一正弦电压的波形图

在一个正弦交流电路中，虽然电压和电流的频率是相同的，但它们的初相位可能不同，两个初相位之差称为相位差，用$\Delta\theta$表示。假设$u = U_m \sin(\omega t + \theta_1)$，$i = I_m \sin(\omega t + \theta_2)$，则相位差为$\Delta\theta = \theta_1 - \theta_2$。

若 $0 < \Delta\theta < \pi$，则称u超前于i；若$-\pi < \Delta\theta < 0$，则称u滞后于i；若$\Delta\theta = 0$或2π，则称u与i同相；若$\Delta\theta = \pm\pi$，则称u与i反相。

某一正弦电压的波形图如图 2-18 所示：在图 2-18（a）中，u超前于i；在图 2-18（b）中，i_1与i_2同相，i_1和i_2与i_3反相。

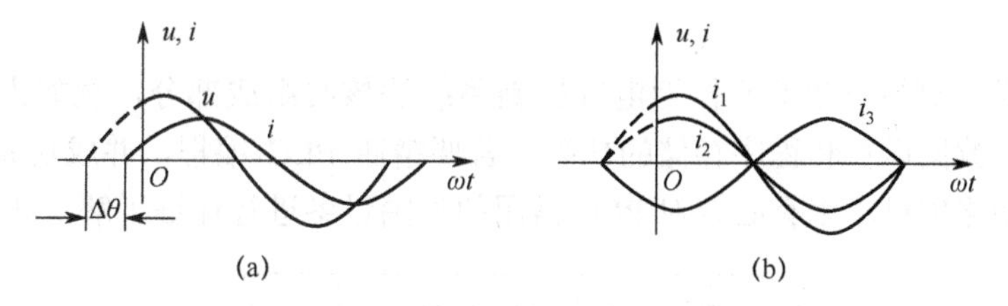

图 2-18　某一正弦电压的波形图

正弦交流信号的变化规律满足正弦函数的变化规律，其表示方法有多种：

- 瞬时值表达式，也称解析式，如$u = U_m \sin(\omega t + \theta)$。
- 正弦交流信号的相量表示法。
- 波形图表示法。

课 后 习 题

1．如果用导线接通电路中电位相等的各点，那么对电路中的其他部分是否有影响？

2．两个频率不同的正弦交流电，能否比较相位差？

第 3 章

认识与 PLC 编程密切相关的外围设备

学习目标

本章的学习目标是让读者认识与 PLC 编程密切相关的一些外围设备，并了解这些外围设备的性能。

3.1 概述

可编程逻辑控制器（PLC）作为电气控制系统的核心组成部分，犹如人类的大脑，承担着信息收集、数据运算和程序存储的功能。若要精通 PLC 编程，并成功完成各种简单或复杂的电气自动化项目，则有必要对 PLC 常用的外围设备进行详细了解，如图 3-1 所示。

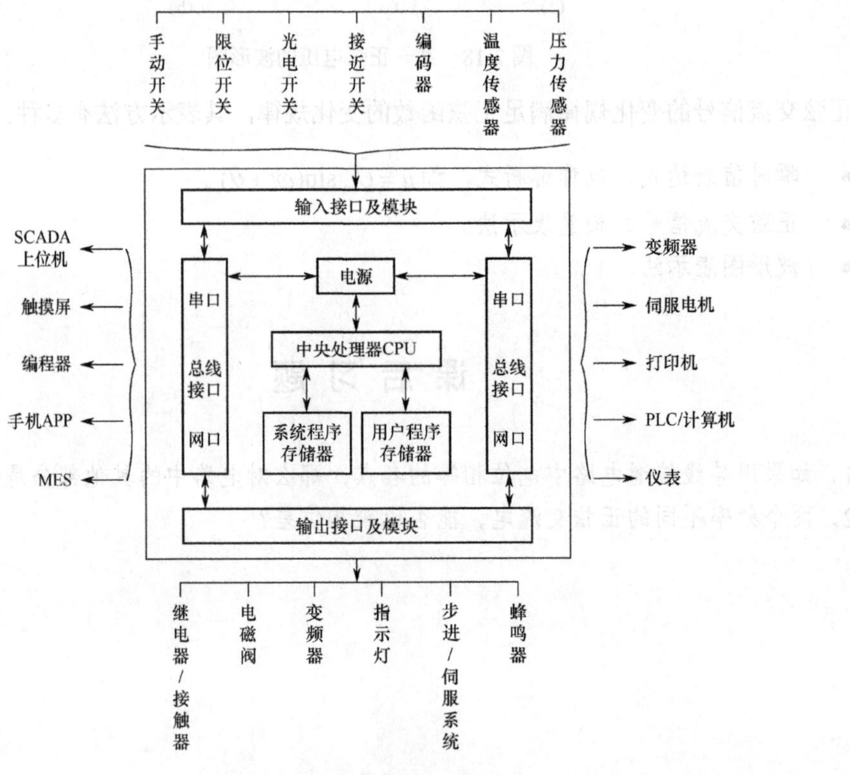

图 3-1 PLC 常用的外围设备

本章主要讲解几类常见的外围设备：低压电器、主令电器、传感器。

3.2 低压电器

低压电器是指工作在 1200V 及以下的交流（频率为 50Hz）额定电压或 1500V 及以下的直流额定电压的低压供电网络中的电气元件或设备。它们能够根据操作信号或外界现场信号的要求，自动或手动接通和断开电路，从而实现对电路或非电路对象的切换、控制、保护、检测、变换和调节。

3.2.1 低压电器的分类

根据用途和控制对象的不同，低压电器可以分为以下几类：

- 配电电器：用于低压电力网的配电电器，包括刀开关、转换开关、空气断路器和熔断器等。对配电电器的主要技术要求是断流能力强、工作可靠，具有足够的热稳定性和动稳定性。
- 控制电器：用于控制电力拖动及自动控制系统的电器，包括接触器、启动器和各种控制继电器等。对控制电器的主要技术要求是操作频率高、寿命长，以及具备相应的转换能力。

按操作方式的不同，低压电器可以分为：

- 自动电器：通过电磁（或压缩空气）做功来完成接通、分断、启动、反向和停止等动作的电器，如接触器、继电器等。
- 手动电器：通过人的做功来完成接通、分断、启动、反向和停止等动作的电器，如刀开关、转换开关和主令电器等。

按工作原理的不同，低压电器可以分为：

- 电磁式低压电器：根据电磁原理工作的电器。
- 电子式低压电器：根据电子技术原理工作的电器。

3.2.2 低压电器的全型号表示方法

低压电器的产品型号是识别和选择低压电器产品品种与规格的基本标识。推进低压电器产品型号的标准化对低压电器产品的生产、使用、配套协作和维修具有重要作用，是维护各方利益的基础性措施。例如，我国之前按照 JB/T 2930—91《低压电器产品型号编制方法》的规定对各种低压电器进行产品型号编制。这些型号由类组代号（类别代号、组别代号）、设计代号、基本规格代号和辅助规格代号等部分构成。每一级代号后面可根据需要加设派生代号。

低压电器产品的生产企业为增强产品的市场占有率和竞争力、保护企业的自身利益和知识产权，除了按照 JB/T 2930—91 申请产品型号外，还允许提出与企业名称、商标等相关的企业产品型号。对低压电器产品型号中的各部分说明如下。

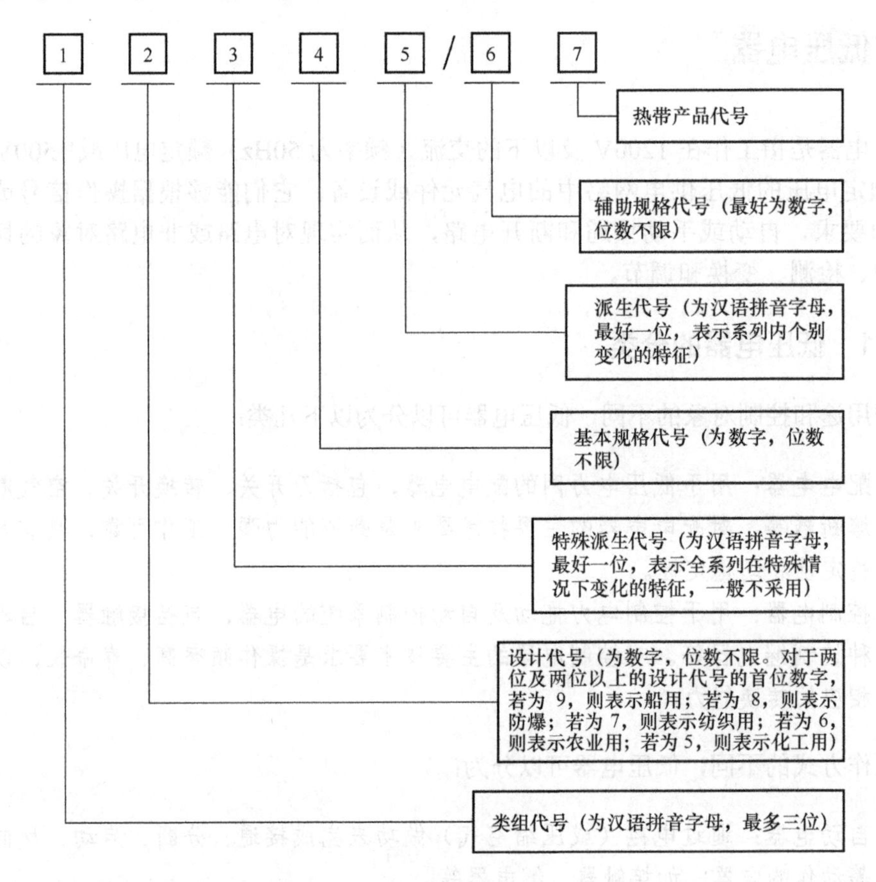

3.2.3 低压电器的图形符号及文字符号

常用的低压电器的图形符号及文字符号如表 3-1 所示。

表 3-1 常用的低压电器的图形符号及文字符号

类别	名　称	图形符号	文字符号	类别	名　称	图形符号	文字符号
开关	单极控制开关	或	SA	位置开关	常开触头		SQ
	手动开关		SA		常闭触头		SQ
	三极控制开关		QS		复合触头		SQ

（续表）

类别	名　称	图形符号	文字符号	类别	名　称	图形符号	文字符号
开关	三极隔离开关	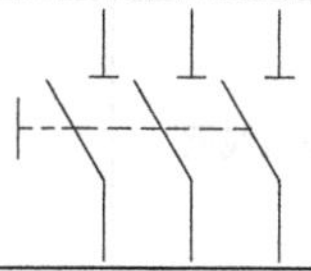	QS	按钮	常开按钮		SB
	三极负荷开关	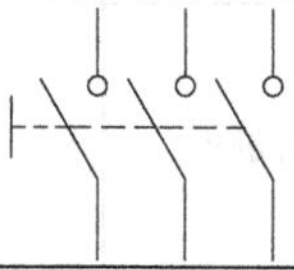	QS	按钮	常闭按钮	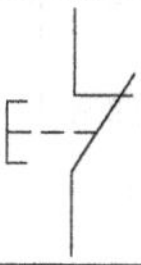	SB
	组合旋钮开关	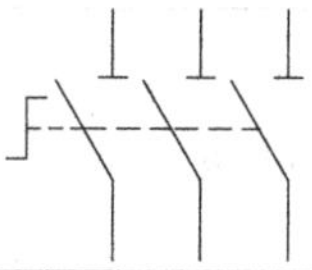	QS		复合按钮	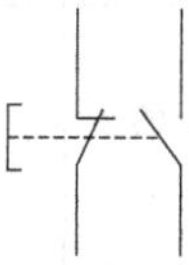	SB
	低压断路器开关	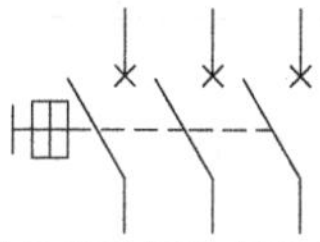	QF		急停按钮	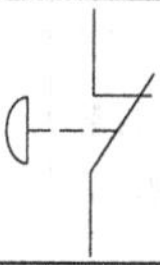	SB
	控制器或操作开关	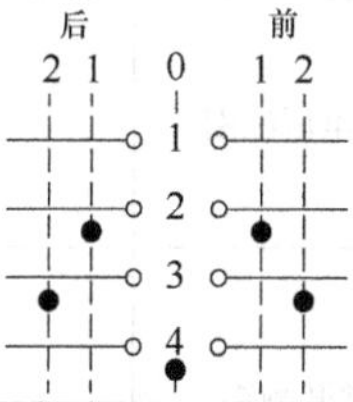 后 前 2 1 0 1 2 1 2 3 4	SA		钥匙操作式按钮	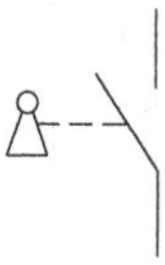	SB
接触器	线圈操作器件	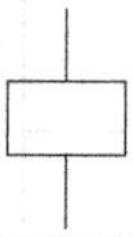	KM	热继电器	热元件	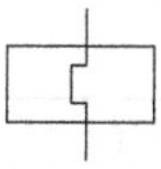	FR
	常开主触头	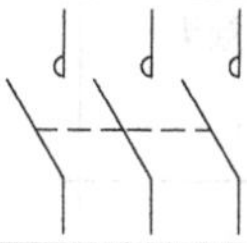	KM		常闭触头	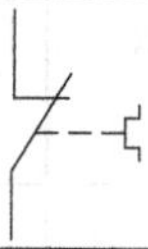	FR
	常开辅助触头		KM	中间继电器	线圈	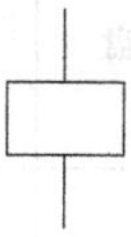	KA
	常闭辅助触头		KM		常开触头		KA
时间继电器	通电延时（缓吸）线圈	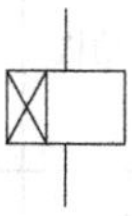	KT		常闭触头		KA
	断电延时（缓放）线圈	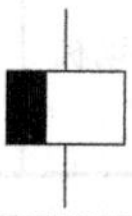	KT	电流继电器	过电流线圈	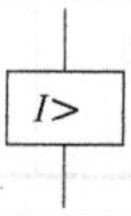 I>	KA

（续表）

类别	名　称	图形符号	文字符号	类别	名　称	图形符号	文字符号
时间继电器	瞬时闭合的常开触头		KT	电流继电器	欠电流线圈	I<	KA
	瞬时断开的常闭触头		KT		常开触头		KA
时间继电器	延时闭合的常开触头	或	KT		常闭触头		KA
	延时断开的常闭触头	或	KT	电压继电器	过电压线圈	U>	KV
	延时闭合的常闭触头	或	KT		欠电压线圈	U<	KV
	延时断开的常开触头	或	KT		常开触头		KV
电磁操作器	电磁铁	或	YA		常闭触头		KV
	电磁吸盘		YH	电动机	三相笼型异步电动机	M 3～	M
	电磁离合器		YC		三相绕线转子异步电动机	M 3～	M
	电磁制动器		YB		他励直流电动机	M	M
	电磁阀		YV		并励直流电动机	M	M

（续表）

类别	名　称	图形符号	文字符号	类别	名　称	图形符号	文字符号
非电量控制的继电器	速度继电器常开触头	n	KS	电动机	串励直流电动机	M	M
	压力继电器常开触头	p	KP	熔断器	熔断器		FU
发电机	发电机	G	G	变压器	单相变压器		TC
	直流测速发电机	TG	TG		三相变压器		TM
灯	信号灯（指示灯）		HL	互感器	电压互感器		TV
	照明灯		EL		电流互感器		TA
接插器	插头和插座	或	插头 XP 或 插座 XS	电抗器	电抗器		L

3.2.4　低压电器的选型注意事项

在选用低压电器时，除应符合国家现行的相关标准外，还应满足以下要求：

- 电器的额定电压必须与所在回路的标准电压相匹配。
- 电器的额定电流不得小于所在回路的计算电流。
- 电器的额定频率必须与所在回路的频率相匹配。
- 电器必须适应所处的环境。
- 电器必须满足短路条件下的动态稳定性和热稳定性要求。对于用于断开短路电流的电器，必须具备短路条件下的通断能力。

如果要检验电器在短路条件下的通断能力，则应设置预期短路电流周期分量的有效值。如果短路点附近所接电动机的额定电流之和超过短路电流的 1%，则必须考虑电动机反馈电流的影响。

3.2.5 低压电器的配线原则

导线的类型应根据低压电器的敷设方式及环境条件进行选择。绝缘导线除满足上述条件外，还应符合工作电压的要求。在为低压电器手工配线时（非模型、模具配线），应符合以下要求：

- 走线通道应尽可能少，同一通道中的沉底导线，应按主、控电路分类集中，单层平行密排或成束，并紧贴敷设面。
- 导线长度应尽可能短，但两个元件之间、两个触头之间的导线等，在留有一定余量的情况下可不紧贴敷设面。
- 同一平面的导线应高低一致或前后一致，不能交叉。当导线必须交叉时，可水平架空跨越，但必须走线合理。
- 导线应横平竖直，变换走向时应垂直90°。
- 若上下触点不在同一垂直线上，则不应采用斜线连接。
- 导线与接线端子或线桩连接时，应不压绝缘层、不反圈，露铜不得超过1mm，并确保同一元件、同一回路的不同接点的导线间的距离一致。
- 一个电器元件接线端子上的连接导线不得超过两根，每节接线端子板上的连接导线一般只允许连接一根。
- 布线时严禁损伤芯线和绝缘层。
- 导线截面积不同时，截面积大的应放在下层，截面积小的应放在上层。
- 多根导线布线时（主回路），应确保整体位于同一水平面，或与低压电器的综合测试仪位于同一垂直面。

为了便于检修、测试及确保电气系统的安全与效率，应严格根据导线的作用为其匹配相应的颜色，例如：

- 保护导线（PE），也就是通常所说的地线，为了易于识别，必须采用黄绿双色线。这种颜色能迅速指示保护导线的所在，对于电气安全至关重要。
- 动力电路的中线（N），即零线，应统一采用浅蓝色线，有助于工作人员在复杂的电路系统中快速区分中线和其他线路。
- 用作控制电路连接的导线，在特定情况下需要特别注意。如果这类导线与外部控制电路相连，并且在电源开关断开后仍然带电，那么应选用橘黄色或黄色导线，以警示工作人员注意安全。
- 与保护导线相连的电路，也就是与黄绿双色线相连的电路部分，应采用白色导线，以便工作人员能快速识别出与地线相连的部分，以确保电气系统的安全。

3.2.6 低压配电电器

1. 刀开关

刀开关又称闸刀开关或隔离开关，是手控电器中最简单且使用广泛的一种低压电器。

（1）作用

刀开关的作用是隔离电源，以确保电路和设备维修的安全；分断负载，如不频繁地接通和分断容量不大的低压电路或直接启动小容量电机。

（2）种类

- 按触刀的极数不同，刀开关可分为单极式、双极式和三极式。
- 按触刀的转换方向不同，刀开关可分为单掷式和双掷式。
- 按操作方式不同，刀开关可分为直接手柄操作式和远距离连杆操作式。
- 按灭弧情况不同，刀开关可分为有灭弧罩式和无灭弧罩式。
- 根据刀开关的构造不同，刀开关分为胶盖式、铁壳式、隔离式。其中，瓷底胶盖闸刀开关的示意图如图3-2所示。

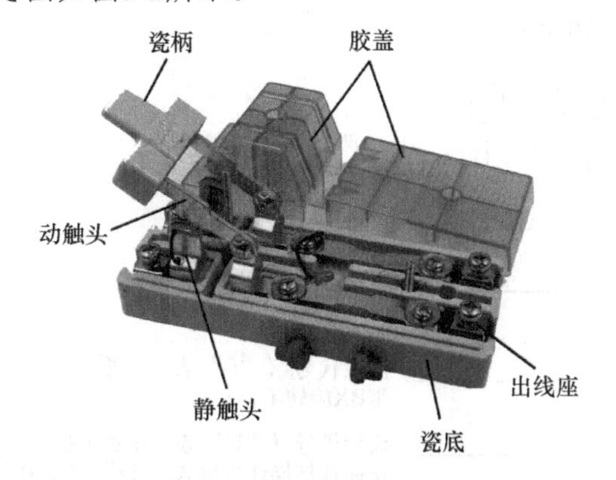

图 3-2　瓷底胶盖闸刀开关

（3）主要组成

刀开关主要由操作手柄、静触头、动触头和底座组成，内装有熔丝，如图 3-3 所示。

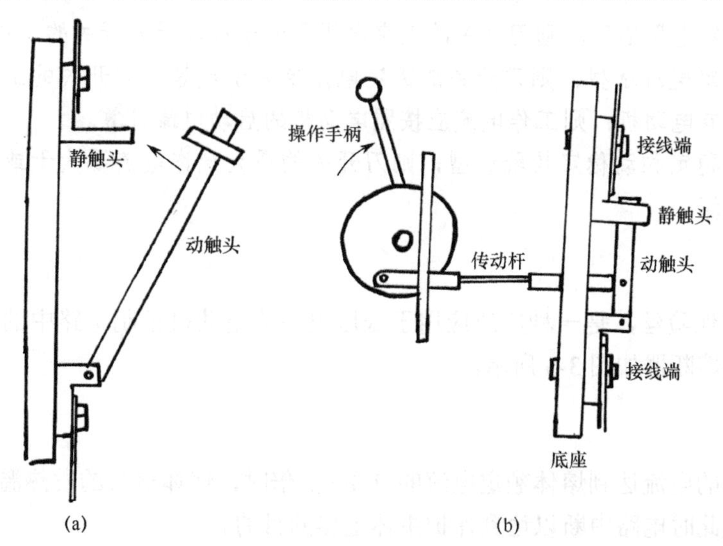

图 3-3　刀开关的主要组成

（4）图形符号

刀开关的图形符号如图 3-4 所示。

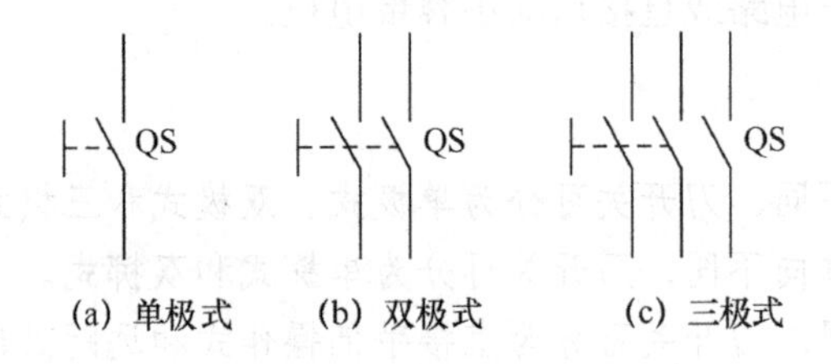

图 3-4 刀开关的图形符号

（5）型号说明

对刀开关的型号说明如下。

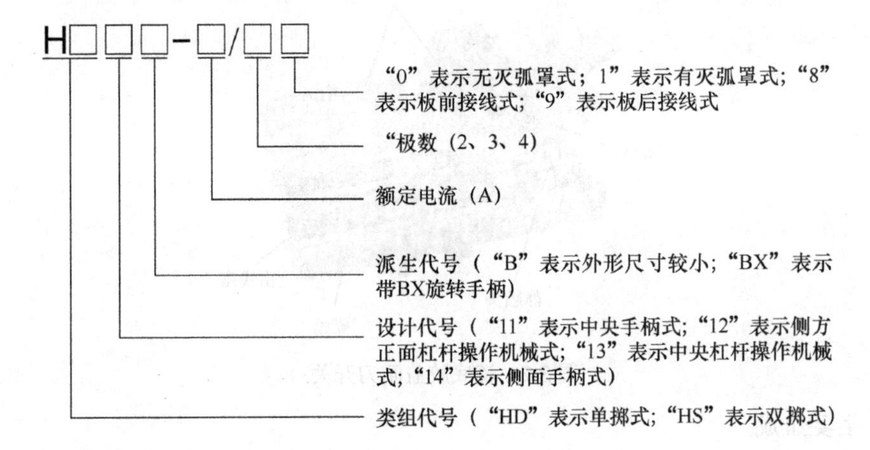

（6）选型注意事项

- 若按额定电压选型，则刀开关的额定电压要大于或等于刀开关的工作电压。
- 若按额定电流选型，则刀开关的额定电流要大于或等于刀开关的工作电流。如果电路中有电动机，则工作电流应按照电动机的启动电流计算。
- 若按热稳定和动稳定校验选型，则刀开关的最大允许电流要大于或等于三相短路冲击电流。

2. 熔断器

熔断器又称保险丝，是一种广泛应用于低压电路或电动机控制电路中的简单有效的保护电器。常见的熔断器如图 3-5 所示。

（1）作用

当流过熔体的电流达到熔体额定电流的 1.3～2 倍时，熔体自身的发热温度开始缓慢上升并缓慢熔断，此时电路中断以达到保护主体电器的目的。

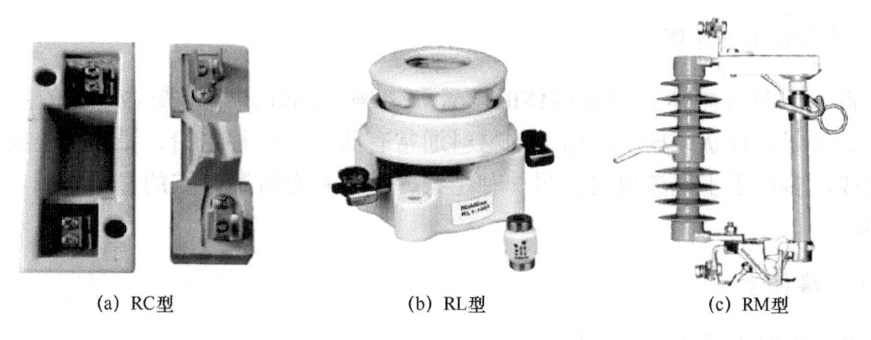

图3-5　常见的熔断器

（2）种类

- 瓷插式熔断器
- 无填料封闭管式熔断器
- 有填料封闭管式熔断器
- 螺旋式熔断器
- 快速式熔断器
- 自复式熔断器

RC1A系列瓷插式熔断器如图3-6所示；RL1系列螺旋式熔断器如图3-7所示。

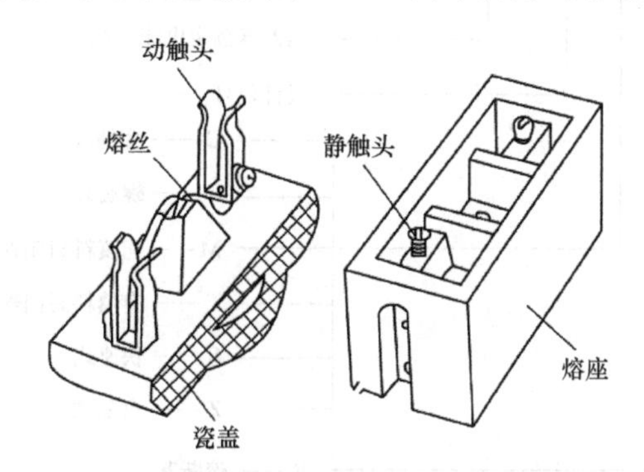

图3-6　RC1A系列瓷插式熔断器

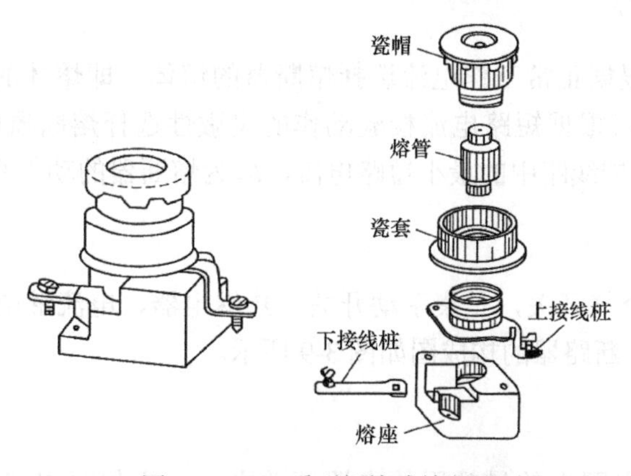

图3-7　RL1系列螺旋式熔断器

（3）结构和工作原理

熔断器一般包含熔体、安装熔体的熔管和熔座三部分。熔体是熔断器的主要组成部分，常做成丝状、片状或栅状。熔体的材料通常有两种：一种由铅、铅锡合金或锌等低熔点材料制成，多用于小电流电路；另一种由银、铜等具有较高熔点的金属制成，多用于大电流电路。

（4）电路符号

熔断器的电路符号如图 3-8 所示。

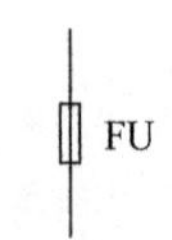

图 3-8　熔断器的电路符号

（5）型号说明

对熔断器的型号说明如下。

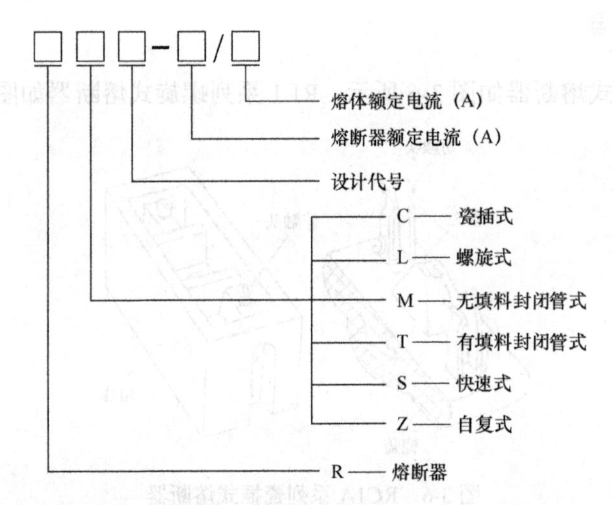

（6）选型注意事项

通常情况下，可根据正常工作电流选择熔断器的熔体，即熔体的固定电流（I_{er}）≥线路计算电流（I_g），也可根据短路电流校验动作的灵敏性选择熔断器的熔体，即 $I_{dmin}/I_{er} \geq K_r$，其中，I_{dmin} 为被保护线路中的最小短路电流，K_r 为熔断器的动作系数，一般为 4。

3. 断路器

断路器又称自动空气开关，是集手动开关、热继电器、电流继电器、电压继电器等于一体的电器保护元件。断路器的构成图如图 3-9 所示。

（1）作用

断路器是低压配电网中的最常用的电器开关之一，不仅可以接通和分断正常负载电流、电动机工作电流和过载电流，而且可以接通和分断短路电流，主要作为电源开关用在不频繁操作的低压配电线路或开关柜中。

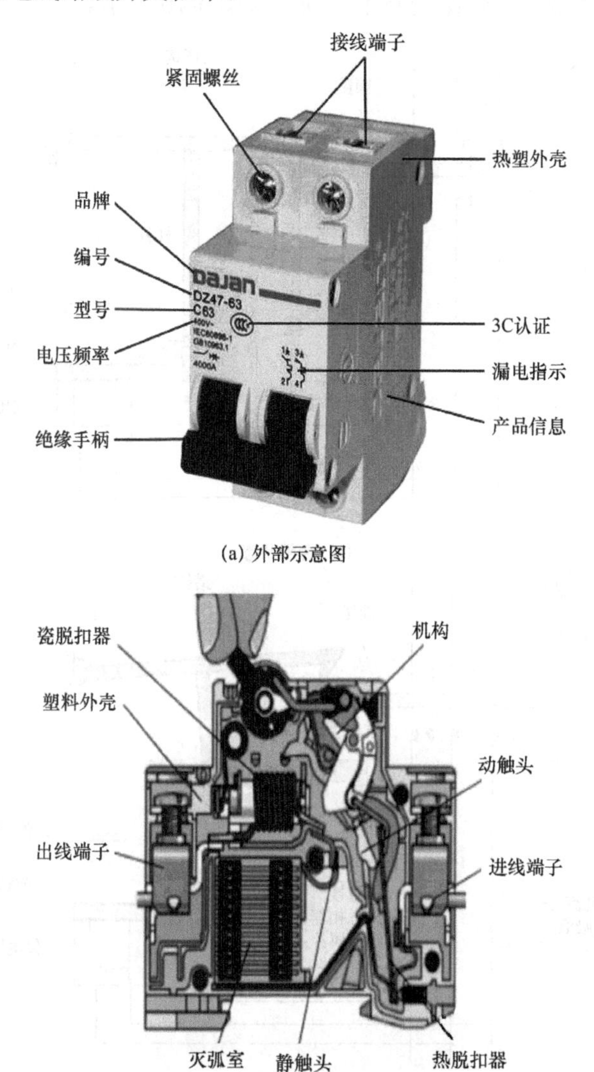

(a) 外部示意图

(b) 内部示意图

图 3-9　断路器的构成图

（2）种类

- 按极数不同，断路器可分为单极断路器、两极断路器和三极断路器。
- 按保护形式不同，断路器可分为电磁脱扣器式断路器、热脱扣器式断路器、复合脱扣器式断路器和无脱扣器式断路器。
- 按分断时间不同，断路器可分为一般断路器和快速断路器（先于脱扣机构动作，脱扣时间在0.02秒以内）。
- 按结构不同，断路器可分为塑壳式断路器、框架式断路器、限流式断路器、直流快速式断路器、灭磁式断路器和漏电保护式断路器。

（3）结构和工作原理

虽然断路器的种类很多，但结构基本相同，如图 3-10 所示。

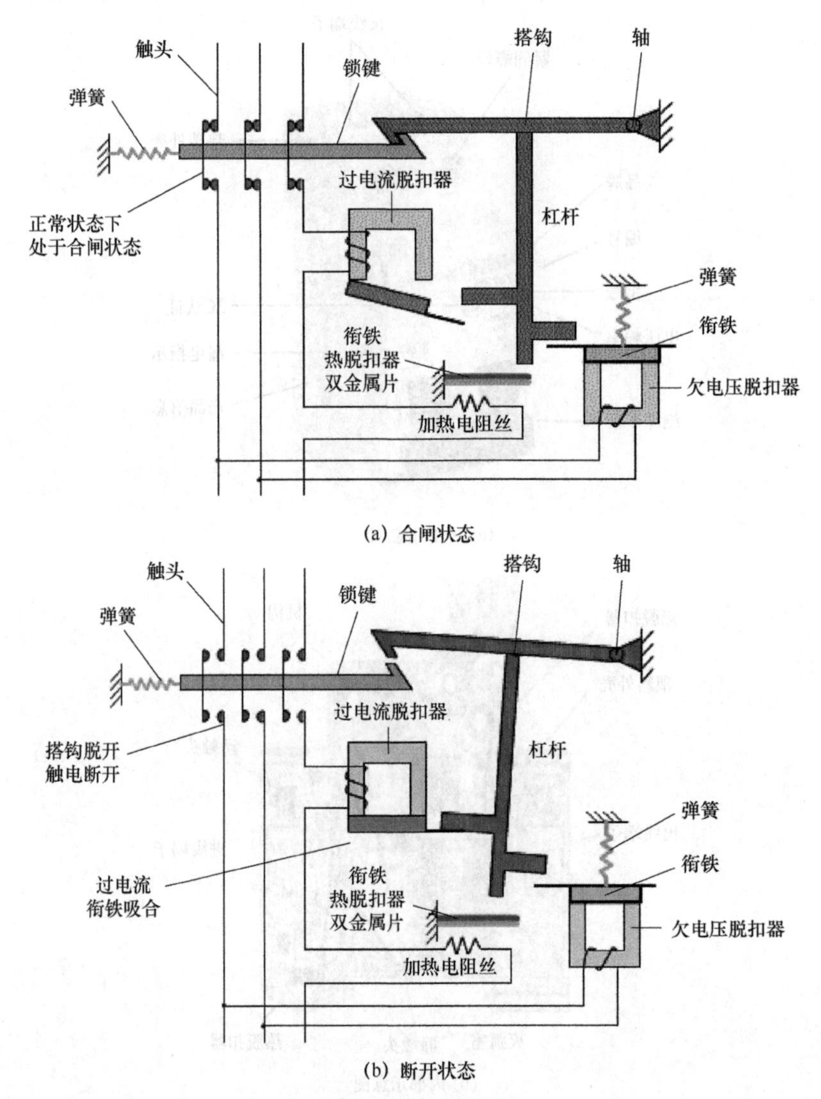

(a) 合闸状态

(b) 断开状态

图 3-10 断路器的结构

（4）图形符号

断路器的图形符号如图 3-11 所示。

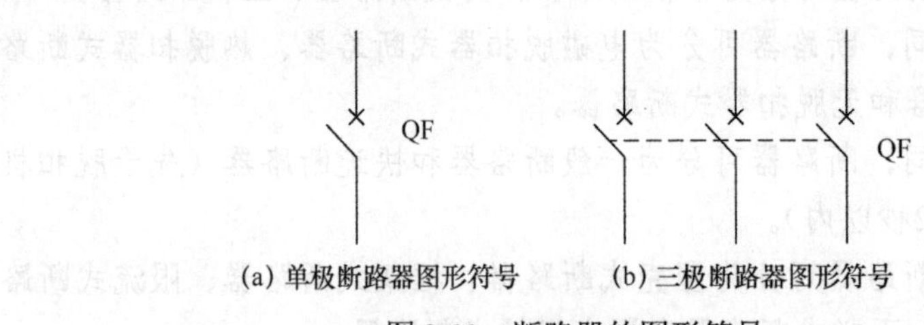

(a) 单极断路器图形符号 (b) 三极断路器图形符号

图 3-11 断路器的图形符号

（5）型号说明

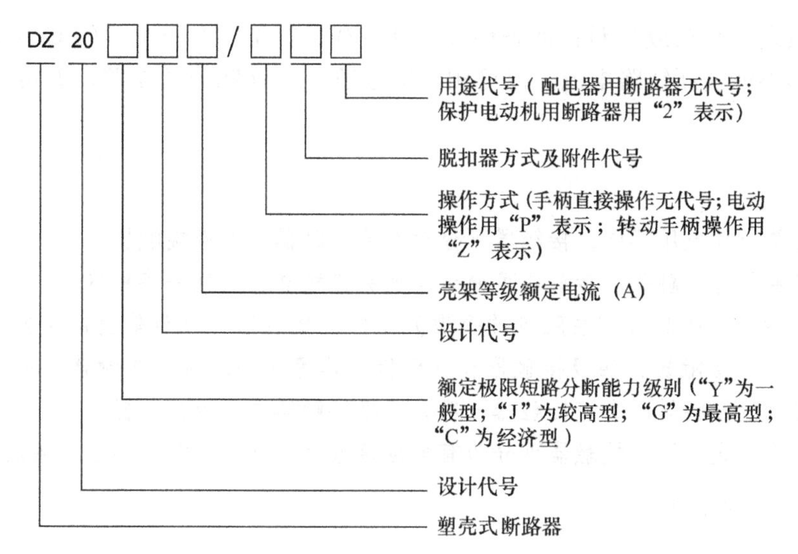

（6）选型注意事项

- 断路器的额定电压大于或等于线路的额定电压。
- 断路器的额定电流大于或等于线路的计算负荷电流。
- 断路器的脱扣器额定电流大于或等于线路的计算负荷电流。
- 断路器的极限通断能力大于或等于线路中的最大短路电流。
- 线路末端相对地的短路电流不小于1.25倍的自动开关瞬时（或短延时）脱扣整定电流。
- 断路器中欠电压脱扣器的额定电压等于线路的额定电压。

3.2.7 低压控制电器

1. 接触器

接触器是指根据电磁感应原理，使触头通断，以实现对电动机主电路或其他负载电路进行控制的电器。常见的几种接触器如图 3-12 所示。

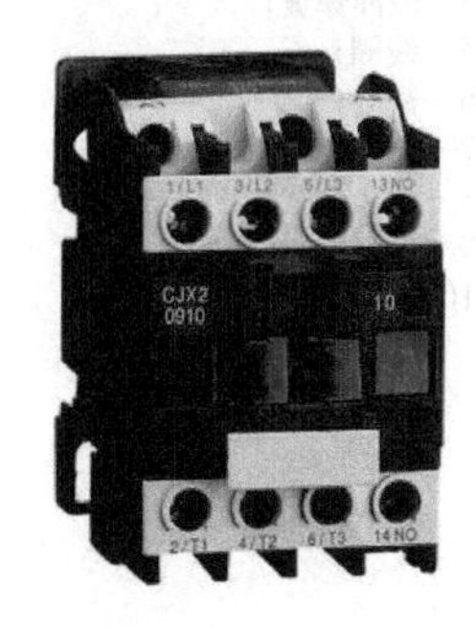

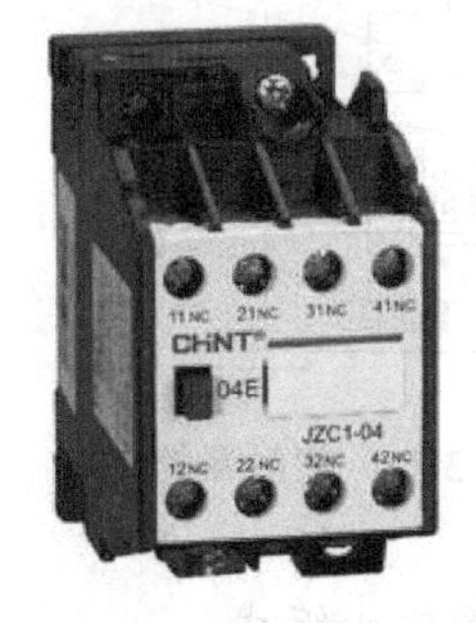

图 3-12 常见的几种接触器

（1）作用

接触器能接通、承载或分断正常条件（包括过载运行条件）下电流的非手动机械开关电器。接触器不能切断短路电流，但可频繁地接通或分断交/直流电路，并可实现远距离控制。

（2）种类

- 根据线圈所加电压不同，接触器可分为交流接触器与直流接触器。
- 根据接触器有无触头，接触器可分为有触头接触器和无触头接触器。
- 根据主触点的极数（即主触点的个数）不同，接触器可分为单极接触器、双极接触器、三极接触器、四极接触器和五极接触器等多种。直流接触器一般为单极接触器或双极接触器；交流接触器一般为三极接触器或四极接触器。
- 根据操作方式不同，接触器可分为有电磁接触器、气动接触器和液压接触器。

（3）结构和工作原理

接触器的结构如图 3-13 所示。交流接触器包含电磁系统、触点系统、灭弧装置。

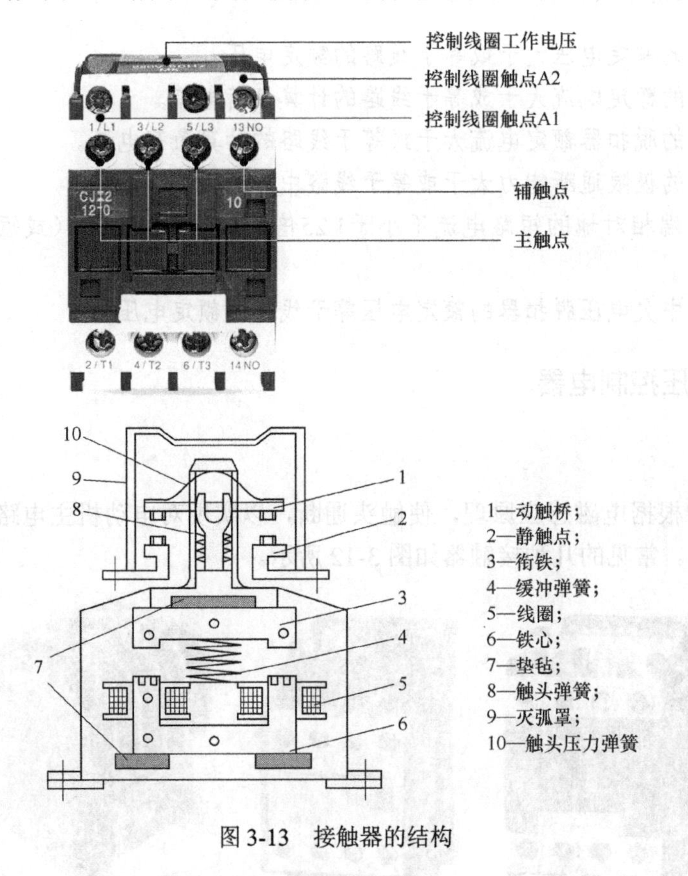

图 3-13　接触器的结构

- 电磁系统由线圈、动铁心、静铁心组成。
- 触点系统是接触器的执行元件，用以接通或分断所控制的电路。

● 灭弧装置是指用以限制电弧并帮助电弧熄灭的装置。

接触器的工作原理：当线圈通电时，在铁芯中会产生磁通和电磁吸力。这个电磁吸力会克服弹簧的反作用力，导致衔铁吸合。同时，它也会带动触头机构执行一系列动作，例如，使常闭触头分断；常开触头闭合、互锁或接通等。

（4）图形符号

接触器的图形符号如图 3-14 所示。

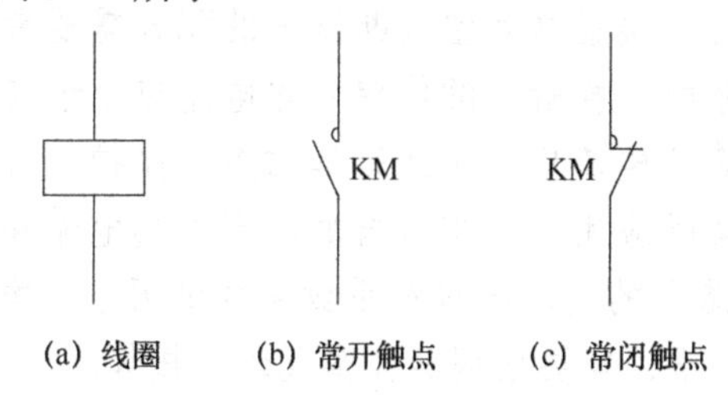

(a) 线圈　(b) 常开触点　(c) 常闭触点

图 3-14　接触器的图形符号

（5）型号说明

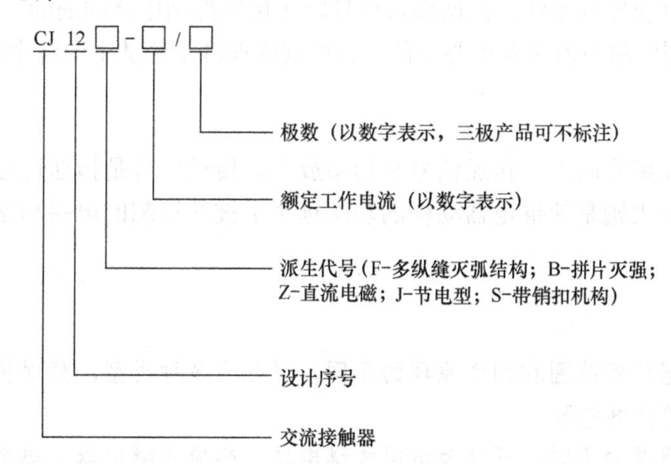

（6）选型注意事项

接触器作为通断负载电源的设备，在选择时应该充分考虑被控制设备的需求。除了要确保额定工作电压与被控设备相匹配外，还需要考虑被控设备的负载功率、使用类别、控制方式、操作频率、工作寿命、安装方式、安装尺寸以及经济性等因素。以下是一些选用接触器时的注意事项。

● 电压等级和类型匹配：交流接触器的电压等级应与负载相同，选用的接触器类型也应与负载相适应。
● 计算电流符合容量等级：负载的计算电流应不大于接触器的额定工作电流。接触器的接通电流应大于负载的启动电流，而分断电流则应大于负载运行时的分断需求电流。同时，需要考虑实际工作环境和工况，尤其对于启动时间长的负载，半小时内的峰值电流不能超过约定的发热电流。

- 吸引线圈参数：接触器吸引线圈的额定电压、电流以及辅助触头的数量和电流容量应符合控制回路的接线要求。考虑到接在接触器控制回路的线路长度，通常推荐的操作电压值是使接触器能够在85%～110%的额定电压范围内正常工作。如果线路过长，则可能导致电压降过大，使得接触器线圈无法对合闸指令作出反应，或者由于线路电容过大，导致跳闸指令失效。
- 操作频率校验：根据操作次数检查接触器允许的操作频率。如果操作频率超过规定值，则额定电流应增加一倍。
- 短路保护元件配合：接触器和空气断路器的配合需要考虑空气断路器的过载系数和短路保护电流系数。接触器的约定发热电流应小于空气断路器的过载电流，而接触器的接通和断开电流应小于断路器的短路保护电流，以确保断路器能够有效保护接触器。在实际应用中，接触器的约定发热电流和额定工作电流的比值通常为1～1.38，而断路器的反时限过载系数参数则因不同类型而异，因此两者之间的配合很难有一个标准，需要根据具体情况进行核算。

2. 继电器

继电器是一种自动控制元件，根据输入信号的变化来控制电路的通断。在PLC（可编程逻辑控制器）控制电路中扮演着重要角色，其控制原理源于最基本的继电器控制。

（1）作用

继电器的主要作用有两点：传递信号和功率放大。传递信号是指通过触点的转换来传递控制信号；功率放大则是使继电器动作的功率远小于被其控制的电路功率，从而实现功率放大的效果。

（2）种类

- 继电器根据使用范围和动作原理的不同，可分为多种类型，如保护继电器、控制继电器、通信继电器。
- 根据动作原理的不同，可分为电磁式继电器、感应式继电器、热继电器、时间继电器、光电式继电器、压电式继电器等。
- 根据输入信号的性质不同，可分为中间继电器、热继电器、时间继电器、速度继电器和压力继电器等。

（3）控制电路

在实际生产过程中，控制电路通常由逻辑电路、记忆（自锁）电路、顺序动作电路等组合而成。

- 逻辑电路包括“与”逻辑电路（AND电路）、“或”逻辑电路（OR电路）和“非”逻辑电路（NOT电路）。“与”逻辑电路由几个继电器（或控制按钮）的常开触点和一个继电器线圈串联而成，只有当所有触点闭合时，线圈通电，继电器才执行动作，示意电路如图3-15所示。相似地，“或”逻辑电路由几个继电器（或开关）

的常开触点并联后与继电器线圈串联而成，只要其中任意一个触点闭合，线圈通电，继电器就执行动作，示意电路如图3-16所示。“非”逻辑电路，即实现“非”逻辑功能，输出与输入相反的状态，示意电路如图3-17所示。

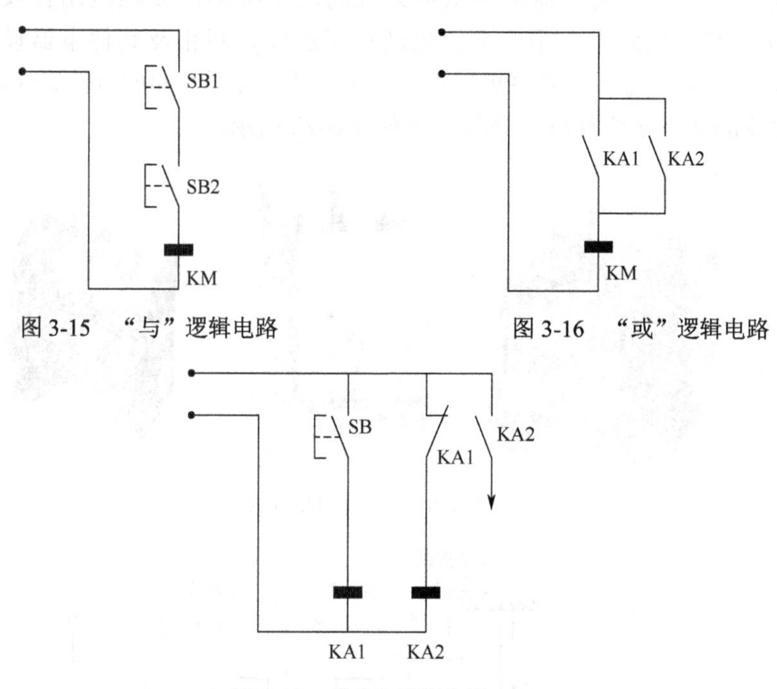

图 3-15 “与”逻辑电路

图 3-16 “或”逻辑电路

图 3-17 “非”逻辑电路

- 记忆（自锁）电路是由继电器、继电器自身的常开辅助触点、控制按钮构成的具有记忆（自锁）功能的电路，示意电路如图3-18所示。凡是要求连续运行的电动机，都要采用自锁电路。
- 顺序动作电路是一种串联式电路，也是一种电源侧优先电路，示意电路如图3-19所示。例如，在某些机床中，主轴必须在油泵工作后才能工作；在铣床中，只有主轴旋转后，工作台方可移动；在皮带运输机中，只有前级停车后，后级才能停车。上述例子都要求电动机按顺序启动和停止。

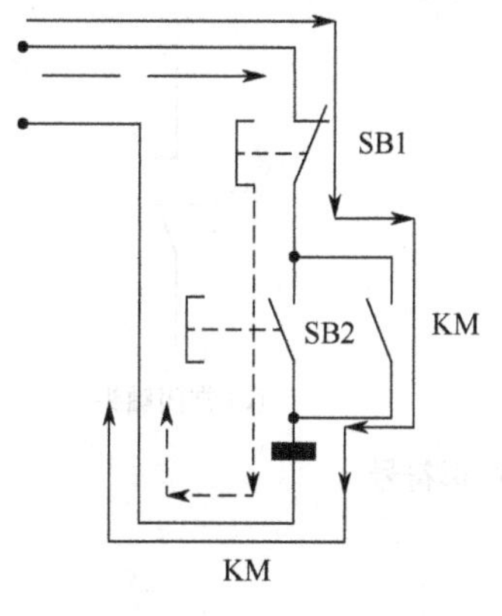

图 3-18 记忆（自锁）电路

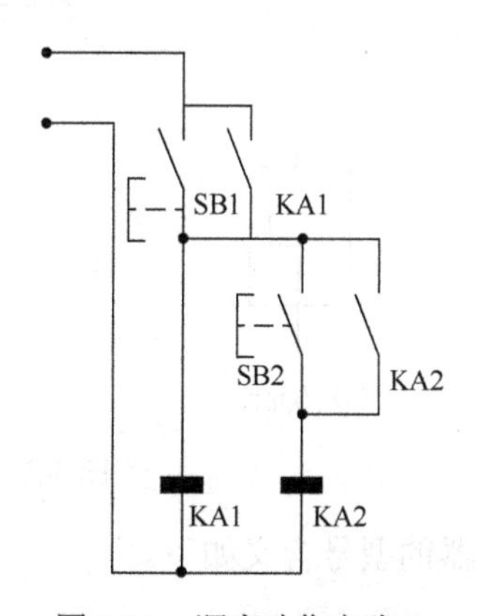

图 3-19 顺序动作电路

（4）常见继电器举例

① 热继电器

热继电器是一种利用电流的热效应来推动动作机构，使触点闭合或断开的保护电器，主要安装在主回路中，用于交流电动机在过载、断相及其他电器设备发热状态下的保护，如图 3-20 所示。热继电器主要由热元件、金属片和触点等组成，如图 3-21 所示。热继电器的文字符号为 FR，图形符号如图 3-22 所示。

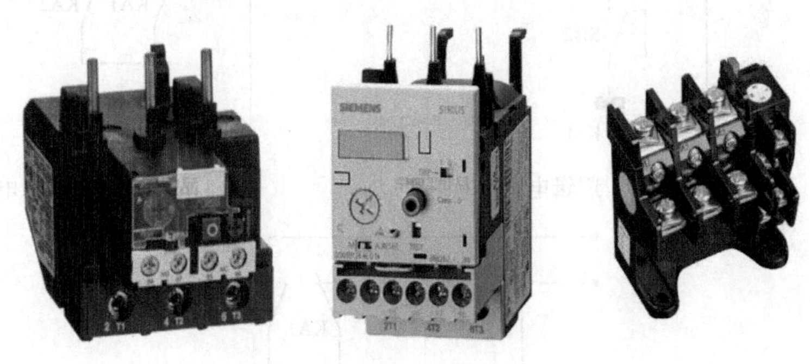

图 3-20　常见的热继电器

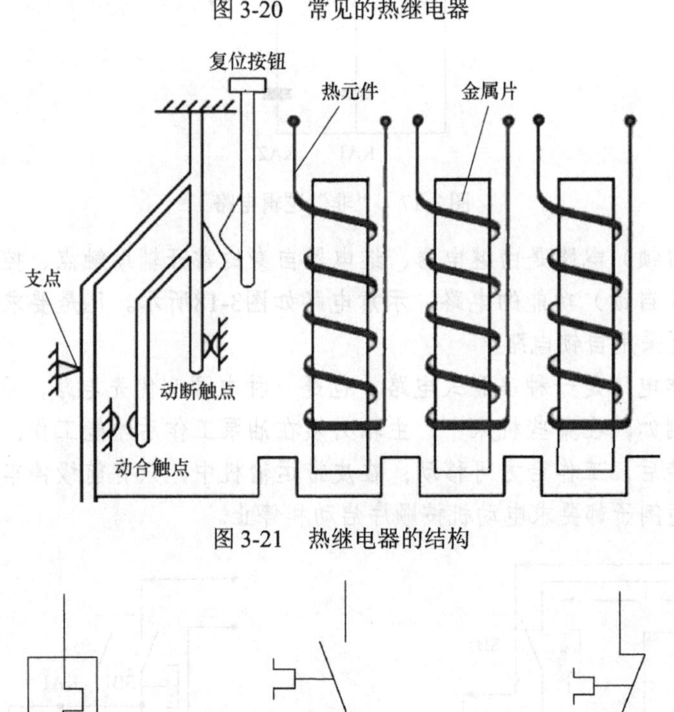

图 3-21　热继电器的结构

(a) 热元件　(b) 常开触头　(c) 常闭触头

图 3-22　热继电器的图形符号

热继电器的型号含义如下。

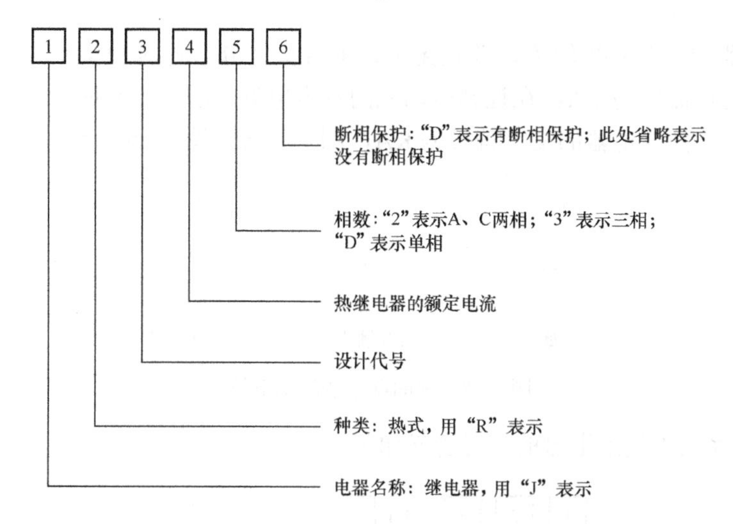

② 中间继电器

中间继电器是用来转换控制信号的中间元件，常见的中间继电器实物图如图 3-23 所示，主要用途是在其他继电器的触头数量或容量不足时，借助中间继电器来扩大它们的触头数量或容量。中间继电器的基本结构和工作原理与小型交流接触器基本相同，由线圈、铁芯、弹簧等组成。电磁机构与接触器相似，由于其触头通过控制电路的电流较小，所以无需加装灭弧装置。中间继电器的结构如图 3-24 所示。在图 3-24 中，13 和 14 是线圈的接线端子，1 和 2 是常闭触头的接线端子，1 和 4 是常开触头的接线端子。当中间继电器的线圈通电时，铁芯产生电磁力吸引衔铁，使得常闭触头分断，常开触头吸合在一起。当中间继电器的线圈不通电时，没有电磁力，衔铁在弹簧的作用下使常闭触头闭合，常开触头分断。

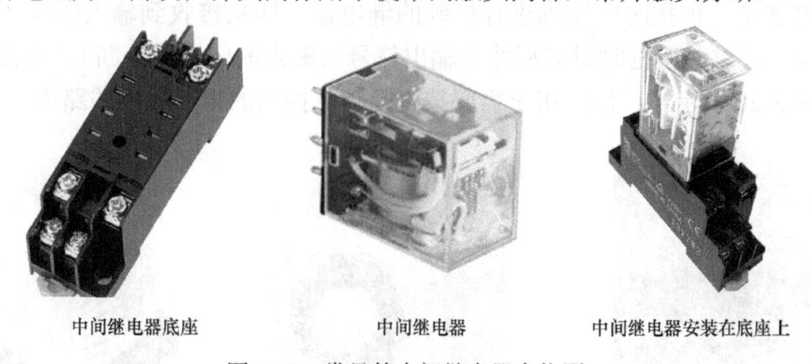

图 3-23　常见的中间继电器实物图

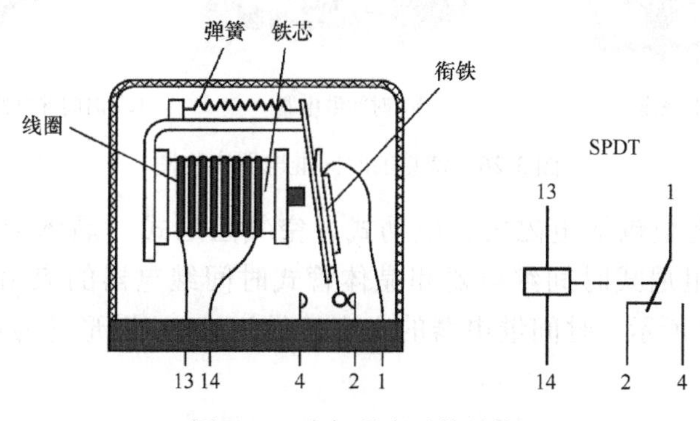

图 3-24　中间继电器的结构

中间继电器的触头数量较多，并且无主、辅触头之分。各对触头允许通过的电流大小是相同的，额定电流约为 5A。在控制电动机的额定电流不超过 5A 时，也可使用中间继电器替代接触器。中间继电器的文字符号为 KA，图形符号如图 3-25 所示。

图 3-25 中间继电器的图形符号

常用的 JZ 系列中间继电器的型号含义如下。

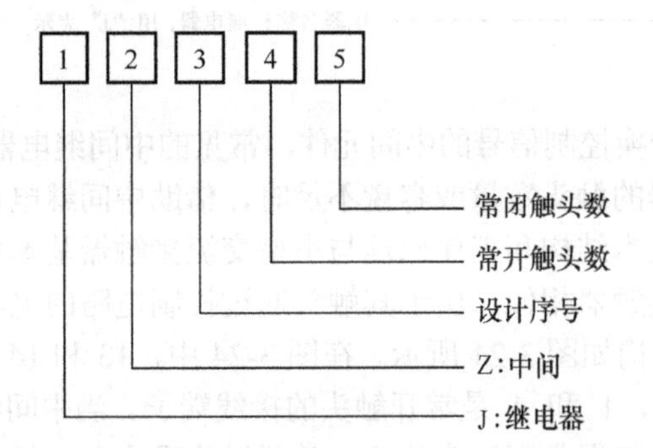

③ 时间继电器

时间继电器是一种按时间原则进行控制的继电器，即从接收到输入信号（线圈的通电或断电）开始，经过一段延时时间后才会输出信号（触点的闭合或分断）。常见的时间继电器实物图如图 3-26 所示，广泛应用于需要按时间顺序控制的电器控制线路中。

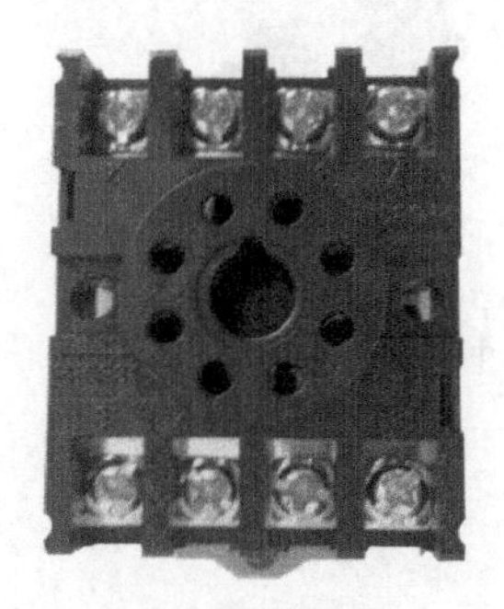

(a) 时间继电器底座

(b) 时间继电器

(c) 时间继电器安装在底座上

图 3-26 常见的时间继电器实物图

时间继电器的类型包括电磁式、电动式、空气阻尼式、晶体管式等。目前在电力拖动线路中，空气阻尼式时间继电器和晶体管式时间继电器的应用较为广泛。时间继电器的结构如图 3-27 所示。时间继电器的文字符号为 KT，图形符号如图 3-28 所示。

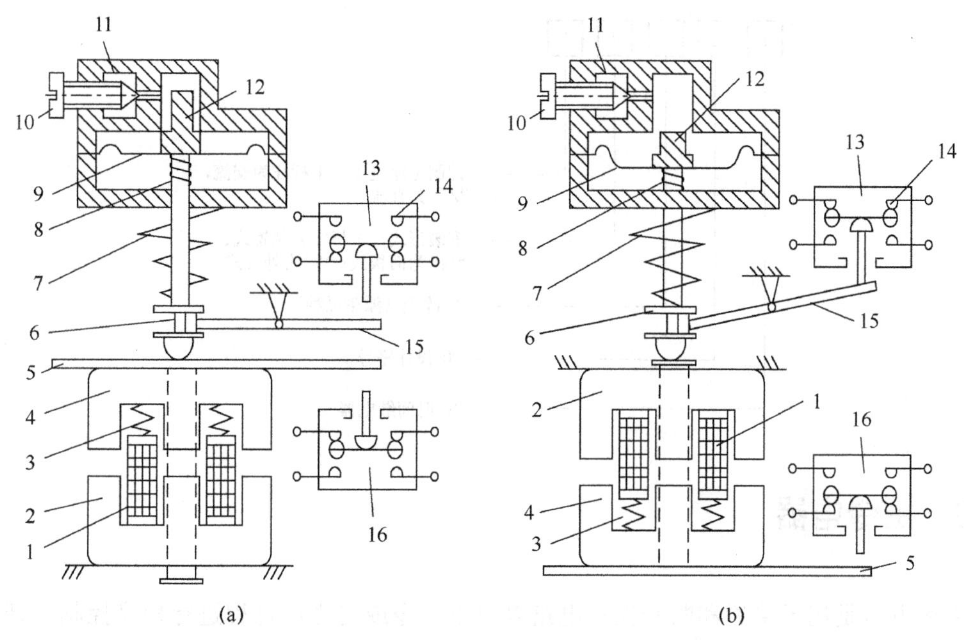

1—线圈；2—静铁心；3、7、8—弹簧；4—衔铁；5—推板；6—顶杆；9—橡皮膜；10—螺钉；11—进气孔；12—活塞；13、16—微动开关；14—延时触头；15—杠杆

图 3-27　时间继电器的结构

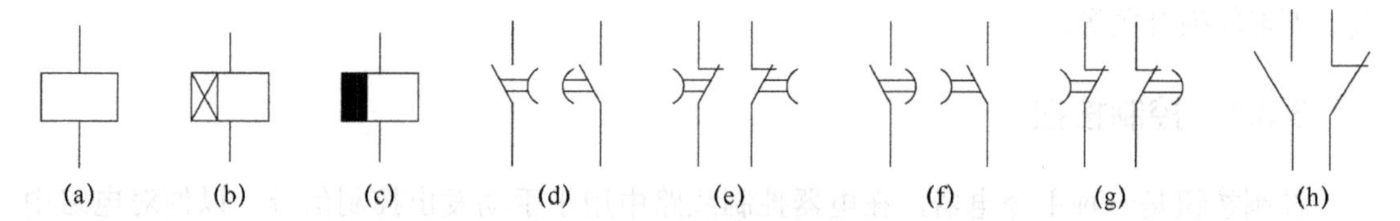

(a) 线圈一般符号；(b) 通电延时线圈；(c) 断电延时线圈；(d) 通电延时闭合动合（常开）触点；(e) 通电延时断开动断（常闭）触点；(f) 断电延时断开动合（常开）触点；(g) 断电延时闭合动断（常闭）触点；(h) 瞬动触点

图 3-28　时间继电器的图形符号

常用的 JS7-A 系列时间继电器的型号含义如下。

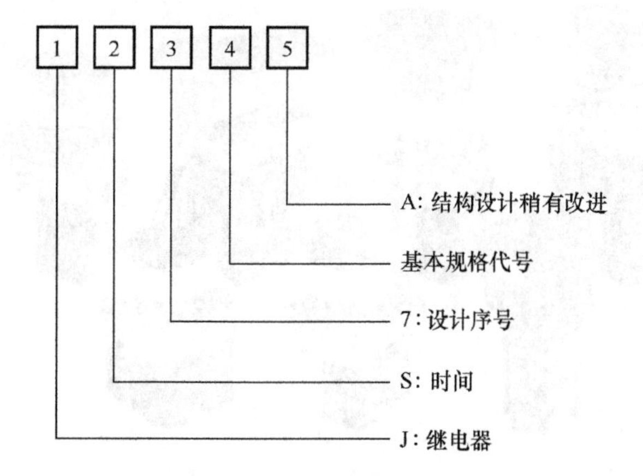

常用的 JS14A 系列时间继电器的型号含义如下。

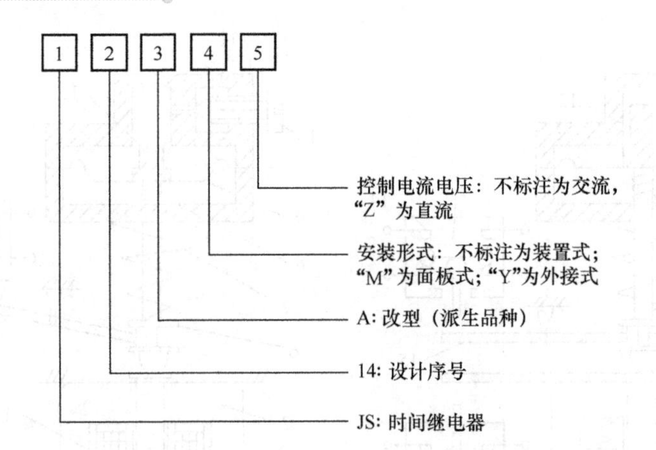

3.3 主令电器

主令电器是用于接通和断开控制电路以发出命令或对生产过程进行程序控制的开关电器。它主要应用于辅助电路中，用来控制接触器、继电器或其他电器的线圈，以实现电路的接通或断开，从而实现对机械的控制目的。

主令电器的应用广泛，种类繁多。按其作用可分为：控制按钮、行程开关、接近开关、万能转换开关等。

3.3.1 控制按钮

控制按钮是一种主令电器，在电器控制线路中用于手动发出控制信号，以便对电路中的被控对象（如接触器、继电器等）进行控制。控制按钮主要由按钮帽、复位弹簧、触头等组成，实物图如图 3-29 所示。控制按钮的结构如图 3-30 所示。控制按钮的文字符号为 SB，图形符号如图 3-31 所示。

图 3-29 控制按钮的实物图

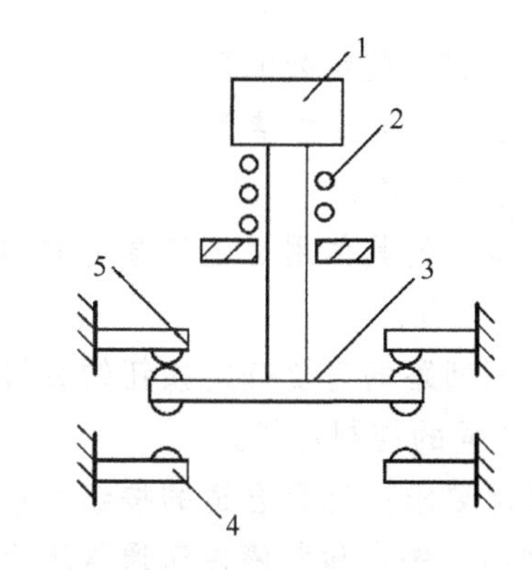

1—按钮帽；2—复位弹簧；3—动触头；
4—常开触头的静触头；5—常闭触头的静触头

图3-30 控制按钮的结构

图3-31 控制按钮的图形符号

按钮的型号说明如下。

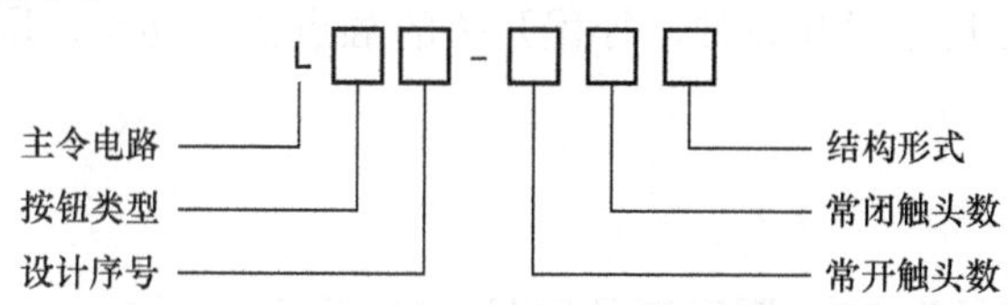

控制按钮的工作原理很简单，下面对常用的3种按钮的工作原理进行介绍。

- 点动按钮带有动合触点。当按下按钮时，动合触点闭合；当松开按钮时，动合触点复位。点动按钮往往带有互锁触点，当按钮松开后，互锁触点锁住电路，使线路通电工作。
- 停止按钮带有动断触点。当按下按钮时，动断触点断开；当松开按钮时，动断触点复位。
- 复合按钮带有动合触点和动断触点。当按下按钮时，先断开动断触点再闭合动合触点；当松开按钮时，动合触点和动断触点先后复位。

控制按钮的常见分类如下。

- 按用途不同，控制按钮可分为停止按钮、点动按钮及复合按钮等。
- 按结构不同，控制按钮可分为按钮式、紧急式、钥匙式、旋钮式和保护式5种。

控制按钮的选用原则通常包括以下几个方面：

- 使用场合和环境要求：根据按钮所处的环境条件选择合适的类型。例如，在潮湿或者腐蚀性环境中，需要选择防水或者防腐式按钮；而在需要频繁开启、关闭的场合可能需要耐久性更好的按钮。
- 用途和功能要求：根据按钮的具体用途选择合适的形式。不同功能的按钮可以通过形状、颜色等方式进行区分。
- 控制回路需求：根据控制回路的需要确定按钮的数目，可能需要单钮、双钮、三钮或者更多按钮来实现不同的控制功能。
- 工作状态指示和工作情况要求：选择合适的按钮颜色和指示灯颜色，以反映设备的工作状态和情况。例如，停止和急停按钮通常选择红色，启动按钮通常选择绿色，点动按钮通常选择黑色等。
- 按钮尺寸：按钮尺寸通常有不同的系列，如12mm、16mm、22mm、25mm和30mm等，根据实际需要选择合适的尺寸。一般来说，22mm的按钮尺寸较为常用。
- 常开触头和常闭触头的区分：在接线时，需要注意分辨常开触头和常闭触头（可通过肉眼观察或通过万用表的欧姆挡来确定）。

3.3.2 行程开关

行程开关是一种用来反映工作机械的行程位置，并发出指令，以控制其运动方向和行程大小的主令电器。在实际生产中，行程开关安装在预先安排的位置。当安装于生产机械运动部件上的挡块撞击到行程开关时，行程开关的触点执行动作，用以控制其行程，并进行终端限位保护。

1. 图形符号

行程开关的文字符号为ST，图形符号如图3-32所示。

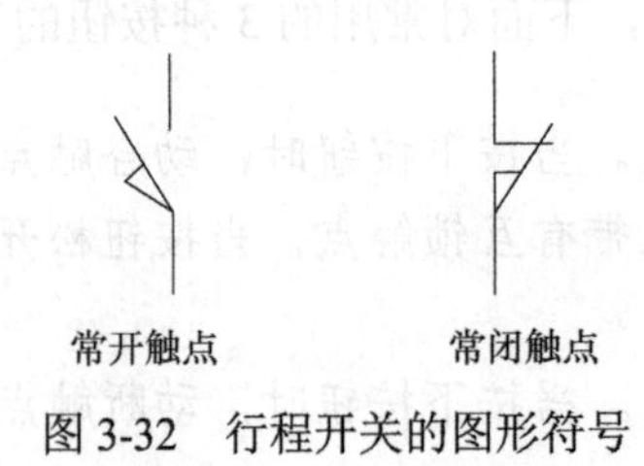

图3-32 行程开关的图形符号

2. 结构原理

行程开关的结构原理：它的作用与控制按钮相似，但其触点的动作不靠手动操作，而是利用生产机械中某些运动部件上的挡块碰撞其滚轮，使触点执行动作来实现接通或分断电路。

行程开关按其结构可分为直动式、滚轮式、微动式等。

- 直动式行程开关如图3-33所示，其动作原理与控制按钮相同，但其触点的分合速度取决于被控机械的运行速度，不宜用于速度低于0.4m/min的场所。

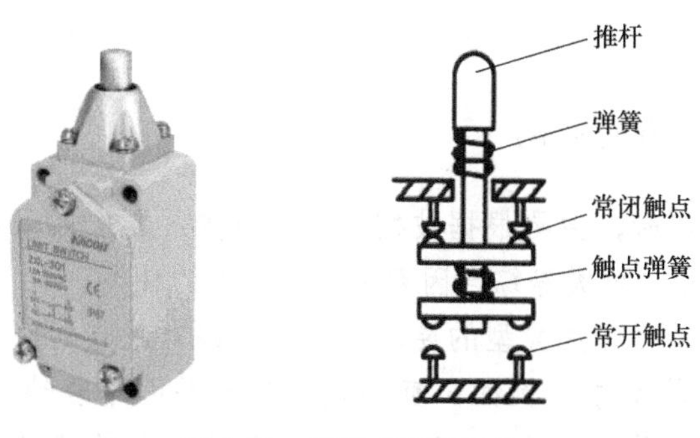

图 3-33　直动式行程开关

- 滚轮式行程开关如图3-34所示，当被控机械上的挡块撞击带有滚轮的行程开关时，行程开关转向右边，带动凸轮转动，顶下推杆，使触点迅速执行动作。当被控机械返回时，在弹簧的作用下，各部分动作部件复位。

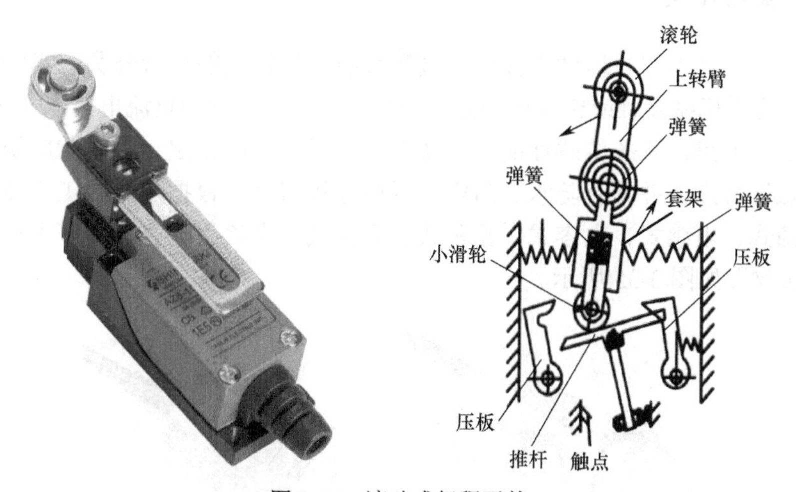

图 3-34　滚动式行程开关

- 微动行程开关：微动行程开关是一种依靠施压执行相应动作的快速开关，又叫灵敏开关。

3. 型号

行程开关的型号及其含义如下。

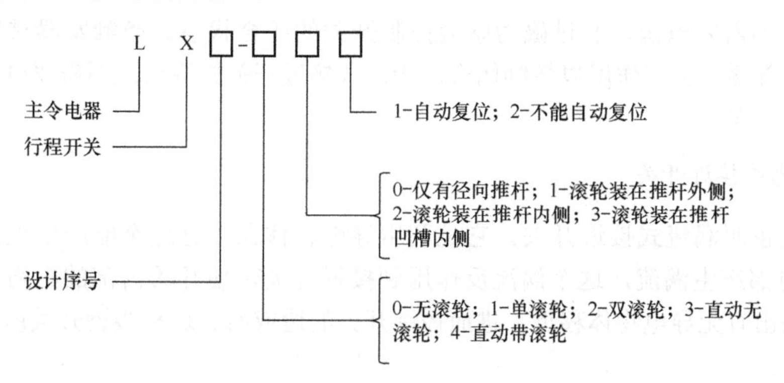

4．选型注意事项

行程开关的选型注意事项如下：

- 行程开关在选用时，主要根据被控电路的特点、要求，以及生产现场的条件和所需要的触点数量、种类等综合因素来考虑选用的种类。
- 应根据机械位置对开关类型的要求和控制线路对触点的数量要求，以及电流、电压等级来确定其型号。例如，直动式行程开关的分合速度取决于挡块的移动速度，当挡块的移动速度低于0.4m/min时，触点分断的速度将很慢，触点易受到电弧烧灼。在这种情况下，应采用带有盘型弹簧机构（能瞬时动作）的滚轮式行程开关。

3.3.3 接近开关

接近开关是一种无需与运动部件直接接触就能实现控制的位置开关。当物体靠近开关的感应面时，无需机械接触或施加压力即可使其动作，从而驱动直流电器或向 PLC 提供控制指令。它不含触点，具备传感性能，以及动作可靠、性能稳定、频率响应快、寿命长、抗干扰能力强等特点，并具有防水、防震、耐腐蚀等特性。根据不同的工作原理，接近开关可分为无源式、电感式、电容式、霍尔式、涡流式、交流型、直流型等多种类型。常见的接近开关实物图如图 3-35 所示。

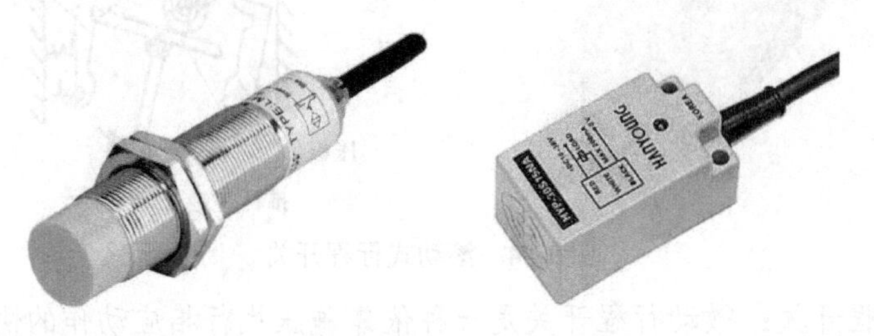

图 3-35 常见的接近开关实物图

1．常见的接近开关

（1）无源式接近开关

这种开关不需要电源，通过磁力感应控制开关的闭合状态。当触发器靠近开关磁场时，和开关内部磁力共同作用以控制闭合。无源式接近开关的特点：不需要电源，非接触式，免维护，环保。

（2）电感式接近开关

这种开关也叫涡流式接近开关。它是利用导电物体在接近这个能产生电磁场的开关时，使物体内部产生涡流，这个涡流反作用到接近开关，使开关内部的电路参数发生变化，由此识别出有无导电物体移近，进而控制开关的通或断。这种接近开关所能检测的物体必须是导体。

（3）电容式接近开关

在检测过程中，这种开关的外壳通常是接地或与设备的机壳相连接。当有物体靠近开关时，无论它是否为导体，都会导致电容的介电常数发生变化，并引起电容量的变化，使得与测量头相连的电路状态也随之改变，进而控制开关的接通或断开。这种接近开关的检测对象不限于导体，还可以是绝缘的液体或粉状物等。

（4）霍尔式接近开关

霍尔式元件是一种磁敏元件，利用其制成的开关称为霍尔式接近开关。当磁性物体靠近霍尔式接近开关时，开关检测面上的霍尔元件会因产生霍尔效应而导致开关内部电路状态发生变化。通过这种变化，可以识别附近是否存在磁性物体，进而控制开关的通断状态。需要注意的是，这种接近开关的检测对象必须是磁性物体。

2. 实际应用

- 检验距离：用于升降设备的停止、启动检测，通过位置检测，车辆位置检测，工作机械设定位置的检测，回转体停止位置的检测，以及阀门的开闭位置检测等。
- 尺寸控制：用于自动选择和鉴别金属件的长度，检测自动装卸时的堆物高度，以及检测物品的长、宽、高和体积等。
- 检测物体是否存在：用于检测生产包装线上是否存在产品包装箱，以及检测产品零件的存在与否。
- 转速与速度控制：用于控制传送带的速度、旋转机械的转速，以及与各种脉冲发生器一起控制转速等。
- 计数控制：用于检测生产线上流过的产品数，测量高速旋转轴或盘的转数，以及进行零部件计数等。
- 检测异常：用于检测瓶盖的有无，检测产品合格与否，检测包装盒内的金属制品是否缺乏，区分金属与非金属零件，以及检测产品是否有标牌等。
- 计量控制：用于产品或零件的自动计量，控制测量器、仪表的指针范围，以及检测不锈钢桶中的铁浮标等。
- 识别对象：用于根据载体上的码来识别物体。
- 信息传送：例如，利用ASI（总线）连接设备中各个位置的传感器，在生产线（50～100米）中进行数据往返传送等应用。

3. 接线方式

接近开关的常见连接方式有二线制、三线制、四线制。接线方式示意图如图 3-36 所示。其中，在二线制中，NO 为常开型、NC 为常闭型；在三线制中，NPN NO 为常开型、NPN NC 为常闭型、PNP NO 为常开型、PNP NC 为常闭型；在四线制中，NPN NO+NC 为“常开+常闭型”、PNP NO+NC 为“常开+常闭型”。

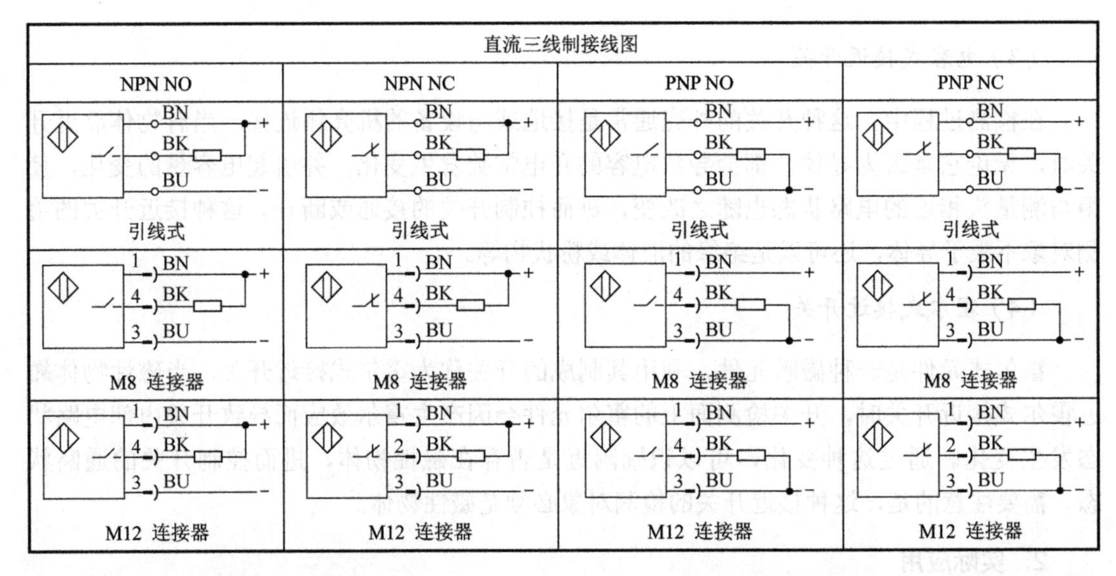

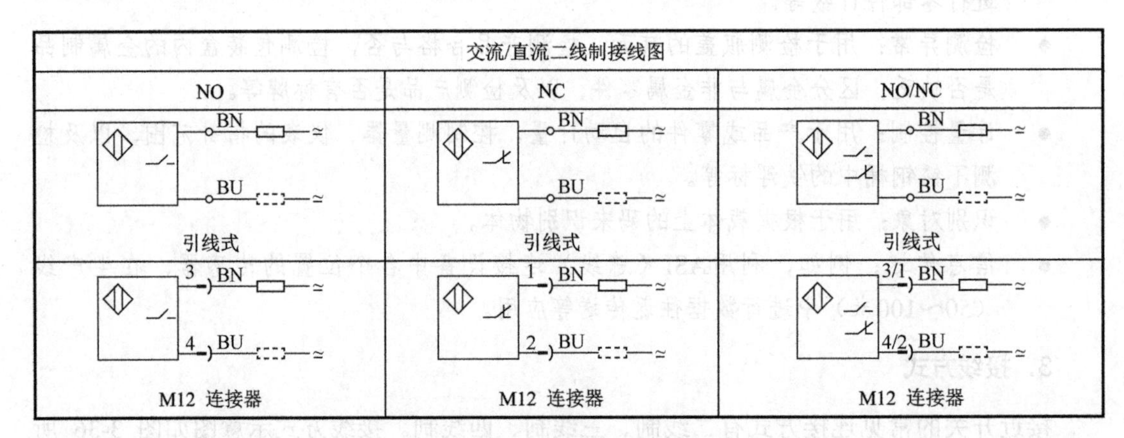

图 3-36　接线方式示意图

在接近开关的连接方式中，使用较多的是三线制。按照输出类型的不同，三线制接近开关可分为 NPN 型和 PNP 型。这两种类型的主要区别是所使用的三极管类型不同，即输出信号不同。

（1）NPN 型接近开关

NPN 型接近开关是正极共点（COM），其内部开关是信号输出线 OUT 与 GND 端相连，相当于信号输出线 OUT 输出低电平。

- NPN NO（常开型）：在无信号触发时，信号输出线OUT与GND端断开，输出端为空；在有信号触发时，信号输出线OUT与GND端相连，输出低电平0V。
- NPN NC（常闭型）：在无信号触发时，输出与GND端相同的0V低电平，即信号输出线OUT与GND端相连；在有信号触发时，信号输出线OUT与GND端断开，输出端为空。

（2）PNP 型接近开关

PNP 型接近开关是负极共点（COM），其内部开关是信号线 OUT 与 VCC 端相连，相当于信号输出线 OUT 输出高电平。

- PNP NO（常开型）：在无信号触发时，即信号输出线OUT与VCC端断开，输出端为空；在有信号触发时，输出与VCC端相同的电压，即信号输出线OUT与VCC端相连，输出高电平。
- PNP NC（常闭型）：在无信号触发时，输出与VCC端相同的电压，即信号输出线OUT与VCC端相连，输出高电平；在有信号触发时，信号输出线OUT与VCC端断开，输出端为空。

4. 选用时的注意事项

- 在一般的工业生产场所，通常选择使用涡流式接近开关和电容式接近开关，因为这两种接近开关对环境的要求较低。
- 当被测物是导体或可以固定在金属物上的物体时，一般选择涡流式接近开关，因为它的响应频率高、抗干扰性能好、应用范围广且价格较低。
- 若被测物是非金属（或金属）、液体、粉状物、塑料、烟草等，则应选用电容式接近开关。虽然这种开关的响应频率低，但稳定性好。
- 若被测物为导磁材料或为了与和它一同运动的物体进行区分而把磁钢埋在被测物体内，则应选用价格较低的霍尔式接近开关。
- 在环境条件较好、无粉尘污染的场合，可采用光电接近开关。光电接近开关在工作时几乎对被测物无任何影响。因此，在要求较高的传真机、烟草机械等行业中被广泛使用。
- 在防盗系统中，自动门通常使用热释电接近开关、超声波接近开关、微波接近开关进行设计。有时为了提高识别的可靠性，上述几种接近开关往往被复合使用。

无论选用哪种接近开关，在使用时都应注意接近开关自身对工作电压、负载电流、响应频率、检测距离等各项指标的要求。

3.3.4 万能转换开关

万能转换开关既可用于电气控制线路的转换、配电设备的远距离控制、电气测量仪表的转换、微电机的控制，也可用于小功率笼型感应电动机的启动、转向和变速。由于它能控制多个回路，并适应复杂线路的要求，故有万能转换开关之称。常见的万能转换开关实物图如图 3-37 所示。

图 3-37 常见的万能转换开关实物图

1. 结构原理

万能转换开关由操作机构、面板、操作手柄、触头座等组成。触头座最多可装配 10 层，每层均可安装 3 对触头。操作手柄具有多挡停留位置（最多 12 个挡位）。底座中间的凸轮随操作手柄转动，由于每层凸轮设计的形状不同，所以通过不同的操作手柄挡位，可对触头进行有规律的接通或分断。万能转换开关的单层结构示意图如图 3-38 所示。

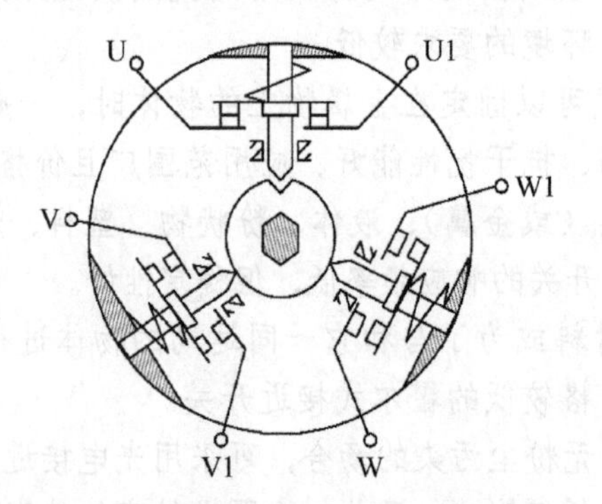

图 3-38 万能转换开关的单层结构示意图

2. 类型

常用的万能转换开关有 LW5 和 LW6 系列：

- LW5系列可控制5.5kW及以下的小容量电动机。
- LW6系列只能控制2.2kW及以下的小容量电动机。

3. 图形符号

万能转换开关的文字符号为 SA，图形符号如图 3-39 所示，其中，“ • ”表示操作手柄在该位置时触点接通。

万能转换开关的真值表（用“×”表示触点接通）如图 3-40 所示。

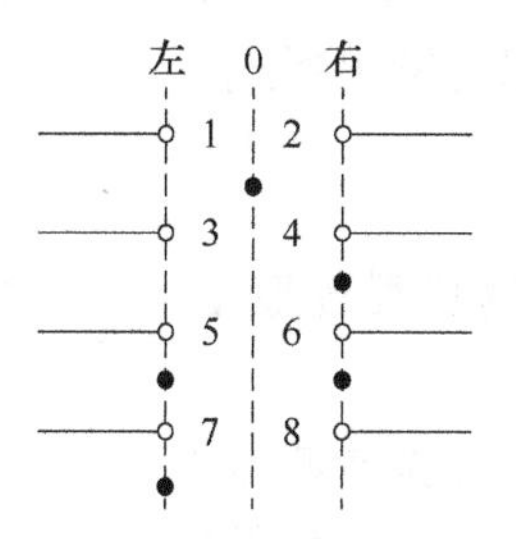

图 3-39 万能转换开关的图形符号

	位置		
触点	左	0	右
1-2		×	
3-4			×
5-6	×		×
7-8	×		

图 3-40 真值表

4. 型号

万能转换开关的型号及含义如下。

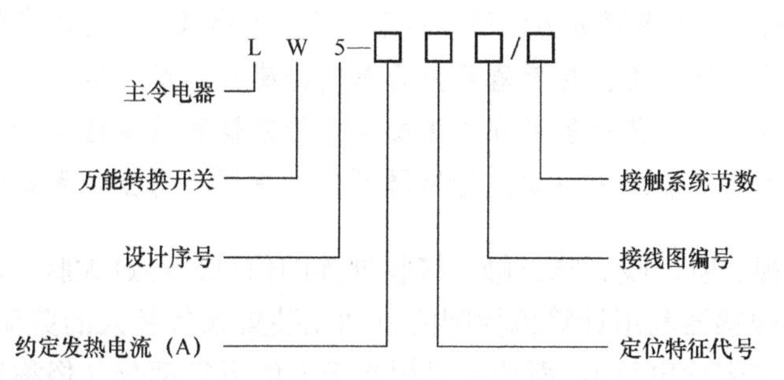

5. 使用的注意事项

- 万能转换开关的安装位置应与其他电器元件或机床的金属部件保持一定间隙，以防止在通断过程中因电弧喷出而导致发生对地短路故障。
- 一般情况下，万能转换开关应水平安装，但也要能够倾斜或垂直安装，以适应不同的安装需求。
- 万能转换开关本身不带有保护功能，因此在使用时必须与其他电器配合，以确保系统的安全运行。
- 当万能转换开关出现故障时，必须立即切断电源，检查是否有妨碍可动部分正常转动的故障，并检查弹簧是否有变形或失效，以及触点的工作状态和状况是否正常等。

3.4 传感器

传感器是一种将被测非电量信号转换为与之有确定对应关系的电量输出的器件或装置。除了被称为传感器外，它也被称为变换器、换能器或探测器，还可以被狭义地定义为将外界的输入信号变换为电信号的一类元件。

传感器在获取自然领域中的信息方面发挥着重要作用，是获取信息的主要途径与手段之一。实际上，传感器是一种功能块，其主要作用是将来自外界的各种信号转换成电信号。传感器所能检测的信号种类非常多。为了对各种各样的信号进行检测及控制，必须获得尽量简单、易于处理的信号，而电信号正好能够满足这一要求。电信号易于进行放大、反馈、滤波、微分、存储、远距离操作等处理，是最为理想的输出形式。

传感器的类型较多：

- 按工作机理（检测范畴）的不同，传感器可分为物理型传感器、化学型传感器、生物型传感器等。
- 按构成原理不同，传感器可分为结构型传感器、复合型传感器等。
- 按能量转换情况不同，传感器可分为能量控制型传感器、能量转换型传感器。
- 按物理原理的不同，传感器可分为电参量式传感器、磁电式传感器、压电式传感器、光电式传感器、气电式传感器、热电式传感器、波式传感器、射线式传感器、半导体式传感器等。
- 按用途不同，传感器可分为位移传感器、压力传感器、振动传感器、温度传感器等。
- 按转换过程可逆与否，传感器可分为单向传感器和双向传感器。
- 按输出信号不同，传感器可分为模拟信号传感器和数字信号传感器。
- 按是否需要外部能源来驱动，传感器可分为有源传感器和无源传感器。

人通过五官（视、听、嗅、味、触）接收外界的信息，经过大脑的思维（信息处理），作出相应的动作。传感器利用计算机控制的自动化装置来代替人的劳动，也就是说，计算机相当于人的大脑（俗称电脑），而传感器相当于人的五官部分（俗称电五官）。传感器的工作原理如图 3-41 所示。传感器的内部结构如图 3-42 所示。

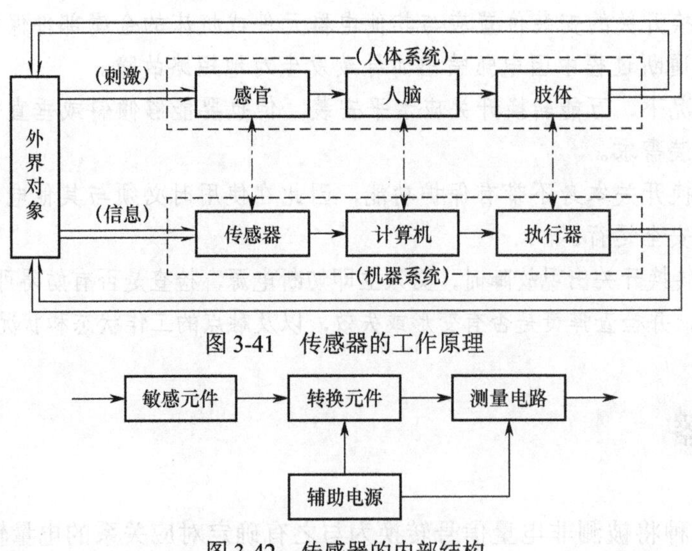

图 3-41 传感器的工作原理

图 3-42 传感器的内部结构

本节将介绍几款在 PLC 控制系统中常见的传感器。

3.4.1　光电传感器

光电传感器，又称光电开关，利用被测物对光束的遮挡或反射来实现物体的检测。被检测的物体不局限于金属，所有能够反射光线的物体均可被检测到，其实物图如图 3-43 所示。光电传感器通过将输入电流在发射器上转换为光信号并发射出去，根据接收器接收到的光线强弱或有无来探测目标物体。在光电传感器中，大多选择的是波长接近可见光的红外线光波，这是因为红外线具有较高的穿透能力，在各种环境条件下都能进行可靠的检测，同时又不会对人眼造成干扰。

图 3-43　光电传感器的实物图

1．种类

（1）漫反射式光电传感器

漫反射式光电传感器是一种集发射器和接收器于一体的传感器。其工作原理是当被测物经过时，物体将光电传感器发射的足够量的光线反射到接收器，触发光电传感器产生开关信号。在被测物的表面光亮或其反光率极高时，漫反射式光电传感器是首选的检测装置。

（2）镜反射式光电传感器

镜反射式光电传感器也是一种集发射器和接收器于一体的传感器。其工作原理是由光电传感器的发射器发出的光线经过反射镜反射回接收器。当被测物经过且完全阻断光线时，光电传感器就会产生检测开关信号。

（3）对射式光电传感器

对射式光电传感器包含了结构上相互分离且光轴相对放置的发射器和接收器。发射器发出的光线直接进入接收器。当被测物经过发射器和接收器之间并阻断光线时，光电传感器就会产生开关信号。在被测物不透明时，对射式光电传感器是最可靠的检测装置。

（4）槽式光电传感器

槽式光电传感器通常采用标准的 U 字型结构，其发射器和接收器分别位于 U 型槽的两边，并形成一条光轴。当被测物经过 U 型槽并阻断光线时，光电传感器就会产生开关量信号。槽式光电传感器适用于检测高速运动的物体，能够可靠地分辨透明和半透明物体，并且使用起来安全可靠。

（5）光纤式光电传感器

光纤式光电传感器利用塑料或玻璃光纤传感器引导光线，从而可以对距离较远的被测物进行检测。这种类型的传感器结合了光纤的灵活性和光电传感器的敏感性，常被用于狭小空间或特殊环境下的物体检测。

2．实际应用

光电传感器在工业和自动化领域有着广泛应用，其中包括但不限于以下几个方面：

- 物体计数和存在检测：通过物体对光的遮挡作用，光电传感器可以检测物体的通过个数，或者判断物体是否存在于指定位置。
- 高度检测和排列等高控制：利用物体对光的直线传播特性，光电传感器可以检测物体是否等高排列，或者用于确定物体的高度。
- 流水线产品计数：将光电传感器安装在流水线上，可以精确地检测产品的个数，从而实现生产线的计数和控制。
- 材料定位和剪切控制：光电传感器可用于检测材料的位置，实现定位和剪切控制，确保生产过程中的精准加工。
- 液面控制：光电传感器可以用于监测液面的上下限，实现液面的控制和调节，确保液面在特定范围内。

除了上述应用外，光电传感器还可以用于行程控制、直径控制、转速检测、气流量控制等多个方面。这些应用范围广泛，为工业生产和自动化系统提供了重要的检测和控制功能，提高了生产效率和产品质量。

3．使用注意事项

使用光电传感器时需要注意以下几点：

- 避开强光源照射：尽量避免将光电传感器的光轴直接对准太阳等强光源，因为这可能会干扰光电传感器的正常工作。在高照度环境下，光电传感器通常能够稳定工作，但仍需谨慎处理光源的影响。
- 转换感性负载：当使用感性负载（如灯、电动机等）时，由于瞬态冲击电流较大，可能会损坏或降低光电传感器的性能，因此在这种情况下，建议通过交流继电器来转换负载，以保护光电传感器。
- 定期清洁透镜：光电传感器的透镜可以用擦镜纸擦拭，但要避免使用稀释溶剂等化学品进行擦拭，以免永久损坏透镜。定期清洁透镜有助于保持光电传感器的性能和灵敏度。
- 调节灵敏度：根据现场的实际需求，可以对光电传感器的灵敏度进行调节，以适应不同的环境和应用场景。合适的灵敏度设置可以延长光电传感器的维护周期并提高其稳定性。

通过遵循这些注意事项，可以有效地保护光电传感器，并确保其在各种工业应用中的可靠性和持久性。

3.4.2　热电偶传感器

热电偶传感器是一种用于测量温度的感温元件，属于一次仪表。它能够直接测量温度，并将温度信号转换成热电动势信号，通过电气仪表（即二次仪表）将这个信号转换成被测物的温度。常见的热电偶传感器如图 3-44 所示。

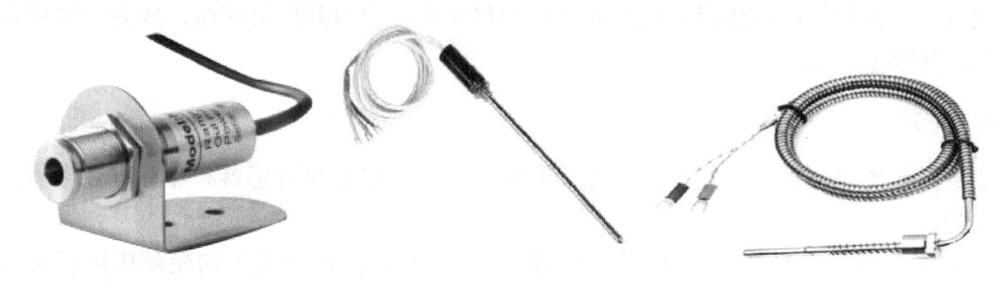

图 3-44　常见的热电偶传感器

1. 工作原理

热电偶传感器测温的工作原理是利用两种不同成分的材质导体组成闭合回路，在这个回路中，当两端存在温差时，就会产生电流，同时也会产生电动势，即热电动势，这个现象被称为塞贝克效应。热电偶传感器中的两种不同成分的导体，被称为热电极，其中温度较高的一端被称为工作端（也称测量端），温度较低的一端被称为自由端（也称补偿端）。通常情况下，自由端处于某个恒定的温度下。根据热电动势与温度之间的函数关系，制成了热电偶传感器的分度表，这个分度表是在自由端温度恒为 0℃的条件下得到的，而不同类型的热电偶传感器则具有不同的分度表。

热电偶传感器作为一种能量转换器，主要将热能转化为电能，并利用所产生的热电动势来测量温度。关于热电偶传感器的热电动势，有一些重要说明：

- 在热电极均匀的情况下，热电偶传感器所产生的热电动势的大小，并不受热电偶传感器的长度和直径影响，仅取决于热电极的化学成分，以及工作端与自由端这两端的温差。
- 在确定热电偶传感器的两种热电极之后，热电偶传感器产生的热电动势就仅与工作端和自由端这两端的温差相关联。更进一步地，如果自由端的温度能够维持稳定，那么热电偶传感器产生的热电动势仅是其工作端温度的一个单值函数。

2. 特点

热电偶传感器具有以下特点：

- 装配简单，更换方便：其结构简单，安装和更换热电偶传感器相对容易。
- 采用压簧式感温元件，抗震性能好：具有较好的抗震性能，能够在振动或冲击环境下稳定工作。

- 测量范围大：热电偶传感器的测量范围较广，可覆盖从极低温度到极高温度的范围，适用于多种温度的测量需求。
- 机械强度高，耐压性能好：热电偶传感器具有较高的机械强度，能够承受一定程度的机械压力和挤压，具有良好的耐压性能。
- 耐高温可达2400℃：热电偶传感器能够耐受高温环境，某些型号甚至能够在高达2400℃的极端温度下稳定工作。

这些特点使得热电偶传感器在工业生产和科学实验中得到广泛应用，成为一种可靠和有效的温度测量工具。

3. 种类

热电偶传感器根据其性能和标准化程度可分为标准热电偶传感器和非标准热电偶传感器两大类。

标准热电偶传感器是指其热电动势与温差的关系、允许误差等均受到国际标准的约束，并且有统一的分度表，通常配备相应的显示仪表以供选择。例如，我国自 1988 年 1 月 1 日起，所有的热电偶传感器都按照国际电工委员会（IEC）的国际标准进行生产，并指定了 S、B、E、K、R、J、T 共 7 种标准化热电偶传感器作为我国的统一设计型热电偶传感器，这些热电偶传感器的性能和规格均受到严格的标准化管理。

非标准热电偶传感器在使用范围或数量级上不如标准热电偶传感器广泛，一般也缺乏统一的分度表，主要用于某些特殊场合的温度测量。

4. 结构形式

为了确保热电偶传感器能够可靠稳定地工作，需要满足以下要求：

- 组成热电偶传感器的两个热电极的焊接必须牢固，以确保良好的电气连接。
- 两个热电极之间应该良好地绝缘，以防止短路现象的发生，这有助于保持测量的准确性和稳定性。
- 补偿导线与热电偶传感器自由端的连接应该方便、可靠，以确保信号的传输质量和稳定性。
- 保护套管的设计应能够充分隔离热电极与有害介质，保护热电偶传感器不受外界环境的影响，从而延长其使用寿命并确保测量的准确性。

3.4.3 压力传感器

压力传感器是一种能够感知压力信号，并将其转换为可用的输出电信号的装置或器件。在工业实践中，压力传感器被广泛应用于各种工业自动化场景中，包括水利水电、智能交通、智能建筑、生产自动化、航空航天、军工、石化、油井、电力、船舶、机床、管道等多个行业。常见的压力传感器实物图如图 3-45 所示。

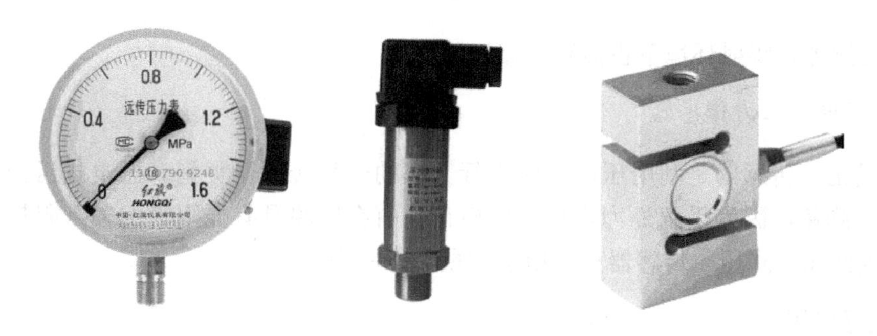

图 3-45　常见的压力传感器实物图

1. 种类

（1）压阻式压力传感器

压阻式压力传感器中的电阻应变片是其至关重要的组成部分。电阻应变片被固定在传感器的结构中，当受到压力或外力的作用时，会导致电阻应变片发生微小的形变，从而引起电阻值的变化。压阻式压力传感器的工作原理是基于电阻应变效应进行压力测量。电阻应变效应是一种材料在受到外力或压力作用时，其电阻值发生变化的现象。这种变化可以被测量和转换成与受力大小成正比的电信号，用于检测和测量压力。

（2）陶瓷压力传感器

陶瓷压力传感器是利用压阻效应进行工作的一种传感器类型。其工作原理是将压力直接施加在陶瓷膜片的前表面上，导致陶瓷膜片产生微小的形变。在陶瓷膜片的背面，通过厚膜电阻的印刷形成一个惠斯通电桥。当压力作用于陶瓷膜片时，导致电桥中的压敏电阻发生压阻效应，引起电桥产生与压力成正比的高度线性的电压信号。这个电压信号的幅值与激励电压成正比。根据压力量程的不同，电压信号可被校准为不同的值。陶瓷压力传感器具有与应变式传感器相兼容的特性，可以在一定程度上互换使用。

（3）扩散硅压力传感器

扩散硅压力传感器是利用压阻效应进行工作的一种传感器类型。其工作原理是将被测物的压力直接作用于传感器的膜片上（可以是不锈钢或陶瓷材料），从而使膜片产生与被测物压力成正比的微小位移。这个微小位移导致传感器内部的电阻值发生相应的变化。随后，传感器内部的电子线路检测到这一电阻值的变化，并将其转换为一个与压力成正比的标准测量信号。这个信号可以是电压、电流或其他标准化的信号形式，用于表示当前被测物的压力大小。这种工作原理使得扩散硅压力传感器能够准确、可靠地测量各种压力，并将其转换为可用的电信号输出。

（4）蓝宝石压力传感器

蓝宝石压力传感器是利用电阻应变效应进行工作的一种传感器类型。其核心是由硅-蓝宝石制造的半导体敏感元件，具备优异的计量特性。这种敏感元件对温度的变化不敏感，即使在高温条件下仍能表现出卓越的工作特性。同时，硅—蓝宝石还具有极强的抗辐射特性，使得传感器在辐射环境下也能够可靠运行。

（5）压电式压力传感器

压电式压力传感器是利用压电效应进行工作的一种传感器类型。压电式压力传感器不能用于静态测量，因为受到外力作用后的电荷只有在回路具有无限大的输入阻抗时才能得到保留，因此压电式压力传感器只能用于测量动态应力。

2．实际应用

（1）应用于液压系统

压力传感器在液压系统中主要用于力的闭环控制。当控制阀芯突然移动时，会产生尖峰压力，其大小可达系统工作压力的几倍。在液压系统中，如果没有考虑到这种极端工况，则压力传感器很容易受到损坏。为了应对这种情况，需要使用抗冲击的压力传感器，其实现方法有两种：安装应变式芯片；外接盘管。通常在液压系统中，因第一种方法安装方便，因此更为常见。此外，压力传感器还必须承受来自液压泵的不间断的压力脉动。

（2）应用于安全控制系统

在选择压力传感器时主要考虑其性能、价格和操作安全性方面的优势。

压力传感器作为一种常见的传感器，在安全控制系统中被广泛应用。

压力传感器利用机械加工技术将元件和信号调节器等装置安装在小型芯片上，因此具有体积小、价格低廉等优点。在一定程度上，它能够提高系统测试的准确性。在安全控制系统中，通过在出气口的管道设备中安装压力传感器，可以在一定程度上控制压缩机带来的压力，从而提供保护措施，并有效地控制系统。如果压缩机正常启动，但压力值未达到上限，则控制器将打开进气口，并通过调整来使设备达到最大功率。

（3）应用于注塑模具

压力传感器在注塑模具中扮演着重要的角色。它可以被安装在注塑机的喷嘴、热流道系统、冷流道系统以及模腔内部。通过在这些位置安装压力传感器，可以测量塑料在注模、充模、保压和冷却过程中从注塑机喷嘴到模腔之间任一处的塑料压力。这些数据对于监控和控制注塑过程中的压力变化至关重要，有助于确保产品质量的一致性，并优化生产效率，从而帮助生产商及时发现潜在的问题，提高生产线的稳定性和可靠性。

（4）应用于监测矿山压力

为了更好地服务于采矿行业，一方面，作为用户，需要正确应用现有的各种传感器；另一方面，作为用户，作为传感器厂家，还需要不断研制和开发新型压力传感器，以适应矿山行业的更多应用需求。

压力传感器在矿山压力监控中扮演着重要角色。针对矿山环境的特殊性，矿用压力传感器主要包括振弦式压力传感器、半导体压阻式压力传感器、金属应变片式压力传感器、差动变压器式压力传感器等。这些传感器在采矿行业得到广泛应用，但具体选择哪种传感器还需要根据具体的采矿环境来进行考量和选择。例如，振弦式压力传感器适用于需要快速响应、高精度和高可靠性的场合，如监测爆破作业中的爆炸压力变化；半导体压阻式压力传感器适用于一般性的压力监测，具有价格低、体积小等优点；金属应变片式压力传感器适用于需要承受高压力、高温度和恶劣环境的应用场景；差动变压器式压力传感器适用于长距离传输和电磁干扰较大的应用场景。

因此，在选择压力传感器时，需要充分考虑矿山环境的特点和监测需求，以确保压力传感器能够在恶劣条件下稳定可靠地运行，提高矿山生产的效率和安全性。

（5）应用于监测睡眠

将压力传感器用于监测睡眠是一种非常具有创意的应用方法。这种方法并不直接促进睡眠，而是通过放置在床垫下的压力传感器来监测人体在睡眠期间的各种物理活动，如翻身、心跳和呼吸等。由于压力传感器的灵敏度高，能够捕捉到这些细微的变化，并通过分析这些信息来推断睡眠者的睡眠状态。

这些数据还可以被进一步处理，即将一整夜的睡眠过程压缩成几分钟的乐曲，从而为睡眠者提供一种独特的睡眠体验反馈。

此外，这也为研究人员和医疗专家提供了一个研究个体睡眠模式和可能的睡眠问题的新工具，有潜力在睡眠研究和治疗领域带来重要的应用价值。

（6）应用于空调制冷设备

压力传感器在空调制冷设备中的应用非常常见。这些传感器通常具有外形小巧、安装方便的特点，因此可以轻松地被集成到设备中，并且不会占用太多的空间。

在这些应用中，传感器的导压口一般采用专用阀针式设计。这种设计可确保传感器能够准确地测量压力，并且可以在不影响系统性能的情况下进行快速、稳定的压力传递。此外，阀针式设计还有助于防止外部环境中的污染物进入传感器，以保护其内部的元件，提高传感器的可靠性和使用寿命。

3. 接线方式

压力传感器的接线方式一般有两线制、三线制、四线制（五线制传感器相对较少）。压力传感器的接线方式示意图如图 3-46 所示。

压力传感器的不同接线方式对于客户来说确实具有不同的复杂程度。

- 两线制是最简单的，只需连接电源正负极和信号线，因此客户通常能够轻松理解和操作。
- 三线制在两线制的基础上增加了一条线，用于连接电源的负极，稍显复杂。
- 四线制则涉及两个电源输入端和两个信号输出端，通常用于电压输出。

在选择压力传感器的接线方式前，了解其信号输出的特性至关重要。一些压力传感器的信号输出可能较低，需要额外的放大电路才能达到显示仪表所需的范围。另外，了解仪表的量程也是必要的，以确保压力传感器输出的信号能够正确地被仪表读取和显示。

总体来说，尽管五线制的压力传感器相对较少，但不同接线方式的压力传感器都有其特定的应用场景和优势，客户应根据具体需求和系统要求进行合理的选择和配置。

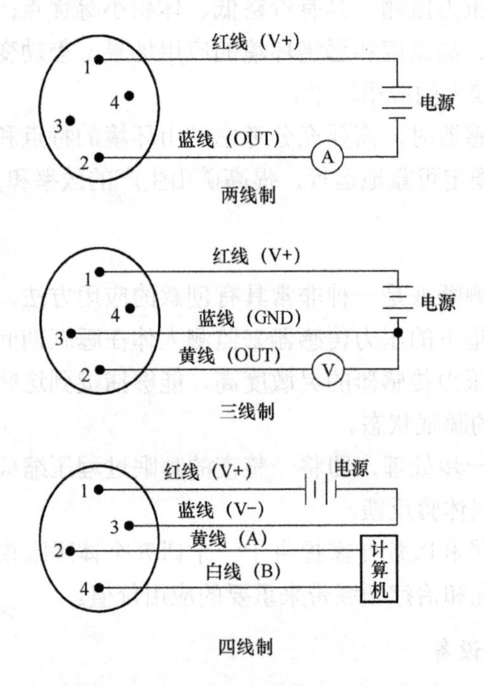

图 3-46 压力传感器的接线方式示意图

4. 使用注意事项

为了提高压力传感器在实际应用中的准确性和可靠性，在使用过程中应注意以下几点。

- 防止与被测物接触的问题：确保压力传感器远离可能引起腐蚀或过热的被测物，从而延长压力传感器的使用寿命并保护其性能。
- 防止渣滓沉积：渣滓的积聚可能导致测量不准确，甚至损坏压力传感器。定期清理管道并选择合适的过滤器可帮助减少此类问题。
- 压口位置选择：对于液体的压力测量，将压口放在管道侧面可以避免沉淀物积聚；对于气体的压力测量，将压口放在管道顶端可以更轻松地排除积液。
- 导压管位置：将导压管安装在温度波动较小的位置有助于减少温度对压力传感器测量准确性的影响。
- 冬季防冻措施：在室外安装的压力传感器需要采取防冻措施，以防止因冰冻造成的元件损坏。
- 避免水锤现象：在进行液体压力测量时，应避免将传感器安装在可能发生水锤的位置，以免传感器受到过压损坏。
- 电缆接线密封：通过使用防水接头或绕性管并紧固密封螺帽，可以有效防止雨水等液体渗漏进入压力传感器壳体内，保护内部电路免受损坏。

综上所述，正确的安装和使用方法可以确保压力传感器的稳定性及可靠性，同时最大程度地提高测量精度。

3.4.4　液位传感器

液位传感器是一种用于测量液体表面或液体深度的传感器。该类传感器根据阿基米德浮力原理设计，利用液体静压与液体高度成正比的原理进行测量。通常情况下，它们采用先进的隔离型扩散硅敏感元件将液体静压转换为电信号。这些电信号经过温度补偿和线性修正后，输出标准的电信号。这种设计确保了液位传感器的输出信号在不同温度和压力条件下的准确性及稳定性，从而提供可靠的液位测量数据。常见的液位传感器如图 3-47 所示。

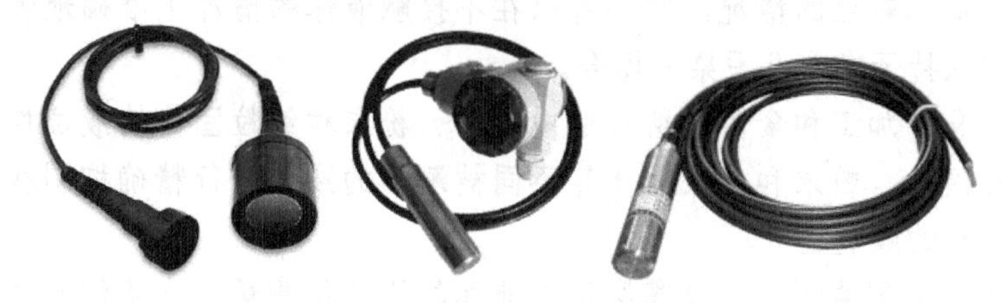

图 3-47　常见的液位传感器

1. 种类

（1）浮球式液位传感器

浮球式液位传感器由磁性浮球、测量导管、信号单元、电子单元、接线盒及安装件等组成。通常情况下，磁性浮球的比重小于 0.5，这使得它能够漂浮在液面之上，并沿着测量导管上下移动。在测量导管内部装有测量元件，该元件能够在外部磁场的作用下将被测液位信号转换成与液位变化成正比的电阻信号。随后，电子单元会将这个电阻信号转换成标准信号输出。这样的设计使得浮球式液位传感器能够准确地测量液体的液位，从而满足各种工业应用的需求。

（2）浮筒式液位传感器

浮筒式液位传感器将浮球式液位传感器中的磁性浮球改为浮筒，并利用微小的金属膜应变传感技术来测量液体的液位、界位或密度。在工作时，它可以通过现场按键进行常规的设定操作。

（3）静压式液位传感器

静压式液位传感器是利用液体静压力的测量原理进行工作的一种传感器。通常情况下，它将测量到的压力转换成电信号。随后，通过放大电路和补偿电路的处理，将电信号进行放大和补偿，最终以 4～20mA 或 0～10mA 的电流范围进行输出。这样的设计使得静压式液位传感器能够准确地将液体静压力转换为可读取的电信号输出，从而实现对液位的精确测量和监测。

2. 实际应用

液位传感器在实际应用中具有多种用途和场景，包括但不限于以下几个方面：

- 容器、油罐液位测量和泄漏检测：通过监测液位变化，及时发现液体是否过低或过高，以及是否发生泄漏，从而保障生产安全和环境安全。
- 化学、食品、水处理、电力和酿酒等行业的罐体液位监测：这些行业常常需要对罐体的液位进行实时监测，以确保生产过程的正常运行。液位传感器能够帮助监测液位的变化，并进行必要的控制和调节。
- 高粘度和含固体颗粒的非接触式测量：液位传感器也适用于一些液体具有高粘度或含有固体颗粒的情况。它们可以在不接触液体的情况下准确地测量液位，适用于需要保持干净和无污染的场合。
- 采矿、化学加工和食品饮料行业中液体、粉末和细粒固体的液位控制：液位传感器可对液体、粉末和细粒固体等不同被测物的液位进行精确控制和监测，以确保生产过程的顺利进行。
- 锅炉水、试剂监测，以及高腐蚀性液体的罐液位测量：在锅炉水处理、化工试剂监测，以及高腐蚀性液体的储罐液位测量等场景中，液位传感器能够稳定、准确地监测液位变化，确保设备安全运行。

即便在一些环境条件复杂的场所，如潮湿、气味浓厚或多尘的环境中，液位传感器也能正常工作，它们具有一定的耐腐蚀性和抗干扰能力。总体来说，液位传感器在工业生产和工艺控制中起着重要的作用，通过准确地监测液体的液位，可实现对生产过程的自动化控制和安全监测，提高生产效率和产品质量。

3. 接线方式

液位传感器的接线示意图如图 3-48 所示。液位传感器的接线方式有二线制、三线制和四线制。

- 二线制接线方式：如果不需要远程传输信号，则只需要连接24V电压的正负极即可。其中，电源正极连接到供电正极，信号正极连接到反馈正极；供电负极连接到反馈负极。这种方式适用于不需要远程传输信号的情况。
- 三线制接线方式：在三线制接线方式中，电源正极与供电正极相连，电源负极（也可以理解为信号负极）连接到供电负极，信号正极连接到反馈正极，从而构成一个闭合的回路。这种方式适用于需要远程传输信号的情况。
- 四线制接线方式：四线制接线方式分别连接电源的正负极和信号的正负极，以及供电和反馈两个部分，即电源正极连接到供电正极，电源负极连接到供电负极，信号正极连接到反馈正极，信号负极连接到反馈负极。这种方式相对较为灵活，适用于一些特殊情况下的液位测量需求。

无论采用哪种接线方式，都需要根据具体的电路图和设备要求来进行正确的接线，确保液位传感器能够正常工作并传输准确的信号。

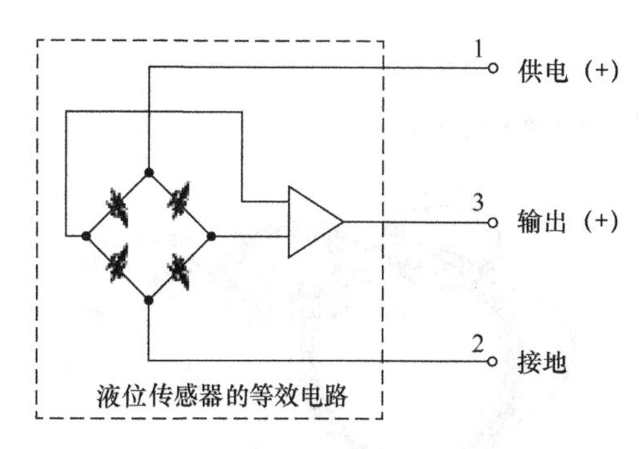

图 3-48 液位传感器的接线示意图

4. 使用注意事项

液位传感器具有重要的功能和特性，在使用过程中需要注意以下事项：

- 电路保护与电流限制：液位传感器的内部电路包含恒流反馈电路和内部保护电路，可确保输出电流不超过28mA，从而保护电源和连接的仪表。
- 电压限制：不要将高于36V的电压加到液位传感器上，否则会导致液位传感器损坏。
- 避免碰撞：切勿使用硬物触碰液位传感器的膜片，以免损坏膜片。
- 避免被测物温度过低：在测量过程中，用液位传感器测量的被测物不应结冰，否则可能损坏膜片，必要时可以采取温度保护措施以防止结冰。
- 避免被测物温度过高：在测量蒸汽或其他高温介质时，应确保被测物温度不超过液位传感器的极限温度。如果超过极限温度，则需要使用散热装置来降低温度。
- 散热管的使用：在测量高温介质时，应使用散热管将液位传感器与管道连接，并确保管道上的压力传递到变压器。如果被测物是水蒸气，则应在散热管中注入适量的水，以防止过热的蒸汽直接与液位传感器接触。
- 压力传输过程：在压力传输过程中，应确保液位传感器与散热管的连接处不漏气。在开始使用前，如果阀门是关闭的，则在打开阀门时要小心缓慢，以免因被测物直接冲击液位传感器的膜片而将其损坏。与此同时，管路中必须保持畅通，以防止管道中的沉积物损坏液位传感器的膜片。

遵循以上这些使用注意事项将有助于确保液位传感器的正常工作，并延长其使用寿命。

3.4.5 位置传感器

位置传感器是一种用于接收被测物位置信息并将其输出的设备。在现代产业发展中，位置传感器发挥着至关重要的作用，特别是在汽车领域，它被广泛应用于测量汽车的关键位置。位置传感器通常分为开关式和连续测量式两种类型。

- 开关式位置传感器的应用范围较广，可用于过程自动控制中的门限、溢流和空转等场景。

- 连续测量式位置传感器主要用于需要连续控制的应用场景，如仓库管理和多点报警系统等。

位置传感器的实物图如图 3-49 所示。

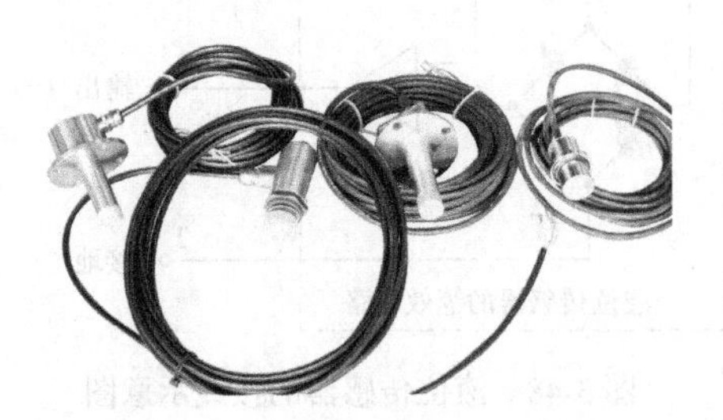

图 3-49 位置传感器的实物图

1. 种类

（1）浮子自动平衡式位置传感器

浮子自动平衡式位置传感器利用检测平衡状态下浮子浮力的变化来进行位置测量。除此之外，它还可搭载微机，使其具备自检、自诊断和远程传输等功能。其优点是测量范围广、精度高等。

（2）超声波位置传感器

超声波位置传感器是一种非接触式的位置测量产品，特别适用于不宜进行接触测量的场合。它通过向被测物表面发射超声波，之后接收其反射的超声波，并通过计算传播时间和声速来确定传感器与被测物表面的距离。在选择超声波位置传感器的细分类型时，需要考虑与被测物的距离、被测物的表面状况等多种因素。高性能的超声波位置传感器能够有效区分信号波和噪声，并且在高温和大风等恶劣环境下仍然能够进行可靠检测。

（3）电容式位置传感器

电容式位置传感器由两个导体电极组成，通过测量电极间的静电容变化来进行位置的测量。由于电容式位置传感器容易受到压力和温度的影响，因此敏感元件的材料选择会受到限制，以确保传感器的稳定性。

电容式位置传感器不仅可用于测量液位，还可用于检测敏感元件是否破损、绝缘性能是否下降，以及电缆和电路的故障情况。一旦检测到异常情况，传感器可以提供相应的报警信号，使操作人员及时采取措施进行维修或处理，从而确保系统的正常运行。

（4）压力式位置传感器

压力式位置传感器通常采用半导体膜盒结构设计。在这种设计中，金属片用于承受液体压力，而硅油则被封装在内部，用于传递压力给半导体应变片，从而进行被测物的位置测量。目前，市面上已经涌现出许多量程大、体积小、精度高和可靠性高的压力式位置传感器，能够满足不同行业的需求。

2. 实际应用

位置传感器在各种实际应用中发挥了重要作用：

- 旋转关节和万向节：用于监测机械设备中旋转部件的位置和角度，确保其稳定性和准确性。
- 伺服系统和电机：用于控制伺服系统和电机，并提供位置反馈以实现精确的位置控制。
- 光电/红外相机系统：在自动化系统和安防监控中使用，以检测物体的位置和运动轨迹。
- 定日镜和太阳能设备：用于跟踪太阳位置，以最大化太阳能的收集效率。
- 机械臂和数控机床：用于监测机械臂和机床各个关节的位置，以实现精确的运动控制和产品加工。
- 测试和校准设备：在实验室和工业领域中用于测试和校准其他传感器和设备。
- 轻型和重型口径武器系统：用于控制武器的方向和角度，确保射击的准确性和稳定性。
- 瞄准系统和测距仪：用于军事、航天和民用领域中的瞄准和测距应用。
- 天线指向设备和望远镜：用于调整、控制天线和望远镜的方向，以实现信号接收和图像采集。
- 生产线和实验室：在生产线和实验室中用于自动化控制和监测。
- 医疗扫描仪和外科手术设备：用于医疗设备中的位置监测和精确定位。
- 起重机和伸缩机械臂：用于控制起重机和伸缩机械臂的位置及动作，以确保操作的安全性和准确性。

以上这些应用领域充分展示了位置传感器在工业、军事、医疗、科学中的广泛应用和重要性。

3.4.6 视觉传感器

视觉传感器具备从一整幅图像中捕获光线的能力。图像的清晰度和细腻程度通常用分辨率来衡量，单位为像素。例如，美国邦纳工程公司提供的视觉传感器能够捕获 130 万像素的图像。这意味着，无论与被测物的距离是数米还是数厘米，传感器都能够捕获到细腻的被测物图像。

视觉传感器是一种简单易用的产品。它基于机器视觉技术，专门用于解决光电传感器无法检测的问题，同时无需开发昂贵的视觉系统。通常情况下，视觉传感器被广泛应用于自动化生产线和检测设备中，用于检测特征是否存在、位置是否准确以及尺寸是否合格等。

视觉传感器的实物图如图 3-50 所示。

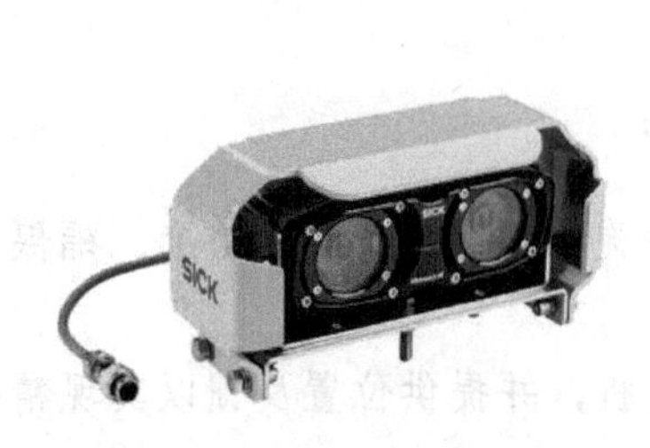

图 3-50 视觉传感器的实物图

1. 基本原理

视觉传感器在捕获图像后，会将其与内存中存储的基准图像进行比较，以进行分析。举例来说，若视觉传感器被设置为识别正确安装有 8 颗螺栓的机器部件，则视觉传感器会拒绝只有 7 颗螺栓或者螺栓未对准的机器部件图像。此外，无论该机器部件位于视场中的哪个位置，无论该部件是否在 360° 范围内旋转，视觉传感器都能做出判断。这种功能使得视觉传感器能够在各种复杂的环境中进行精准的检测和分析，提高了生产效率和产品质量。

2. 应用领域

视觉传感器的低成本和易用性已经吸引了很多机器设计师和工艺工程师使用，他们将其集成到各种曾经依赖于人工操作、多个光电传感器或根本不进行检验的应用中。目前，视觉传感器正在工业应用中发挥着重要作用，包括检验、计量、测量、定向、瑕疵检测和分拣等任务。以下是一些应用范例：

- 在汽车组装厂，视觉传感器可以检查由机器人涂抹到车门边框的胶珠是否连续，以及其宽度是否正确。
- 在瓶装厂，视觉传感器用于校验瓶盖是否正确密封、液位是否正确，以及在封盖之前是否有异物掉入瓶中。
- 在包装生产线上，视觉传感器用于确保在正确的位置粘贴正确的包装标签。
- 在药品包装生产线上，视觉传感器用于检查药片的包装是否有破损或包装后是否缺失药片。
- 在金属冲压生产线上，视觉传感器能够以每分钟超过150片的速度检验冲压部件，比人工检验快13倍以上。

以上这些示例凸显了视觉传感器可在各种行业中提供快速、精确、可靠的检测和分析的能力，从而提高生产效率和产品质量。

3. 功能

视觉传感器的功能多样且广泛，例如，在智能交通领域，包括但不限于如下功能。

- 车道线识别：通过识别道路上的车道线，实现车辆在高速公路等道路上的车道保持功能，有助于无人驾驶汽车的自动导航。

- 障碍物检测：能够检测道路上的各种障碍物，包括汽车、行人、自行车、动物等，这为无人驾驶汽车提供了必要的安全感知能力，使其能够避开障碍物或调整行驶路线。
- 交通标志和地面标志识别：通过识别道路上的交通标志和地面标志，辅助进行车辆的定位和导航，并且可以与高精度地图匹配，以更新地图信息。
- 交通信号灯识别：通过识别交通信号灯的状态，帮助车辆在城市环境中遵守交通规则，确保安全驾驶。
- 可通行空间检测：识别车辆可以正常行驶的区域，帮助无人驾驶汽车规划最佳行驶路径。

4．使用注意事项

在使用视觉传感器时，需要注意一些事项，以确保检测结果的准确性和可靠性。其中一个重要的注意事项是消除外界光线对检测结果的影响。为此，可以考虑增加彩色光源，如红色光或绿色光，以增强传感器的抗光线干扰能力，提高检测结果的可靠性。

课 后 习 题

1．低压电器的分类有哪些？

2．请简述熔断器和断路器的作用。

3．请列举 5 种常见的传感器。

第4章

使用电工工具与数字万用表

学习目标

本章的学习目标是使读者了解常用的电工工具，以及如何正确地使用它们。常用的电工工具包括验电笔、螺丝刀、钢丝钳、尖嘴钳、斜口钳、剥线钳、电工刀、手电钻和电烙铁。熟悉和掌握这些工具的结构、性能、使用方法和规范操作对电气操作人员的工作效率、质量和人身安全至关重要。此外，本章还介绍了数字万用表的工作原理和测量方法。

4.1 电工工具

4.1.1 验电笔

验电笔的常用功能如下。

- 测量线路中是否有电压：这是验电笔最常用的功能之一。其使用方法为正确握持验电笔，用笔尖接触导体。若电路中有电压，则验电笔会亮灯；若无电压，则不会亮灯。然而，在实际使用中需要注意，不能仅凭验电笔的亮灭来判断电路是否正常。例如，正常状态下的火线和错接的零线都能点亮验电笔，但前者是正常现象，后者则属于故障。
- 测量相线的同相或异相：在维修无法区分相线的电路时会遇到困难。单相电路相对容易处理，若遇到三相电路，则会更为复杂。然而，验电笔具有一个特殊功能，即测量相线的同相或异相。操作方法：操作人员站在绝缘的物体上，左右手各持一支验电笔，并同时接触两根电线，若两支验电笔的亮度较低，则表示两根电线为同相（都是相线）；若两支验电笔的亮度较高，则表示两根电线为异相（一根相线，一根中性线）。这种方法可以快速筛选出三相电路中的相线和中性线。
- 区分交流电和直流电：首先，从亮度上来区分，验电笔测量交流电时的亮度明显高于测量直流电时的亮度；其次，从亮度位置上区分，验电笔的氖管呈长条状，在测量交流电时，整根氖管会发光，而在测量直流电时，氖管只有一端会发光。
- 测量直流电的正负极：通过氖管的发光位置，可以判断电源的正负极。当测量电源正极时，氖管靠近笔尖的一端发光；当测量电源负极时，氖管远离笔尖的一端发光。

4.1.2　螺丝刀

不同种类的螺丝刀有不同的用途和使用方法，下面列举几种：

- 大螺丝刀的使用：大螺丝刀通常用于紧固或旋松大型螺钉。使用时，应该先用大拇指、食指和中指夹住握柄，手掌顶住握柄的末端，再用适当的力量旋紧或旋松螺钉。注意：刀口要正确放入螺钉的头槽内，以避免打滑。
- 小螺丝刀的使用：小螺丝刀一般用于紧固或拆卸电气装置接线桩上的小型螺钉。使用时，可以先用大拇指和中指夹住握柄，再用食指顶住握柄的末端进行旋转。注意：不要让手指打滑，以免损伤螺钉头槽。
- 长螺丝刀的使用：在使用长螺丝刀时，右手应该用力压紧并转动手柄，左手握住螺丝刀的中间部分，而不是放在螺丝刀的周围。这样做可以防止因刀头滑脱而导致手部受伤。

4.1.3　钢丝钳

钢丝钳的结构和用途如图4-1所示。

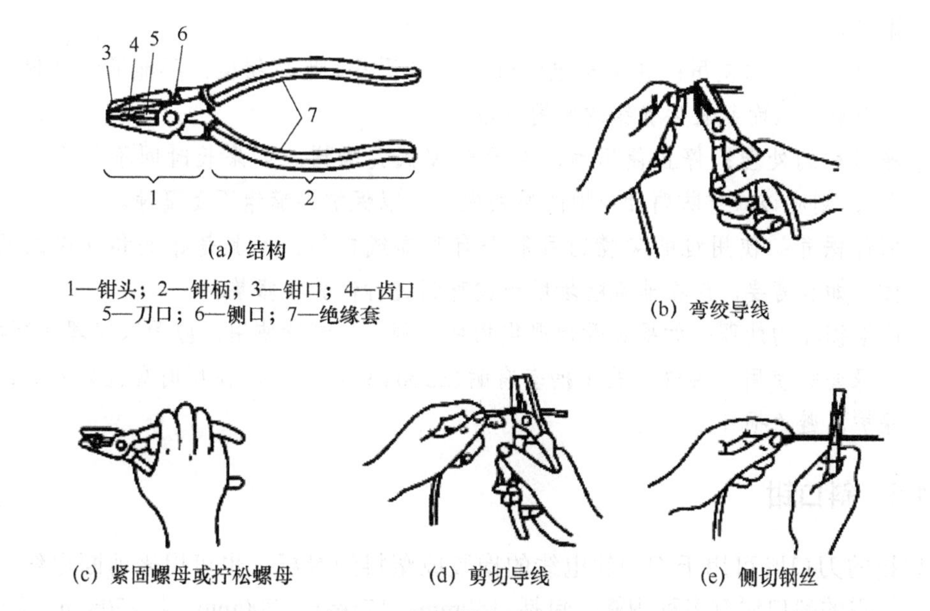

图4-1　钢丝钳的结构和用途

需要注意的是，钢丝钳的绝缘套可耐压500V，有了它可以带电剪切电线。在使用钢丝钳时，切忌乱扔，以免损坏绝缘套。钢丝钳的正确使用方法如下：

- 握持：先用右手握住钢丝钳，钳口朝内侧，将小指伸在两钳柄中间来抵住钳柄，然后张开钳头，便于灵活分开钳柄。
- 切剪：刀口可用来剪切电线、铁丝。例如，在剪切镀锌铁丝时，应先用刀口绕铁丝表面来回割几下，然后轻轻一扳，铁丝即可断开。铡口也可用来切断电线、钢丝等较硬的金属线。

- 缠绕：用钢丝钳缠绕铁丝时，应用齿口夹住铁丝，并以顺时针方向缠绕。

4.1.4 尖嘴钳

尖嘴钳的示意图如图 4-2 所示。

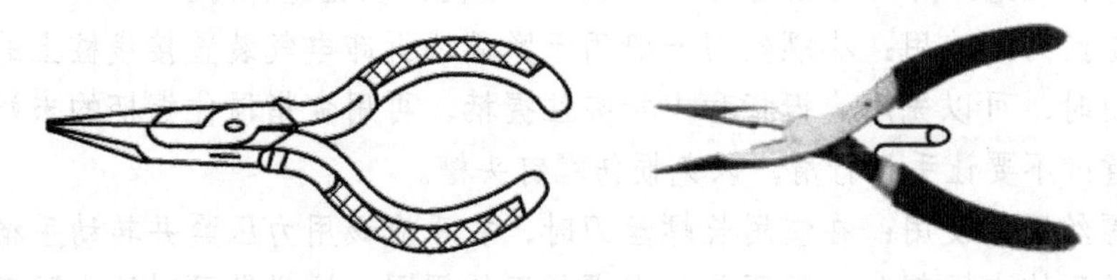

图 4-2 尖嘴钳

在使用尖嘴钳时需要注意以下几点：

- 强度限制：尖嘴钳的强度有限，不适合执行手部力量无法达到的工作，特别是型号较小或普通的尖嘴钳，在用于剪切弯曲强度较大的棒料或板材时，可能会损坏钳口。
- 剪断电线时的使用：在剪断电线时，应该只用手握住钳柄，不能通过其他方法增加力量，从而延长尖嘴钳的使用寿命。
- 停用后的处理：停止使用后，要及时擦拭尖嘴钳。如果长时间不使用（半年以上），则应该涂抹防腐油或用防腐法保存，以保护尖嘴钳不受腐蚀。
- 部件保养：使用过的尖嘴钳可能会有磨损或损伤，尤其是钳头和绝缘的塑料部件。如有需要，应在非危险场所对尖嘴钳进行保养和修整。
- 严重损坏的处理：如果尖嘴钳严重损坏，则不应继续使用，应予以修理或更换。
- 绝缘套的使用：尖嘴钳的手柄套有耐压500V的绝缘套，使用时要注意对绝缘套的保护，避免损坏。

4.1.5 斜口钳

斜口钳的刀口既可用于剖切软电线的橡胶或塑料绝缘层，也可用来剪断电线、铁丝等。电工常用的斜口钳有多种规格，包括 150mm、175mm、200mm 及 250mm 等不同尺寸，可根据实际需要进行选购。此外，斜口钳的齿口也可用来紧固或拧松螺母。

4.1.6 剥线钳

剥线钳的示意图如图 4-3 所示。

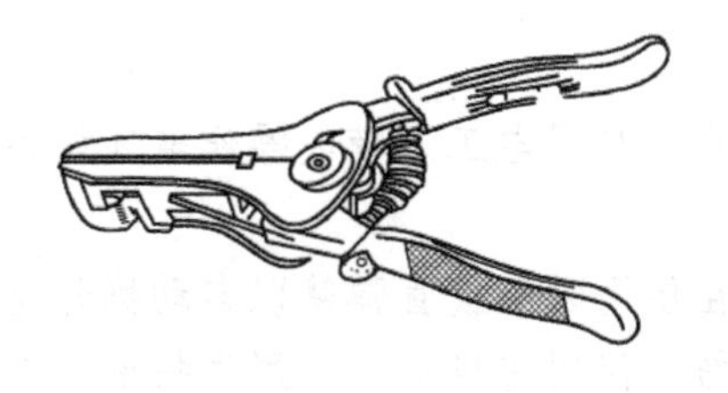
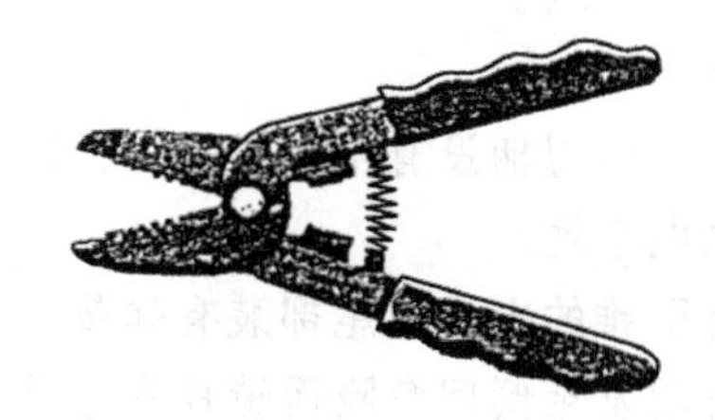

图 4-3　剥线钳

剥线钳的使用方法如下：

- 根据电缆的粗细和型号，选择相应的剥线刀口。
- 将准备好的电缆放在剥线钳的刀口中间，选择好要剥线的长度。
- 握住剥线钳手柄，将电缆夹住，缓缓用力使电缆的绝缘层慢慢剥落。
- 松开剥线钳手柄，取出电缆，这时部分电缆内的金属整齐地露在外面，其余电缆绝缘层完好无损。

在使用剥线钳时，请注意以下三点事项：

- 操作时请戴上护目镜。
- 为了不伤及周围的人和物，请在确认断片的飞溅方向后再进行切断。
- 务必将刀口尖端关紧，并将其放置在幼儿无法触及的安全场所。

4.1.7　电工刀

电工刀是电工常用的切削工具，示意图如图 4-4 所示。

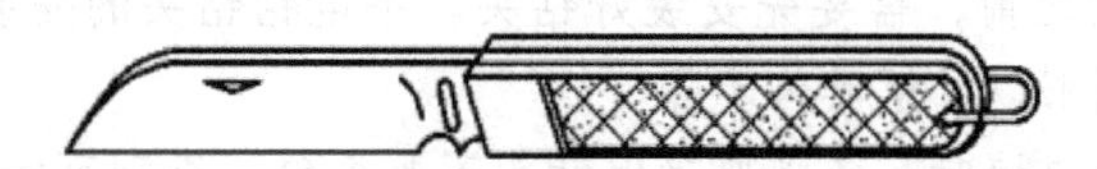

图 4-4　电工刀

根据功能不同，有不同类型的电工刀，包括单用电工刀（普通式）、两用电工刀（增加引锥）、三用电工刀（增加引锥和锯片）、四用电工刀（增加引锥、锯片和螺钉旋具）。电工刀的刀片用于削割导线的绝缘层，引锥用于钻削木板孔眼，锯片用于锯割导线槽板，螺钉旋具用于旋动螺钉。

使用电工刀削割导线绝缘层的方法如下：

❶ 首先，左手持导线，右手握刀柄，将刀口倾斜向外，通常以 45° 角倾斜切入绝缘层，当切近芯线时，停止用力。

❷ 然后，将刀片的倾斜角改为约 15° ，沿着芯线表面向线头方向推削。

❸ 最后，将残存的绝缘层剥离芯线，再用刀口插入绝缘层将其削断。

电工刀的使用注意事项包括：

- 使用电工刀时，刀口应向外切削，以防止脱落伤人。使用完毕后，应将刀身折入刀柄。

- 电工刀的刀柄没有绝缘层保护，因此严禁用电工刀带电操作电气设备，以避免发生触电事故。
- 带有引锥的电工刀尾部装有弹簧，在使用时应拨直弹簧以自动撑开尾部，以防钻孔时因发生倒回危险而造成手指受伤。使用完毕后，应用手指揪住弹簧，将其退回刀柄，以防损坏工具或造成伤害。

4.1.8 手电钻

手电钻是一种便携式的电动工具，用于在木材、金属、塑料等材料上钻孔。手电钻通常通过电缆连接到电源，但也有由无线电池供电的型号，可用于家庭修理、建筑工程等各种应用场景中。手电钻的示意图如图 4-5 所示。

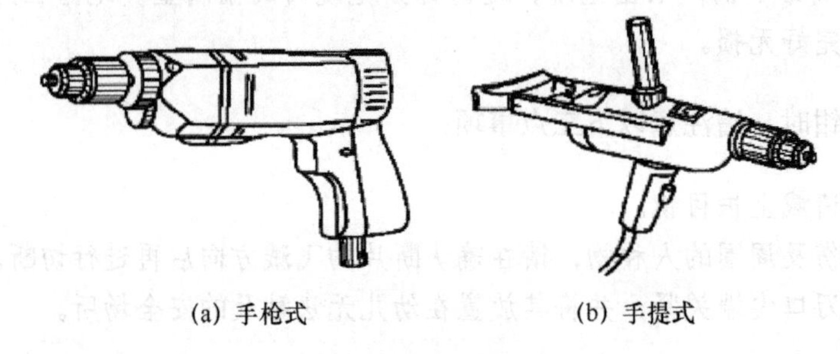

(a) 手枪式　　(b) 手提式

图 4-5　手电钻

手电钻的使用注意事项包括：

- 在使用手电钻之前，需要先安装好钻头。手电钻钻头的安装方式基本类似，可以查看安装说明书以了解具体步骤。
- 在使用手电钻打墙时，务必要确保钻头不要歪斜，否则可能导致钻头断裂。
- 不同类型的钻头适用的范围不同，例如，冲击钻适用于在混凝土墙上钻孔，麻花钻适用于在钢铁中钻孔等。在使用前最好查看一下钻头的适用范围。
- 如果在使用过程中手电钻无法顺利打入墙壁，则可尝试调整手电钻的扭力环和调速挡。如果调整后仍无效，则可考虑使用三角钻等其他工具。

4.1.9 电烙铁

电烙铁是一种焊接工具，通常由一个加热元件和一个烙铁头组成。

- 加热元件一般为电源线，通过通电加热来使烙铁头达到足够的温度以进行焊接。
- 烙铁头通常由锡、铜或其他导热良好的金属制成，用于加热焊料并将其应用到焊接部位。

电烙铁广泛应用于电子元件的焊接、维修和制造过程中。电烙铁的示意图如图 4-6 所示。

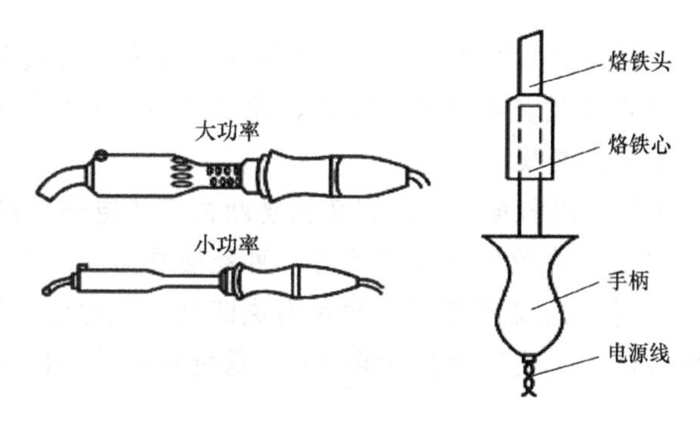

图4-6　电烙铁的示意图

1. 电烙铁的使用步骤

（1）准备工作

在使用电烙铁前，应先用细砂纸将烙铁头打磨至光亮。接着，将电烙铁通电加热，并蘸上松香，用烙铁头的刃面接触焊锡丝，使其均匀地镀上一层锡。这样的操作有利于焊接，并可防止烙铁头表面氧化。

注意：焊锡通常指的是用于焊接电子元件的锡丝。这种锡丝具有较低的熔点，并且含有松香助焊剂，因此在焊接过程中使用非常方便。助焊剂通常为松香或松香水（即将松香溶解于酒精中）。使用助焊剂可以帮助清除金属表面的氧化物，从而有利于焊接，并且可以保护烙铁头，延长其使用寿命。

为了方便焊接操作，常常使用尖嘴钳、偏口钳、镊子和小刀等辅助工具，应掌握正确使用这些辅助工具的方法。

（2）焊前处理

在进行焊接前，还需要清除焊接部位的氧化层。对于金属引线，可以使用断锯条制成的小刀刮去金属表面的氧化层，使引脚露出金属光泽。对于印刷电路板，可以用细纱纸将铜箔打磨至光亮，之后涂上一层松香水。这样的处理可以确保焊接的质量和可靠性。

（3）开始焊接

首先，右手拿着电烙铁，左手使用尖嘴钳或镊子夹持元件或导线，将烙铁头的刃面紧贴在焊点处，与水平面形成约 60° 角，这样可以让熔化的焊锡从烙铁头流到焊点上。接着，需要控制烙铁头在焊点处停留的时间，一般控制在2～3s即可。

2. 电烙铁的使用注意事项

在使用电烙铁的过程中，应注意如下事项。

- 准备工作：新买的电烙铁在使用之前必须先蘸上一层锡。对于使用久了的电烙铁，应将烙铁头打磨光亮，之后通电加热升温，并将烙铁头蘸上一点松香，待松香冒烟时再镀上一层锡。
- 温度控制：电烙铁通电后温度高达250℃。在不使用时，应将电烙铁放置在烙铁架上，但长时间不用时应切断电源，以防止高温“烧死”烙铁头（被氧化）。与此同时，要注意避免电烙铁烫坏其他元器件，尤其是电源线的绝缘层，若被电烙铁烧坏，则容易引发安全事故。

- 避免损坏：不要用力敲打电烙铁，以免因震断内部的电热丝或引线而发生故障。
- 清洁与维护：电烙铁在使用一段时间后，可能会在烙铁头部留有锡垢。在电烙铁加热的条件下，可使用湿布轻擦。如果出现凹坑或氧化块，则应使用细纹锉刀修复或直接更换烙铁头。及时清洁与维护可以保持电烙铁的性能，并延长其寿命。

4.2 数字万用表

数字万用表通过集成电路的模/数转换器和数显技术，将被测量的数值以数字形式显示出来。它的优点是显示清晰、直观，读数准确。与模拟万用表相比，数字万用表在各项性能指标上有了显著提高。数字万用表的外形如图 4-7 所示。

图 4-7　数字万用表的外形

4.2.1 数字万用表的组成

数字万用表是在直流数字电压表的基础上配备各种变换器构成的。数字万用表由量程转换开关、各种变换器（R-V 转换、I-V 转换、V-V 转换、A/D 转换）、显示逻辑、LCD 显示器组成，如图 4-8 所示。

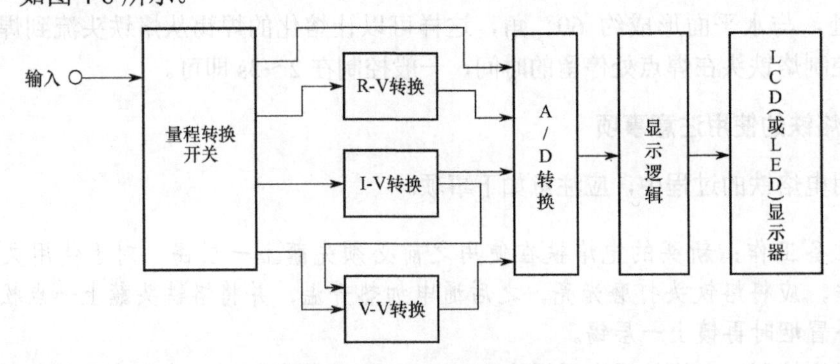

图 4-8　数字万用表的组成

4.2.2　数字万用表的面板说明

这里以 DT890A 型数字万用表为例对其面板进行说明，其面板如图 4-9 所示。

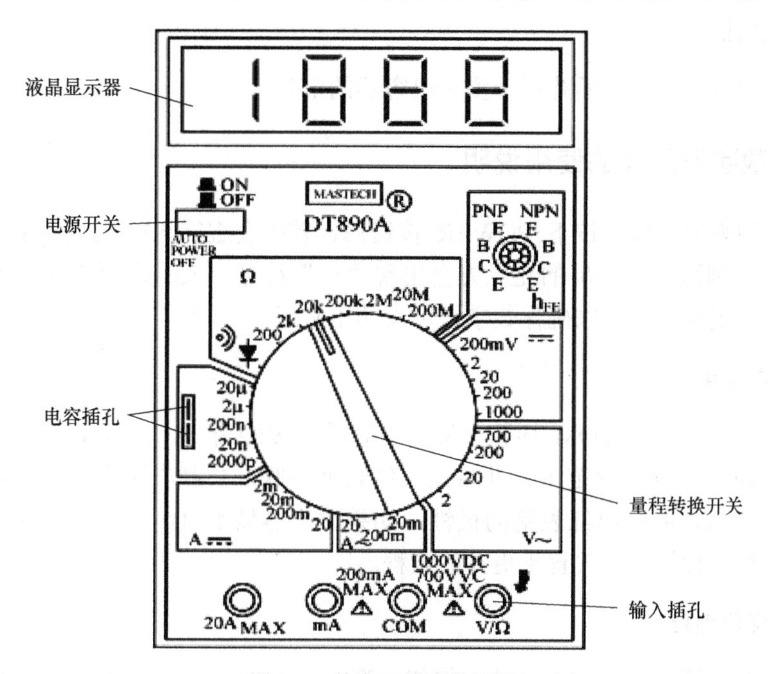

图 4-9　数字万用表的面板

1．液晶显示器

数字万用表的显示位置使用“位”来表示。在这里，“位”指的是显示数的首位，只能显示 0 或 1 两个数码，而其余各位都能够显示 0～9 这 10 个数码，最大指示值为 1999 或−1999。若被测量超过最大指示值，则液晶显示器显示 1 或−1。

2．电源开关

在使用数字万用表时，将电源开关置于 ON 位置；在使用完毕后，将电源开关置于 OFF 位置。

3．量程转换开关

量程转换开关用于选择功能和量程。根据被测量（如电压、电流、电阻等）的大小，选择相应的功能位，并根据被测量程的大小选择合适的量程，从而确保在测量过程中获得准确的结果，并保护数字万用表免受可能造成损坏的过量电压或电流。

4．输入插孔

将黑色测试笔插入 COM 插孔，红色测试笔有 3 种插法：

- 在测量电压和电阻时，将红色测试笔插入V/Ω插孔。
- 在测量小于200mA的电流时，将红色测试笔插入mA插孔。

- 在测量大于200mA的电流时，将红色测试笔插入20A插孔。

这样的设计可以确保数字万用表能够安全地测量不同范围的电压、电流和电阻。

5. 电容插孔

在数字万用表中，电容插孔用于测量电容器的电容值。

4.2.3 数字万用表的使用说明

在数字万用表的面板上按下 POWER 按钮后，首先会进行 9V 电池容量的检查。如果电池电量不足，则液晶显示屏的左上方会出现“←”符号，表示需要更换电池。在出现这个符号时，应当更换电池，以确保数字万用表的正常运行。

1. 测量直流电压

首先，将黑表笔插入 COM 插孔，将红表笔插入 V/Ω 插孔；然后，将量程转换开关置于直流电压（DCV）的量程范围，并将黑、红表笔并联在被测电路中，此时显示器将显示被测的直流电压值，并指出红表笔的极性。如果显示器显示 1，则表示被测电压超出了量程，此时需要将量程转换开关置于更高的量程。

2. 测量交流电压

首先，将黑表笔插入 COM 插孔，将红表笔插入 V/Ω 插孔；然后，将量程转换开关置于交流电压（ACV）的量程范围，并将黑、红表笔并联在被测电路中，此时显示器会显示被测的交流电压值。

3. 测量直流电流

首先，将黑表笔插入 COM 插孔，若被测电流在 200mA 以下，则将红表笔插入 mA 插孔，若被测电流在 200mA 至 20A 之间，则将红表笔移至 20A 插孔；然后，将量程转换开关置于直流电流（DCA）的量程范围，并将黑、红表笔串联在被测电路中，此时显示器将显示直流电流值，且会指出红表笔的极性。

4. 测量交流电流

首先，将黑表笔插入 COM 插孔，若被测电流在 200mA 以下，则将红表笔插入 mA 插孔，若被测电流在 200mA 至 20A 之间，则将红表笔移至 20A 插孔；然后，将量程转换开关置于交流电流的量程范围，并将黑、红表笔串联在被测电路中，此时显示器将会显示被测的交流电流值。

5. 测量电阻

首先，将黑表笔插入 COM 插孔，将红表笔插入 V/Ω 插孔（红表笔连接电池的正极，黑表笔连接电池的负极）；然后，将量程转换开关置于所需的电阻量程范围，让测试笔连接被测电阻，显示器将会显示被测电阻值。

6. 测量二极管

与模拟万用表不同，数字万用表在测量二极管时，先将量程转换开关置于电压范围，再将红表笔插入 V/Ω 插孔。此时，显示器上的数值表示二极管的正向压降，单位为 V；如果二极管反向偏置，则显示为 1。

7. 测量三极管

在测量晶体管的 hFE 时，根据被测管是 PNP 型还是 NPN 型，将被测管的 E（发射极）、B（基极）、C（集电极）三个引脚分别插入面板对应的三极管插孔内。需要注意的是，通过测量得到的 hFE 只是一个近似值。

8. 检查线路是否通电

将数字万用表的转换开关拨至蜂鸣器位置，红表笔插入 V/Ω 插孔。如果被测线路的电阻低于 20Ω，则蜂鸣器发出声音，表示电路通电；反之，不发声，表示电路不通电。测量完成后，应立即关闭电源。如果长时间不使用，则应取出电池，以免发生漏电情况。

课后习题

1. 试列举几个常用的电工工具，并简述其用途。
2. 在切削导线的绝缘层时应注意哪些事项？

第5章

导线的多种连接方式

学习目标

本章致力于向读者概述电工实操技能，阐释电线绝缘层与非绝缘层之间的区别，同时详细介绍导线的多种连接方式，以帮助读者自主完成各类电路的连接工作。

5.1 概述

在电路布线过程中，我们常会遇到需要在分支接合处或导线长度不足时进行连接的情况，这种连接点通常称之为“接头”。但需要警惕的是，线路故障往往就出现在这些接头上，诸如接头松动或接触不良等问题，都可能引发火花放电或产生过高电阻，进而导致过热，甚至可能引发触电或火灾等严重事故。因此，在布线时，我们应尽量减少接头的使用；若非要使用，则必须确保接头的紧密与可靠，同时接头处的机械强度和绝缘强度必须达标。

导线材料是电气元器件和电路中应用最广泛的材料之一。大部分金属都具有导电性，但它们的导电性能各有不同：银的导电性能最好，其次是铜、铝、钨、锌。在选择导线材料时，需要综合考虑以下因素：

- 导电性能优良（电阻率小）。
- 耐氧化和腐蚀。
- 具有一定的机械强度。
- 资源丰富且价格便宜。
- 易于加工和焊接。

根据性能的不同，导线材料可分为普通导线材料和特殊导线材料（本章主要介绍普通导线材料）。

- 普通导线材料通常指一些常见金属，如铜、铝、铁等，主要用于制造各种导线、母线和电路元器件，被广泛应用于电气工程和电子设备中。
- 特殊导线材料是指在特定条件下，为满足特殊工程需求而设计的导线材料。例如，合金材料、高温超导体、导电聚合物等，它们可能具有更高的导电性、耐高温性、耐腐蚀性或特殊的电磁性能，用于特殊的工程领域，如航空航天、医疗器械、科学研究等。

普通导线材料的主要特点之一是具备良好的导电性能。一般情况下，普通导线材料的电阻率为 10^{-7}～$10^{-4}\,\Omega$/m。普通导线材料的电阻率如表 5-1 所示。

表 5-1　普通导线材料的电阻率

金属名	电阻率（Ω/m）
银	1.65×10^{-8}
铜	1.75×10^{-8}
金	2.40×10^{-8}
铁	9.78×10^{-8}
铝	2.83×10^{-8}

导线的连接方式灵活多样，包括绞接、焊接、压接以及螺栓连接等，具体采用何种方式需根据导线类型和工作地点来选定。尽管连接方式各异，但导线连接的基本步骤不外乎以下四步：剖削导线绝缘层、连接导线、封端处理，以及恢复导线绝缘层。通过掌握这些步骤，可以有效地确保电路连接的稳定性和安全性。

5.2 电缆

电缆产品广泛应用于工业生产和人民群众的日常生活中，而电缆的规格表示、型号组成、型号缩写等是电工必须掌握的基础知识之一。

5.2.1 电缆的规格表示

1. 通常表示法

- 单芯分支电缆规格的通常表示法为“同一回路电缆根数*(1*标称截面)0.6/1kV”，如“4*(1*185)+1*95 0.6/1kV”。
- 多芯同护套型分支电缆规格的通常表示法为“电缆芯数×标称截面−T”，如“4×25−T”。

2. 详细表示法

因为分支电缆包含主干电缆和支线电缆，并且两者的规格有可能不同，因此详细表示法又分为两种：

- 分别表示主干电缆和支线电缆，如将主干电缆表示为“FD−YJV−4*(1*185)+1*95 0.6/1kV”，将支线电缆表示为“FD−YJV−4*(1*25)+1*16 0.6/1kV”，这种方法可方便地表示出分支电缆规格的不同。
- 将主干电缆和支线电缆的规格一同表示，如 FD−YJV−4 的规格为“*(1*185/25)+

1*95/16 0.6/1kV”，这种方法比较直观，但仅限于主干电缆和支线电缆为同一规格的情况，无法表示不同规格。由于分支电缆主要用于 1kV 的低压配电系统，因此，其额定电压 0.6/1kV 在设计标注时可以省略。

5.2.2 电缆的型号组成

通常情况下，电缆型号由 8 部分组成。

- 用途代码：K–控制缆；P–信号缆；若不标注，则为电力电缆。
- 绝缘代码纤维外被：Z–油浸纸；X–橡胶；V–聚氯乙烯；YJ–交联聚乙烯。
- 导体材料代码：若不标注，则为铜；若标注为 L，则为铝。
- 内护层代码：Q–铅包；L–铝包；H–橡套；V–聚氯乙烯护套。
- 派生代码：D–不滴流；P–干绝缘。
- 外护层代码：表示电缆的外护层材料或结构。
- 特殊产品代码：TH–湿热带；TA–干热带。
- 额定电压：单位为 kV。

上述电缆型号的组成为一般情况，若电缆为电气装备用电线电缆及电力电缆，则其型号主要由 7 部分组成。

- 类别、用途代号：A–安装线；B–绝缘线；C–船用电缆；K–控制电缆；N–农用电缆；R–软线；U–矿用电缆；Y–移动电缆；JK–绝缘架空电缆；M–煤矿用；ZR–阻燃型；NH–耐火型；ZA–A 级阻燃；ZB–B 级阻燃；ZC–C 级阻燃；WD–低烟无卤型。
- 导体代号：L–铝；T–铜。
- 绝缘层代号：V–聚氯乙烯；X–橡胶；Y–聚乙烯；YJ–交联聚乙烯；Z–油浸纸。
- 护层代号：V–聚氯乙烯护套；Y–聚乙烯护套；L–铝护套；Q–铅护套；H–橡胶护套；F–氯丁橡胶护套。
- 特征代号：D–不滴流；F–分相；CY–充油；P–贫油干绝缘；P–屏蔽；Z–直流；B–扁平型；R–柔软；C–重型；Q–轻型；G–高压；H–电焊机用；S–双绞型。
- 铠装层代号：0–无铠装层；2–双钢带；3–细钢丝；4–粗钢丝。
- 外护层代号：0–无外护层；1–纤维外被；2–聚氯乙烯护套；3–聚乙烯护套。

5.2.3 电缆的型号缩写

常见的电缆型号缩写如下。

- AVVR：聚氯乙烯护套安装用软电缆。
- BV、BVR：聚氯乙烯绝缘电缆，用于电器仪表设备及动力照明固定布线等。
- SYV：同轴电缆，用于在无线通信、广播、监控系统工程和电子设备中传输射频信号（含综合用同轴电缆）。
- SYWV(Y)：物理发泡聚乙烯绝缘有线电视系统电缆。
- SBVV HYA：数据通信电缆（室内、外），用于电话通信及无线电设备的连接，以及电话配线网的分线盒接线。
- SFTP：双绞线，用于传输电话、数据及信息网。
- SDFAVP、SDFAVVP、SYFPY：同轴电缆，为电梯专用电缆。
- kVVP：聚氯乙烯护套编织屏蔽电缆，用于电器、仪表、配电装置的信号传输、控制、测量等。
- kVV：聚氯乙烯绝缘控制电缆，用于电器、仪表、配电装置的信号传输、控制、测量等。
- RVVP：软导体PVC绝缘线外加屏蔽层和PVC护套的多芯软电缆，用于仪器、仪表、对讲、监控、控制安装等。
- RG：物理发泡聚乙烯绝缘接入网电缆，用于在同轴光纤混合网（HFC）中传输数据模拟信号。
- RVV（227IEC52/53）：聚氯乙烯绝缘软电缆，用于家用电器、小型电动工具、仪表及动力照明等。
- RV、RVP：聚氯乙烯绝缘电缆。
- RIB：音箱连接线（发烧线）。
- UL2464：电脑连接线。
- VGA：显示器线。
- JVPV、JVPVP、JVVP：铜芯聚氯乙烯绝缘铜丝编织屏蔽型计算机安装电缆、铜芯聚氯乙烯绝缘铜丝编织分屏蔽型和总屏蔽型计算机安装电缆、铜芯聚氯乙烯绝缘和护层铜丝编织总屏蔽型计算机安装电缆。

5.2.4 电缆的选购

电缆在选购时，可通过以下几种方式进行鉴别。

- 查看“CCC”认证标识：电缆产品是国家强制安全认证产品，因此，在合格证或产品上必须带有由中国电工产品认证委员会颁发的“CCC”认证标志。
- 查看检验报告：电缆作为关乎人身、财产安全的重要产品，一直是政府监督检查的重点。正规生产厂家会按周期接受监督部门的检查。因此，销售商应能提供质检部门的检验报告，否则，其质量好坏就缺乏依据。
- 注重包装：电缆产品的包装与其他产品一样重要。凡是生产产品符合国家标准要求的大中型正规企业，都非常注重产品包装。选购时应注意包装是否精美，印刷是否清晰，以及型号规格、厂名、厂址等信息是否齐全。
- 查看外观：电缆产品的外观应光滑，色泽均匀。符合国家标准要求的电缆生产企业，在原材料选购、生产设备、生产工艺等方面都有严格把关，以确保产品质量。因此，其生产的电缆产品外观应符合标准要求，而假冒伪劣的电缆外观粗糙无光泽。对于橡胶绝缘软电缆，还要求其外观的圆整度高，护套、绝缘、导体紧密不易剥离，而假冒伪劣产品往往外观粗糙、椭圆度大，护套绝缘强度低，用手即可撕掉。
- 检查导体：导体应有光泽，直流电阻、导体结构尺寸等应符合国家标准要求。符合国家标准要求的电缆产品，无论是铝材料导体还是铜材料导体，都应光亮、无油污，导体的直流电阻完全符合国家标准，具有良好的导电性能和安全性。

- 测量电缆线长度：长度是区分符合国家标准要求和假冒伪劣产品的简单方法。选购时，切勿贪图便宜而选购标有 90m、80m，甚至没有长度标识的电缆。长度应符合 100±0.5m 的标准要求，即以 100m 为标准，允许误差为 0.5m。

5.3 剖削导线绝缘层

在导线进行连接之前，一项关键步骤是去除导线端部的绝缘层，并彻底清洁裸露的导线表面。在这个过程中，需要确保处理后的芯线长度适中，既不过长也不过短，通常剥去绝缘层的长度应控制在 50～100mm 之间。对于截面积较小的单根导线，所需剥去的长度可以相应减少，而对于截面积较大的多股导线，则应适当增加剥去的长度。在整个剖削绝缘层的过程中，必须小心操作，以避免损坏导线内部的芯线。

为了完成上述步骤，电工可以使用多种工具，包括剥线钳、电工刀、钢丝钳、尖嘴钳和斜嘴钳等。在选择具体工具时，可以根据导线的类型和规格来决定。一般来说，对于芯线截面积为 4mm² 及以下的塑料硬线，推荐使用钢丝钳进行剖削；对于芯线截面积大于 4mm² 的塑料硬线，电工刀则更为适用；对于塑料软线，最好使用剥线钳，或者钢丝钳、尖嘴钳及斜嘴钳进行处理，但需要避免使用电工刀，因为塑料软线的质地较软，且芯线由多股铜丝组成，使用电工刀容易损伤芯线。通过这些具体的操作方法和工具选择，可以有效地确保导线连接的准备工作能够顺利进行。

5.3.1 塑料硬线的绝缘层剖削

有条件时，使用剥线钳去除塑料硬线的绝缘层确实非常方便。然而，在没有剥线钳的情况下，可以使用钢丝钳或电工刀进行剖削。但需注意，在使用这些工具时应特别小心，以防损坏芯线，进而影响导线的导电性能。因此，在没有剥线钳的条件下，使用那些替代工具时需要更加谨慎和精细的操作。

1. 用钢丝钳剖削

对于芯线截面积在 4mm² 及以下的塑料硬线，可以使用钢丝钳进行剖削，如图 5-1 所示。

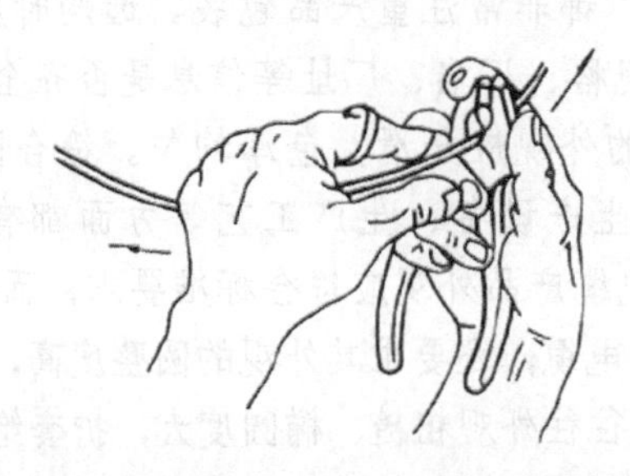

图 5-1 用钢丝钳剖削塑料硬线的绝缘层

用钢丝钳剖削塑料硬线绝缘层的具体操作步骤如下：

❶ 左手捏住导线，并根据连接所需的长度，使用钢丝钳的钳头刀口轻轻切割绝缘层。在此过程中，左手应始终保持对导线的稳固捏握，以防导线滑动或转动。

❷ 右手适当用力地捏住钢丝钳的头部，两手反向同时用力，使端部绝缘层从芯线上脱离。需要特别注意的是，在进行这一步骤时，不可在钳口处施加额外的剪切力，也不能用力过大导致切痕过深，否则很容易损伤到芯线，甚至有可能将导线剪断。

❸ 检查剖削出的芯线是否完好无损。如果发现芯线有较大的损伤，应重新进行剖削操作，以确保导线的质量和安全性能。

在整个操作过程中，应始终保持谨慎和精细的操作方式，以确保导线的质量和安全。

2. 用电工刀剖削

对于规格大于 $4mm^2$ 的塑料硬线绝缘层，由于线径较粗，直接使用钢丝钳进行剖削会相对困难，因此可采用电工刀进行更为精细的操作，如图 5-2 所示。

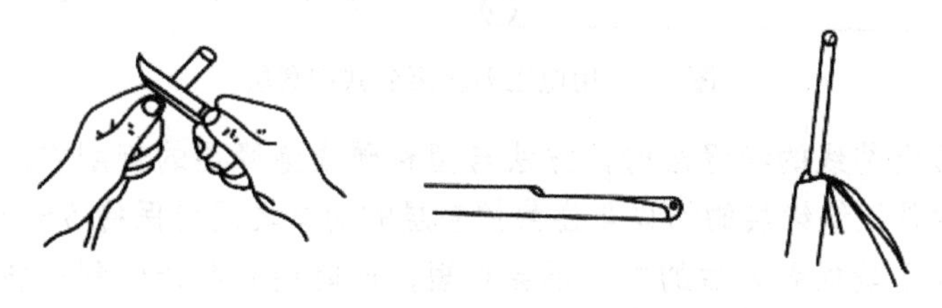

图 5-2　用电工刀剖削塑料硬线的绝缘层

用电工刀剖削塑料硬线绝缘层的具体操作步骤如下：

❶ 根据连接所需的长度，将电工刀的刀口以 45° 角倾斜切入塑料硬线的绝缘层。在这一步骤中，切入的力度非常关键，需要重点掌握，以确保电工刀的刀口在能够精确地削去绝缘层的同时，避免损伤到内部的芯线。

❷ 调整电工刀的角度，使刀面与芯线保持大约 15° 角，之后用力向线端推削，注意在这个过程中，刀口不能切入芯线，只能削去上面一层的绝缘层。

❸ 将剩余的绝缘层向后扳翻，再用电工刀从根部整齐地切去。这样，我们就能得到一段裸露且未受损的芯线，为后续的连接工作做好准备。

在整个操作过程中，要始终保持稳定的手法和适中的力度，以确保操作的准确性和安全性。与此同时，也要注意保护好自己，避免在操作过程中受伤。

5.3.2　塑料软线的绝缘层剖削

对于塑料软线绝缘层的剖削，除了可以使用剥线钳外，对于截面积为 $4mm^2$ 及以下的导线，仍可使用钢丝钳进行直接剖削。操作方法与剖削塑料硬线绝缘层的方法相同，但需要强调的是，塑料软线不适合使用电工刀进行剖削，因为其质地太软，且芯线由多股铜丝组成，使用电工刀时很容易损伤芯线。

在剖削塑料软线的绝缘层后，必须确保不存在断股（一根细芯线称为一股，部分细芯线存在断裂）和长股（即部分细芯线较其余细芯线长，导致端头长短不齐）的现象。如果发现以上问题，则应重新进行剖削，以确保导线的质量和安全性能。

5.3.3 塑料护套线的绝缘层剖削

塑料护套线的绝缘层由外部的公共护套层和内部的每根芯线的绝缘层组成。

- 在剥离公共护套层时，可使用电工刀，具体操作如下：首先，根据需要剥离的长度，用电工刀的刀尖在芯线之间的缝隙中划开公共护套层；然后，将划开的公共护套层向后扳翻，再使用电工刀将公共护套层整齐地切去，从而露出内层每根芯线的绝缘层。用电工刀剥离公共护套层的示意图如图 5-3 所示。

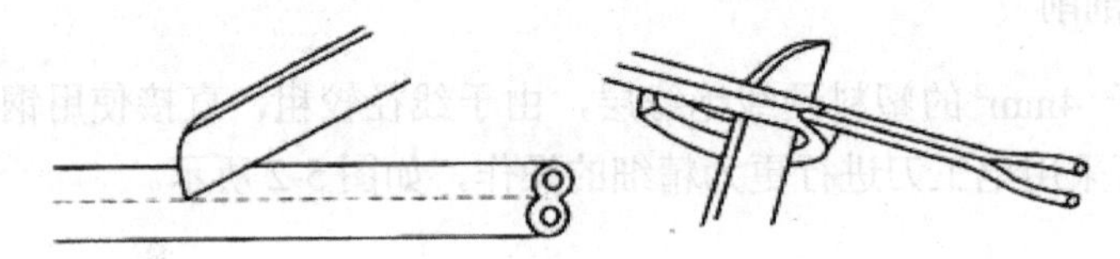

图 5-3 用电工刀剥离公共护套层

- 在剖削每根芯线的绝缘层时，方法与塑料硬线绝缘层的剖削方法相同。但特别需要注意的是，绝缘层的切口与公共护套层的切口之间应保持 5～10mm 的距离。这样做是为了确保剥离后的芯线不会过短，同时避免芯线受到损伤，从而保证导线的安全和可靠使用。

5.3.4 花线的绝缘层剖削

花线的绝缘层由外层和内层组成，其中外层为柔韧的棉纱编织层，内层则是包裹着芯线的橡胶绝缘层（但在内层与芯线之间还有一层棉纱层）。以下是使用电工刀剖削花线绝缘层的具体步骤：

❶ 在线头所需长度处，用电工刀小心地将外层的棉纱编织层切割一圈，然后轻轻地拉去切割下来的棉纱编织层，以暴露出内层的橡胶绝缘层。

❷ 在距离棉纱编织层切口约 10mm 的地方，用钢丝钳的刀口小心地切割橡胶绝缘层。注意，在这个过程中不能损伤到芯线。接着，右手握住钳头，左手用力抽拉花线，通过钳口的勒紧作用，使橡胶绝缘层与芯线分离。此时，内层的棉纱层将会显露出来。

❸ 轻轻地将棉纱层松散开来，并用电工刀将其整齐地割断，以便进行下一步的电线连接或处理。

用电工刀剖削花线绝缘层的示意图如图 5-4 所示。

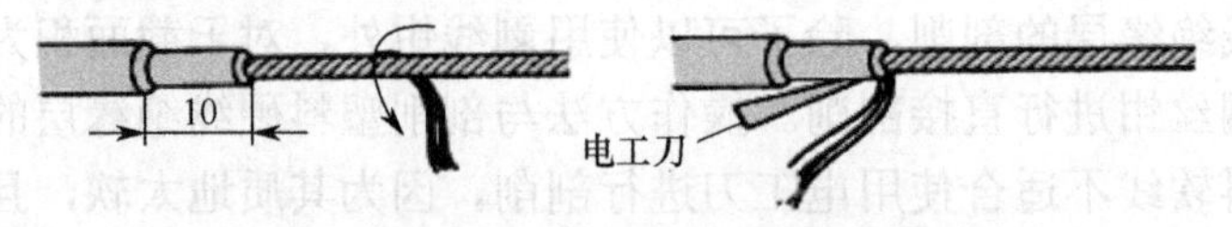

图 5-4 用电工刀剖削花线绝缘层的示意图

5.3.5　铅包线的绝缘层剥削

铅包线的绝缘层由外部的铅包层和内部的芯线绝缘层组成。

- 在剥削铅包层时，应先使用电工刀在铅包层上切下一个清晰的刀痕；然后，通过上下左右扳动来折弯这个刀痕，以便使铅包层从切口处折断；最后，可以将折断的铅包层从线头上去除。
- 芯线绝缘层的剖削方法与塑料硬线的剖削方法相同，可以使用剥线钳或电工刀等工具进行精细操作，以确保不会损伤到芯线。

5.3.6　漆包线的绝缘层去除

漆包线的绝缘层是通过喷涂方式覆盖在芯线上的绝缘涂层，它具有良好的绝缘性能。去除漆包线绝缘层的方法确实因线径的不同而有所区别。对于较细的漆包线，使用细砂纸或细纱布进行擦除是一种常见的做法。然而，这种方法需要特别小心，因为较细的漆包线在擦除过程中很容易折断。

为了避免损坏漆包线，建议在操作时将线固定好，并用适当的力度轻轻擦拭，直到绝缘层被完全去除。此外，对于不同线径的漆包线，也可以尝试其他去除绝缘层的方法，如使用专用的剥线工具或化学溶剂等。

5.4　连接导线

导线连接的基本要求包括以下几个方面：

- 连接紧密：为确保电流能够顺畅通过并减少能量损耗，两条连接线必须“紧密接触”。此外，应尽可能减小接头电阻，以提升电路的稳定性和能效。
- 机械强度：接头的机械强度应不低于导线本身机械强度的 80%。这一要求旨在确保连接处能承受正常的物理应力和拉力，从而防止因外部力量导致的连接松动或断裂。保持足够的机械强度是维护电路长期稳定运行的基础。
- 耐腐蚀性：在导线连接过程中，必须考虑防腐蚀措施。例如，在铝与铝的连接中，若采用熔焊法，则应特别注意防止残余熔剂或熔渣引起的化学腐蚀；对于铝与铜的连接，则需防范电化腐蚀的发生。耐腐蚀性对于确保导线连接的持久性和可靠性至关重要。
- 绝缘层匹配：绝缘层在保护导线免受外部环境影响的同时，也能起到防止电流泄漏和触电事故的作用。因此，接头的绝缘层必须与导线的绝缘层相匹配，以维护整个电路系统的安全性和可靠性。

5.4.1　铜芯导线的连接

单股导线的连接方式多种多样，其中直接连接、十字连接、T 形连接和终端连接是最常见的，如图 5-5 所示。这些方法在电工工作中经常会遇到，每一种都有其特定的应用场景和用途。

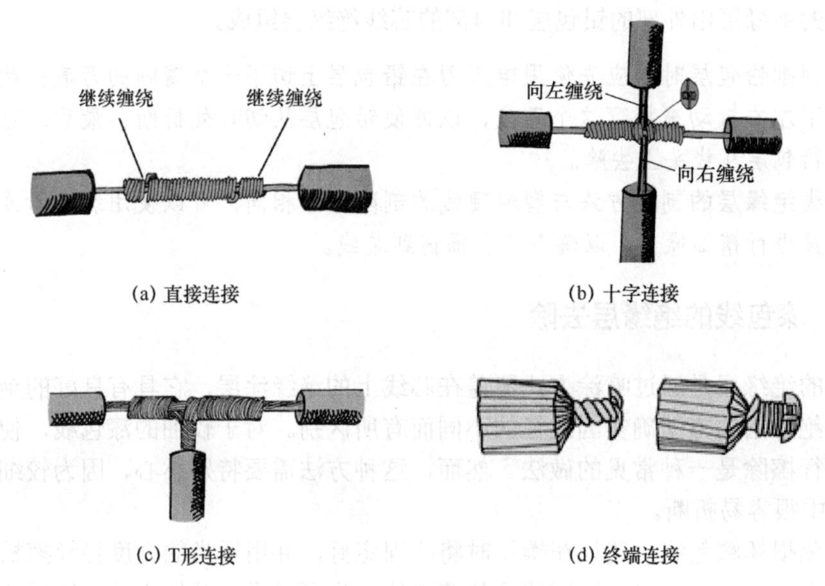

(a) 直接连接　(b) 十字连接

(c) T形连接　(d) 终端连接

图 5-5　单股导线的连接形式

本节主要介绍单股铜芯导线的连接、单股铜芯导线与多股铜芯导线的连接、多股铜芯导线的连接。

1. 单股铜芯导线的连接

单股铜芯导线的连接包括直接连接和 T 形连接两种，这两种方法又细分为缠绕法和绑接法：缠绕法用于截面积比较小的导线；绑接法用于截面积比较大的导线。

（1）单股铜芯导线的直接连接

缠绕法的操作步骤如下：

❶ 按照芯线直径约 40 倍的长度来剥除导线的绝缘层，并拉直芯线，确保其平直无弯曲。

❷ 将两根线头在离芯线根部约 1/3 的位置以 X 形状交叉放置。

❸ 把两根线头像编麻花辫一样紧密地互相绞合 2～3 圈，以确保线头稳定且紧密地连接在一起。

❹ 将其中一根线头扳起，使其与位于下方的另一根线头垂直。

❺ 把扳起的线头以顺时针方向紧密缠绕在另一根线头上，缠绕 6～8 圈。在缠绕过程中，要确保每一圈都紧密连接，不出现缝隙，并且保持垂直排列。缠绕完成后，剪去多余的芯线部分，并将切口修剪平整，务必确保切口处没有毛刺。

❻ 对于另一端的线头，也按照上述的❹和❺进行操作。

单股铜芯导线的缠绕法连接示意图如图 5-6 所示。

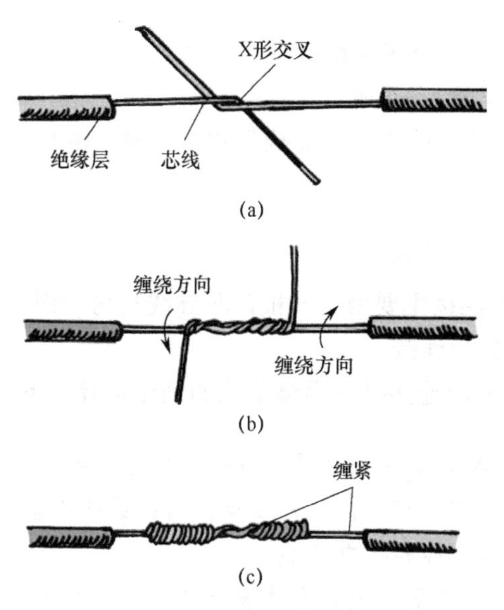

图 5-6　单股铜芯导线的缠绕法连接示意图

缠绕法适用于截面积小于 2.5mm²的导线连接。如果导线的截面积大于 2.5mm²，由于芯线较粗，缠绕不便，因此一般采用绑接法进行导线连接。单股铜芯导线的绑接法连接示意图如图 5-7 所示。

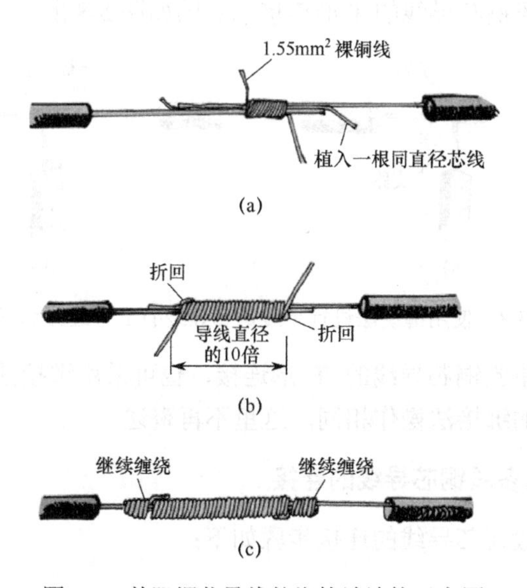

图 5-7　单股铜芯导线的绑接法连接示意图

利用绑接法进行单股铜芯导线连接的操作步骤如下：

❶ 先将两根需要连接的导线的芯线部分重叠，确保它们紧密贴合。然后，在重叠部分填入一根与导线芯线相同直径的芯线，以增加连接的稳定性和导电面积。接着，使用一根截面积约为 1.5mm²的裸铜线，紧密地缠绕在填入的芯线上，缠绕长度大约为导线直径的 10 倍，并确保缠绕的牢固性。

❷ 在完成初步缠绕后，将被连接的导线芯线线头折回，并将之前用于缠绕的裸铜线两端分别继续在这些线头上缠绕5～6圈。

❸ 使用剪切工具剪去多余的线头，要确保切口平整，避免产生可能引发电路问题的毛刺或突出部分。

（2）单股铜芯导线的T形连接

单股铜芯导线的 T 形连接主要用于一根铜芯导线与另一根铜芯导线的中间部位连接，或三根及以上铜芯导线的交会连接。

单股铜芯导线在进行T形连接时使用缠绕法的操作步骤如下：

❶ 先去除支路芯线的绝缘层和氧化层，以确保良好的导电性。然后，将处理过的支路芯线的线头与干路芯线以十字形相交，注意要使支路芯线根部留出大约 3～5mm 的裸线部分，这是为了确保连接的稳定性和导电性能。

❷ 按照顺时针方向，将支路芯线紧密地缠绕在干路芯线上，一共缠绕 3～5 圈。在缠绕的过程中，需要确保每一圈都紧密连接，不出现缝隙。特别注意的是，在第一圈缠绕时，需要将芯线打个结扣，从而有效防止芯线脱落，增加连接的牢固性。

❸ 使用钢丝钳剪去多余的支路芯线部分，并确保切口平整，没有毛刺。

使用缠绕法进行单股铜芯导线的T形连接示意图如图5-8所示。

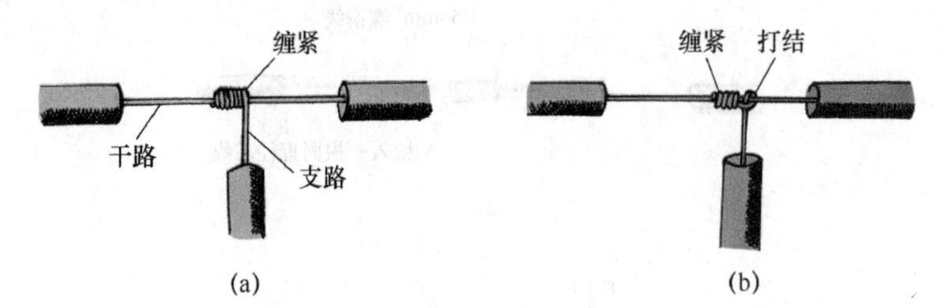

图5-8 使用缠绕法进行单股铜芯导线的T形连接示意图

对用截面积较大的单股铜芯导线的 T 形连接，也可采用绑接法，其操作与在单股铜芯导线的直接连接中涉及的绑接法操作相同，这里不再赘述。

2．单股铜芯导线与多股铜芯导线的连接

单股铜芯导线与多股铜芯导线的连接步骤如下：

❶ 按照单股铜芯导线直径约 20 倍的长度剥除多股铜芯导线连接处的中间绝缘层。与此同时，按照多股铜芯导线中单股线直径约 100 倍的长度剥除单股铜芯导线的线端绝缘层，并将芯线拉直。

❷ 在多股铜芯导线的左端绝缘层切口处约 3～5mm 的芯线上，使用一字旋具将多股铜芯导线均匀地分成若干组（例如，可将7股线分成3～4组）。

❸ 将单股铜芯导线插入多股铜芯导线的两组芯线之间，但注意不可插到底，应与绝缘层保留约3mm的距离。与此同时，尽量使单股铜芯导线靠近多股铜芯导线的左端，确保其

距离多股铜芯导线绝缘层的切口不超过 5mm。之后，使用钢丝钳将多股铜芯导线的缝隙钳平、钳紧。

❹ 把单股铜芯导线按照顺时针方向紧密地缠绕在多股铜芯导线上，大约需要绕 10 圈。在缠绕过程中，务必保证每一圈都垂直于多股铜芯导线的轴心，并且各圈之间紧密排列。完成后，使用老虎钳切断多余的线端，并确保切口平整无毛刺。

单股铜芯导线与多股铜芯导线的连接示意图如图 5-9 所示。

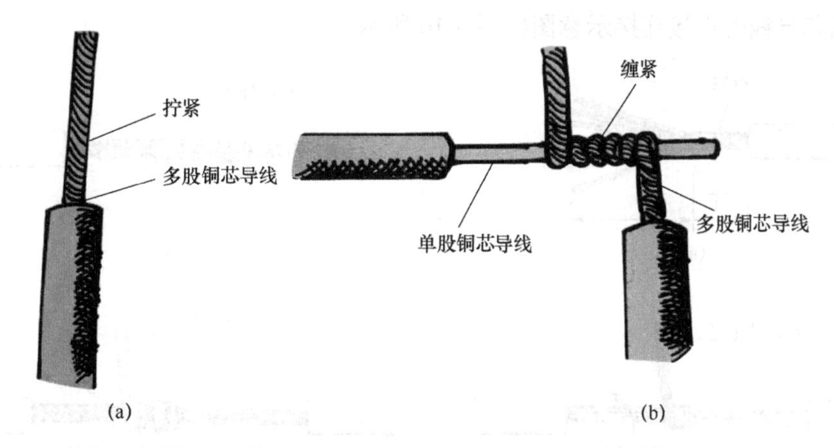

图 5-9　单股铜芯导线与多股铜芯导线的连接示意图

3．多股铜芯导线的连接

（1）多股铜芯导线的直接连接

多股铜芯导线的直接连接步骤如下。

❶ 先剖去导线的绝缘层和氧化层，并将芯线散开且拉直；然后，把靠近绝缘层 1/3 的芯线按照一定的扭转方向绞紧，以保障芯线的紧密性和整体性；最后，把余下 2/3 的芯线分散成伞状，每根线头都需要拉直，以便进行后续的连接操作。

❷ 先将两股处理好的伞状线头相对，进行隔股交叉，直到伞状芯线的根部完全相接。在此过程中，需要确保每股芯线都均匀分布，没有重叠或空隙；然后，捏平两边散开的线头，使其紧密贴合。

❸ 先把一端的多股芯线按照根数分成 3 组，分别是 2 根、2 根和 3 根（例如，多股铜芯导线为 7 股），并将第 1 组的 2 根芯线扳起，使其垂直于整体芯线；然后，按顺时针方向开始缠绕。

❹ 在第 1 组的 2 根芯线缠绕 2 圈之后，将第 2 组的 2 根芯线扳直，同样按照顺时针方向，紧紧压着前 2 根已经扳直的芯线进行缠绕。

❺ 在第 2 组的 2 根芯线缠绕 2 圈之后，继续将余下的一组芯线（3 根）扳直，同样按照顺时针方向，紧紧压着前面 4 根已经扳直的芯线缠绕。如果铜线较粗或较硬，则可使用钢丝钳将其绕紧。在缠绕过程中，注意使后一组线头压在前一组线头已经折成直角的根部，以增加连接的稳定性和导电性。当缠绕到最后一组线头时，应在芯线上缠绕 3 圈。

❻ 在第 3 组芯线缠到第 3 圈的时候，先剪切前 2 组芯线的多余部分，并确保这 2 组线头的断面能被第 3 组芯线在第 3 圈缠绕后完全遮住；然后，当第 3 组芯线绕到两圈半时，应剪去第 3 组芯线的多余部分，使其刚好能缠满 3 圈；最后，使用钢丝钳钳平线头，并修理好可能出现的毛刺。

❼ 按照上述方法，对另一边的芯线进行同样的缠绕处理，以确保两边芯线的连接都稳固可靠。

多股铜芯导线的直接连接示意图如图 5-10 所示。

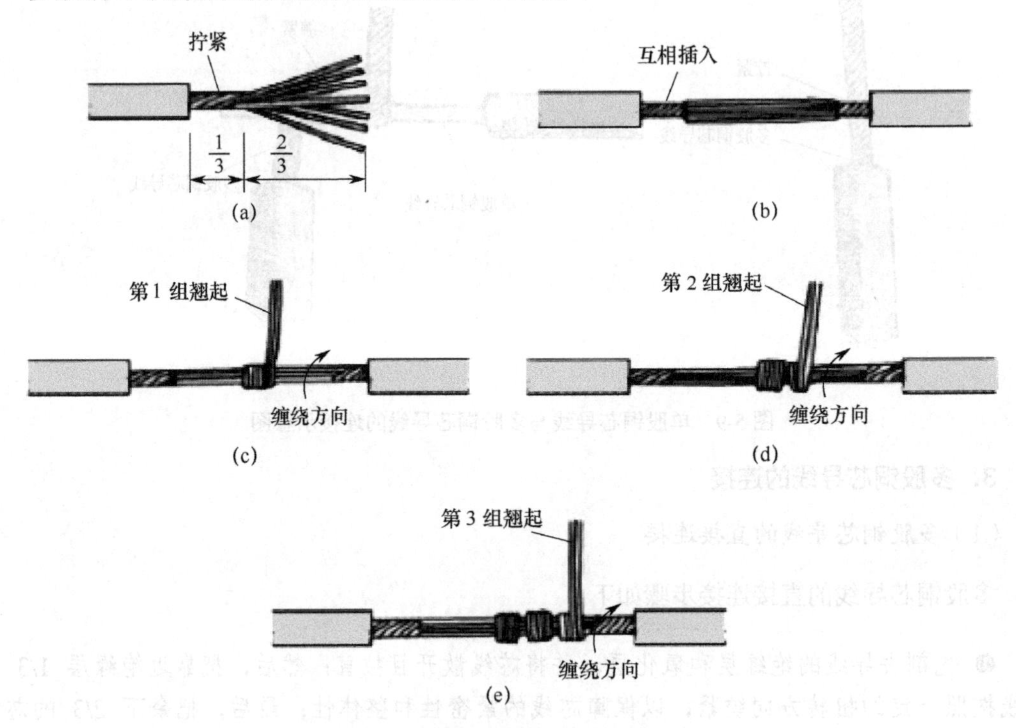

图 5-10　多股铜芯导线的直接连接示意图

（2）多股铜芯导线的 T 形连接

多股铜芯导线的 T 形连接步骤如下。

❶ 先去除支路芯线的绝缘层和氧化层，并将支路芯线分散且拉直。在距离绝缘层 1/8 处，将支路芯线进一步绞紧，以增强芯线的整体性。接下来，把 7/8 的支路芯线分成两组，需确保分组均匀（例如，可将 7 股铜芯导线的芯线分成一组 4 根和一组 3 根），并整齐排列，以备后续连接。

❷ 使用一字旋具将干路芯线分成尽可能对等的两组，并在两组的中缝处撬开一定距离，以便将支路芯线中的 4 根芯线插入到两组干路芯线的中间位置，将支路芯线中的 3 根芯线按顺时针方向将其与干路芯线紧紧缠绕 3～4 圈，以确保连接紧密。

❸ 使用钳子将线头钳平，以去除可能的毛刺或不规则部分。

多股铜芯导线的 T 形连接示意图如图 5-11 所示。

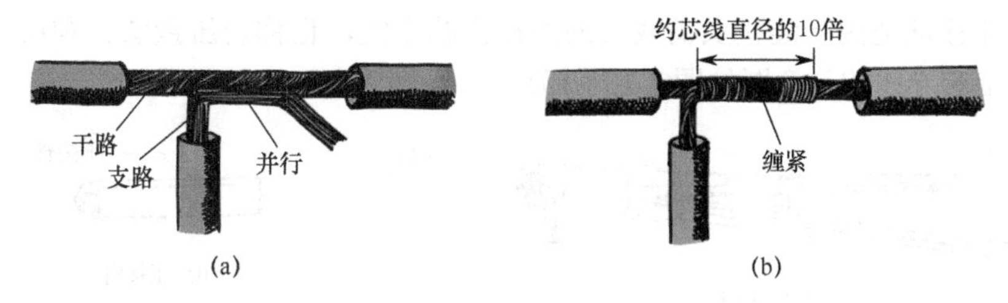

图 5-11　多股铜芯导线的 T 形连接示意图

5.4.2　铝芯导线的连接

由于铝极易被氧化，且其氧化层的电阻率相当高，除了截面积较小的铝芯导线外，通常不采用铜芯导线的连接方法来处理铝芯导线。在电气线路施工过程中，铝芯导线的连接主要采用三种方法：螺钉压接法、压接管压接法、沟线夹螺钉压接法。

1．螺钉压接法

螺钉压接法适用于连接负荷较小的单股铝芯导线，常用于铝芯导线与开关、灯头、熔断器、仪表、瓷接头和端子板等设备的连接，具体操作步骤如下：

❶ 用钢丝刷或电工刀轻轻去除已削去绝缘层的铝芯导线线头的氧化层，随即涂抹一层中性凡士林，以防其再次氧化。

❷ 若进行直接连接，则需要先将每根铝芯导线在靠近线端处卷绕 2～3 圈，以确保线头更加坚韧。之后，把 4 个线头以两两相对的方式插入 2 个瓷接头（亦称接线桥）的 4 个接线桩内，随后紧固接线桩上的螺钉，确保连接稳固。

❸ 若进行分路连接，则需要将支路芯线的 2 个线头分别插入 2 个瓷接头的 2 个接线桩内，之后旋紧螺钉，以保证分路连接的可靠性与稳定性。

利用螺钉压接法连接单股铝芯导线的示意图如图 5-12 所示。

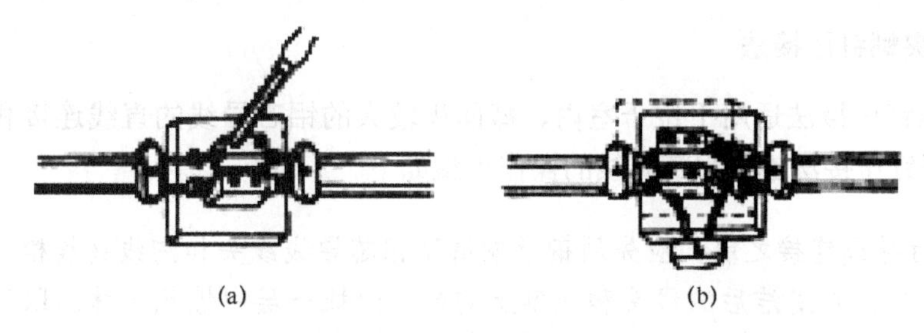

图 5-12　利用螺钉压接法连接单股铝芯导线的示意图

当有两个（或两个以上）线头要接在一个接线桩上时，应事先将这几根线头扭绞为一股，再进行连接。如果直接扭绞的强度不够，则可先在扭绞的线头处用小股导线缠绕，再插入接线桩压接。

2. 压接管压接法

压接管压接法适用于连接负荷较大的多根铝芯导线，也称套压接法。利用压接管压接法连接多根铝芯导线的示意图如图 5-13 所示。

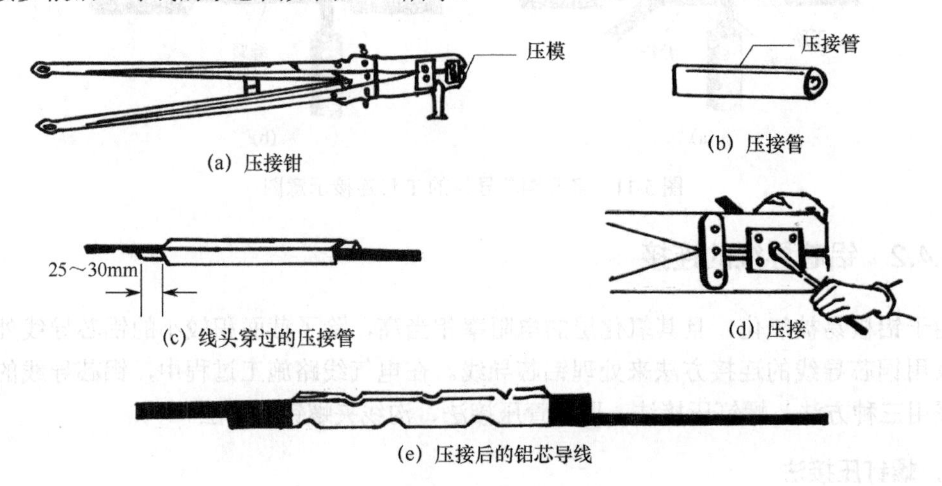

图 5-13　利用压接管压接法连接多根铝芯导线的示意图

利用压接管压接法连接多根铝芯导线的操作步骤如下：

❶ 先根据待连接的多股铝芯导线规格，挑选适合的铝压接管，然后，彻底清除铝芯导线和压接管内壁的氧化层，并均匀涂抹一层中性凡士林，以防止其进一步氧化。

❷ 先将两根铝芯导线的线头穿入压接管内，并确保线头从压接管的另一端穿出约 25～30mm，然后，利用压接钳对压接管进行压接操作，确保导线与压接管紧密“接触”。

❸ 如果压接的是钢芯铝导线，则需要特别注意在两根导线之间加垫一层铝质垫片。在进行压接时，务必确保第一道压坑位于铝芯导线端的一侧，避免出现压反的情况。

❹ 根据不同情况调整压接钳在压接管上形成的压坑数目。例如，对于室内铝芯导线，通常设置 4 个压坑；对于室外铝芯导线，若截面积为 16～35mm^2，则设置 6 个压坑，若为 50～70mm^2，则设置 10 个压坑。

3. 沟线夹螺钉压接法

沟线夹螺钉压接法适用于位于室内、截面积较大的铝芯导线的直线连接和分支连接。使用沟线夹螺钉压接法连接铝芯导线的操作步骤如下：

❶ 在进行导线连接之前，应先用钢丝刷清除铝芯导线线头和沟线夹线槽内壁上的氧化层及污物；然后，在清洁后的线头和线槽上均匀地涂抹一层中性凡士林，以预防其再次氧化和腐蚀。

❷ 将铝芯导线卡入线槽中，并旋紧螺钉，使沟线夹紧紧地压住线头，从而完成连接。为确保连接的稳定性和安全性，在螺钉上必须加装弹簧垫圈，以防止螺钉松动。

需要注意的是，沟线夹的规格和使用数量与铝芯导线的截面积密切相关。通常情况下，对于截面积在 70mm^2 以下的铝芯导线，使用一副小型沟线夹即可满足需求；对于截面积在 70mm^2 以上的铝芯导线，需要使用两副较大的沟线夹，并确保两副沟线夹之间保持 300～400mm 的间距，以实现更加稳固的连接和更好的导电效果。

使用沟线夹螺钉压接法连接铝芯导线的示意图如图 5-14 所示。

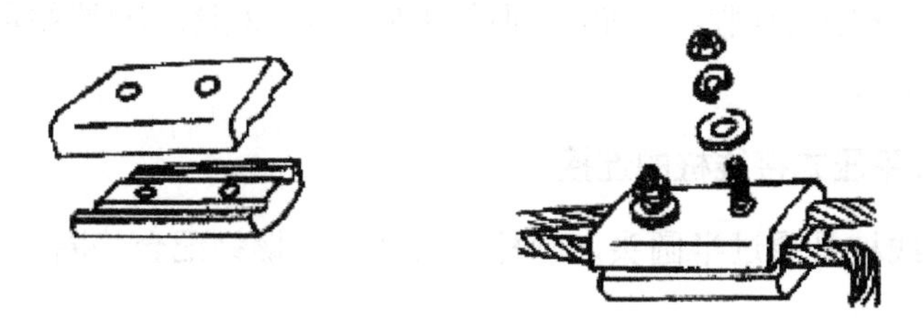

图 5-14　使用沟线夹螺钉压接法连接铝芯导线的示意图

5.4.3　线头与接线桩的连接

在各种电器或电气装置上，均配备用于连接导线的接线桩。这些接线桩的设计使得电线的连接更加便捷和安全。其中，针孔式接线柱和螺钉平压式接线柱是两种常用的接线桩类型。

1．线头与针孔式接线桩的连接

端子板、某些熔断器、电工仪表等的接线大多通过压接螺钉与针孔的紧密结合来完成线头的连接。

- 在单股芯线与接线桩连接时，推荐的操作是将线头按照所需长度折成双股，并排插入针孔中，使压接螺钉能够紧密地顶住双股芯线的中部。若因线头较粗无法双股插入，则可选择单股插入，但在插入前，应将芯线稍微向针孔上方弯曲，此举可防止在压紧螺钉稍松时线头脱落。
- 在多股芯线与接线桩连接时，需要先用钢丝钳进一步绞紧多股芯线，以防在压接螺钉压紧时芯线松散，多股芯线与针孔式接线桩的连接示意图如图 5-15 所示。

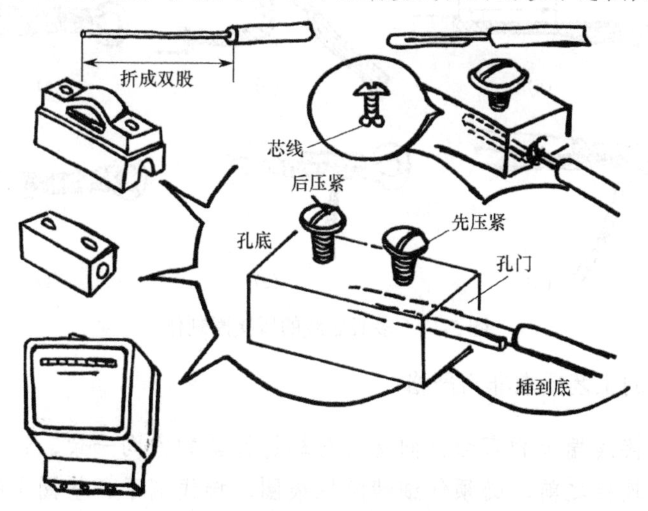

图 5-15　多股芯线与针孔式接线桩的连接示意图

在插入针孔时，无论是单股芯线还是多股芯线，都应注意三点：一是确保线头插到底部；二是防止绝缘层进入针孔，同时保证针孔外的裸线头长度不超过 3mm；三是注意针孔与线头的适配度，若针孔过大，则可选用直径适当的铝芯导线作为绑扎线，在已绞紧的线头上紧紧缠绕一层，在确保线头与针孔适配后再行压接，若因线头过大无法插入针孔，则可将线头散开，适当剪去中间几股，例如，7 股线可剪去 1～2 股，19 股线可剪去 1～7 股，之后再将线头绞紧、压接。

2. 线头与螺钉平压式接线桩的连接

螺钉平压式接线桩是通过半圆头、圆柱头或六角头螺钉配合垫圈，将线头牢牢压紧以完成连接的。

在处理载流量较小的单股芯线时，应先将线头弯成压接圈的形状，且压接圈的弯曲方向需要与螺钉拧紧的方向保持一致，然后使用螺钉进行压接。单股芯线的压接圈制作如图 5-16 所示。

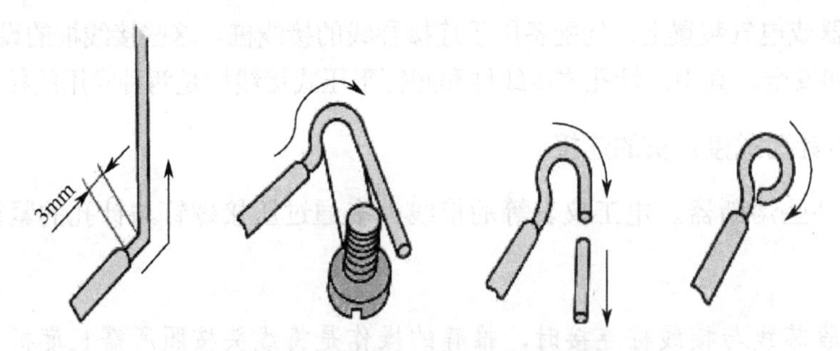

图 5-16 单股芯线的压接圈制作

在处理横截面积不超过 $10mm^2$、股数为 7 股及以下的多股芯线时，应按照如图 5-17 所示的步骤精心制作压接圈。在处理载流量较大、横截面积超过 $10mm^2$ 且股数超过 7 股的多股芯线时，为确保连接的稳定性和安全性，应安装专门的接线端子。

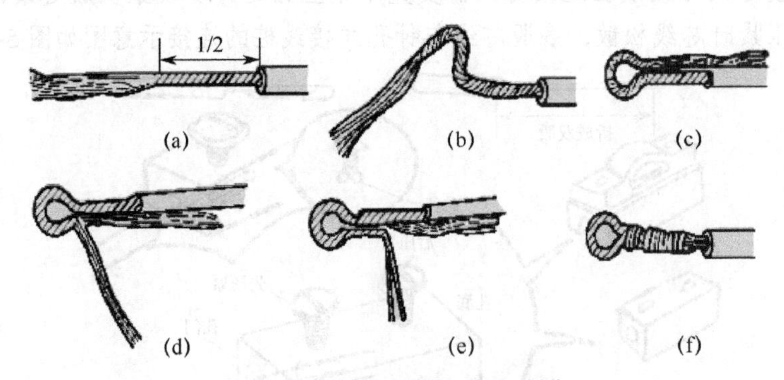

图 5-17 多股芯线的压接圈制作

连接此类线头的工艺要求非常严格：

- 压线圈和接线端子的弯曲方向必须与螺钉拧紧的方向一致，这是确保连接稳固的关键。在连接之前，必须仔细清除压线圈、接线端子、垫圈上的氧化层和污物，以保证电流的顺畅流通，并将压线圈和接线端子放置在垫圈下方，确保位置准确。

- 使用适当的力度拧紧螺钉，以确保各个部件之间形成良好的电接触。在压接过程中，特别注意不要让导线的绝缘层压入垫圈内，这是非常重要的安全准则。

5.5 封端处理

为了确保导线线头与电气设备之间具有良好的电接触和力学性能，对于特定规格的导线，需要采取特殊的连接方式。具体来说，除了截面积在 10mm² 及以下的单股铜芯导线、截面积在 2.5mm² 及以下的多股铜芯导线和单股铝芯导线可以直接与电气设备连接外，其他不属于以上规格的铜芯导线或铝芯导线通常需要进行额外处理。

这种处理通常是在线头上焊接或压接接线端子（也被称为接线耳或线鼻子），这个过程在工艺上被称为导线的封端。接线端子的螺钉如图 5-18 所示。值得注意的是，由于铜芯导线、铝芯导线的物理和化学性质存在差异，所以两者在封端工艺上也有所不同。

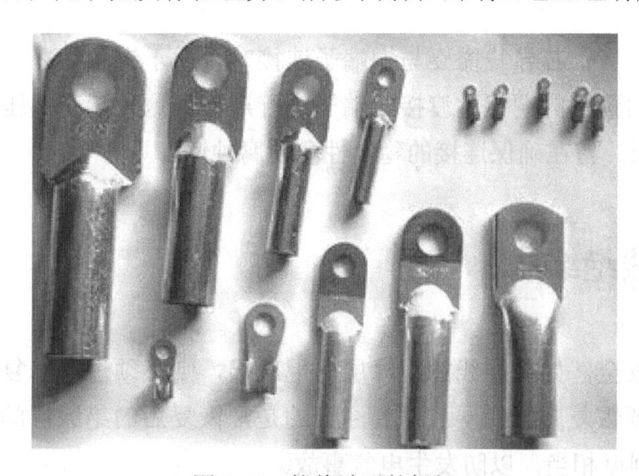

图 5-18　接线端子的螺钉

5.5.1 铜芯导线的封端

铜芯导线的封端主要采用锡焊法或压接法。

1. 锡焊法

❶ 清除线头表面、线孔内表面的氧化层和污物，以确保焊接面的清洁。

❷ 在焊接面上均匀地涂抹一层无酸焊锡膏，以增强焊接效果。

❸ 线头需要先搪上一层锡，同时在接线端子的线孔内放入适量的焊锡。

❹ 使用喷灯对接线端子进行加热，当焊锡开始熔化时，迅速将已搪锡的线头插入接线端子的线孔内。

❺ 持续加热，直至焊锡完全渗入芯线缝隙，并填满线头与线孔内壁之间的空隙，此时方可停止加热。

2. 压接法

❶ 确保线头表面和线孔内表面均已清洁，并将已加工好的线头直接插入已清洁的线孔。

❷ 遵循前面介绍的压接管压接法，使用专用的压接钳对线头和接线端子进行压接。

5.5.2 铝芯导线的封端

铝芯导线的封端通常采用压接法，操作步骤如下。

❶ 在压接之前，需要剥去导线端部的绝缘层，剥去的长度应为接线端子的线孔深度加上 5mm。

❷ 清除导线表面和线孔内表面的氧化层，并涂上中性凡士林，以防其再次氧化。

❸ 将芯线插入接线端子内，使用压接钳进行压接。

需要注意的是，当铝芯导线需要与铜端子连接时，由于铜和铝之间存在电化腐蚀的问题，因此应使用专门预制的铜铝过渡接线端子进行连接。这种端子的压接方法与前面所述的压接管压接法相同，旨在确保连接的稳定性和耐腐蚀性。

5.6 恢复导线绝缘层

为了保证用电安全，如果导线的绝缘层出现破损，则必须进行修复。同样地，在导线连接完成后，也需要恢复其绝缘层。需要注意的是，恢复后的绝缘层的绝缘强度至少应与原始绝缘层的绝缘强度相当，以防发生电气事故。

5.6.1 线圈内部导线绝缘层的恢复

1. 绝缘材料的选择

当线圈内部导线的绝缘层受损时，需要基于线圈层间和匝间所承受的电压，以及线圈的具体技术要求来选择适当的绝缘材料进行包覆。常用的绝缘材料包括电容纸、黄蜡绸、黄蜡布、黄蜡带、青壳纸、涤纶薄膜等。在这些材料中，电容纸和青壳纸的耐热性最佳，电容纸和涤纶薄膜最薄。

- 对于电压较低的小型线圈，电容纸是首选。
- 对于电压较高的线圈，涤纶薄膜更为合适。
- 对于较大型的线圈，推荐使用黄蜡带或青壳纸。

2. 恢复方法

线圈内部导线绝缘层的恢复一般采用衬垫法，具体操作如下：

❶ 在导线绝缘层的破损处（或接头处）分别加垫一至两层绝缘材料，并利用邻匝导线从左右两侧将其固定。

❷ 在进行衬垫时，绝缘垫层的前后两端都需要预留出约两倍破损长度的余量，以确保绝缘垫层的完整性和安全性。

5.6.2　线圈线端连接处绝缘层的恢复

1. 绝缘材料的选择

在恢复线圈线端连接处的绝缘层时，通常会选择黄蜡带、涤纶薄膜或玻璃纤维带等作为绝缘材料。

2. 恢复方法

在恢复线圈线端连接处的绝缘层时，一般采用包缠法，以绝缘材料为黄蜡带为例，具体操作如下：

❶ 黄蜡带从完整的绝缘层开始包缠，需要包缠 2 倍带宽以上的宽度后再进入连接处的芯线部分，当包缠至连接处的另一端时，同样需要包缠 2 倍带宽以上的宽度。

❷ 在包缠过程中，黄蜡带与导线应保持大约 45°的倾斜角，并确保后一圈压叠住前一圈的 1/2 带宽。

❸ 通常情况下，需要包缠两层黄蜡带，如有必要，可用黑胶带再封一层，以增强绝缘效果。

❹ 当黄蜡带需要衔接时，应采取续接的方式。黄蜡带包缠完成后，其末端应使用纱线绑扎牢固，或者用黄蜡带自身进行套结并扎紧，以确保黄蜡带的稳固性和安全性。

使用包缠法恢复线圈线端连接处绝缘层的示意图如图 5-19 所示。

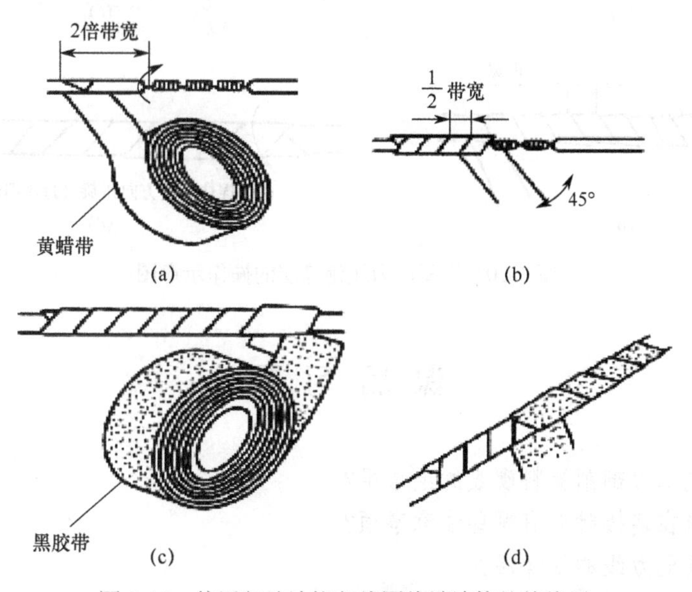

图 5-19　使用包缠法恢复线圈线端连接处绝缘层

5.6.3 电力线绝缘层的恢复

1. 绝缘材料的选择

在恢复电力线绝缘层时，常用的绝缘材料包括黑胶带、黄蜡带、塑料黄蜡带和涤纶薄膜等。这些材料的绝缘强度按顺序递增。为了便于包缠，绝缘材料的宽度一般选择 $20mm^2$ 较为适中。

2. 绝缘材料的包缠方法

❶ 从左侧的完好绝缘层开始包缠绝缘材料，应包入绝缘层约 30～40mm。在包缠过程中，要用力拉紧绝缘材料，并保持与导线约45° 的倾斜角。

❷ 进行每圈的斜叠缠包，确保后一圈压叠住前一圈的 1/2 带宽。当包至另一端时，也应包入与起始端相同长度的绝缘材料。在实际应用中，为了保证恢复的电力线绝缘层的绝缘性能达到或超过原有标准，推荐在包缠两层绝缘材料后再加包一层黑胶带，以增强绝缘效果，并确保黑胶带能完全包覆住绝缘材料。

❸ 在完成收尾后，使用拇指和食指紧捏黑胶带的两个端口，进行一正一反方向的拧旋，利用黑胶带的黏性将两个端口充分密封，尽可能减少空气流通。这是确保绝缘效果的关键步骤。

恢复电力线绝缘层的操作示意图如图 5-20 所示。

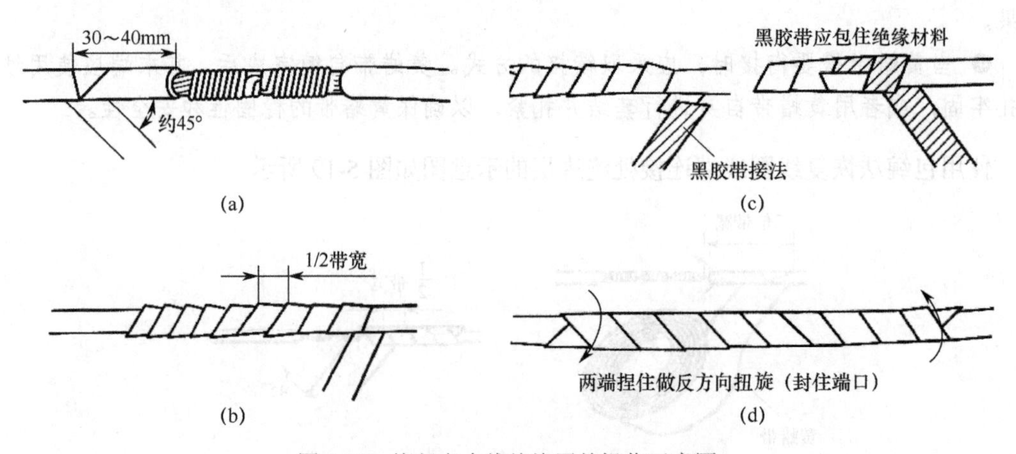

图 5-20　恢复电力线绝缘层的操作示意图

课 后 习 题

1. 怎样用电工刀剖削塑料硬线的绝缘层?
2. 铝芯导线在连接时应有哪些注意事项?
3. 怎样恢复电力线的绝缘层?

第 6 章

经典电路与实物对照

学习目标

本章旨在通过电路图与实物电路的对照介绍，帮助读者更直观地理解实物运行的电路原理，提升读者独立进行电路接线的能力。

6.1 三相电机点动控制电路

三相电机点动控制电路如图 6-1 所示。

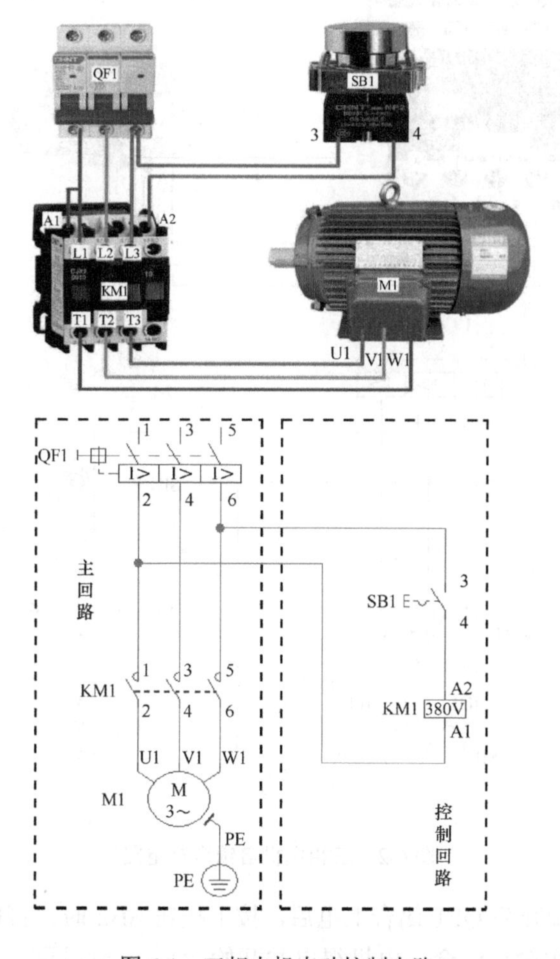

图 6-1　三相电机点动控制电路

控制说明：当电源开关 QF1 闭合上电后，按下按钮 SB1 时，接触器的线圈通电，使得接触器的主触点闭合；松开启动按钮 SB1 时，接触器的线圈断电，接触器的衔铁因弹簧的作用而复位，导致接触器的主触点断开，电机因切断电源而停止运行。

6.2 三相电机自锁运行电路

三相电机自锁运行电路如图 6-2 所示。

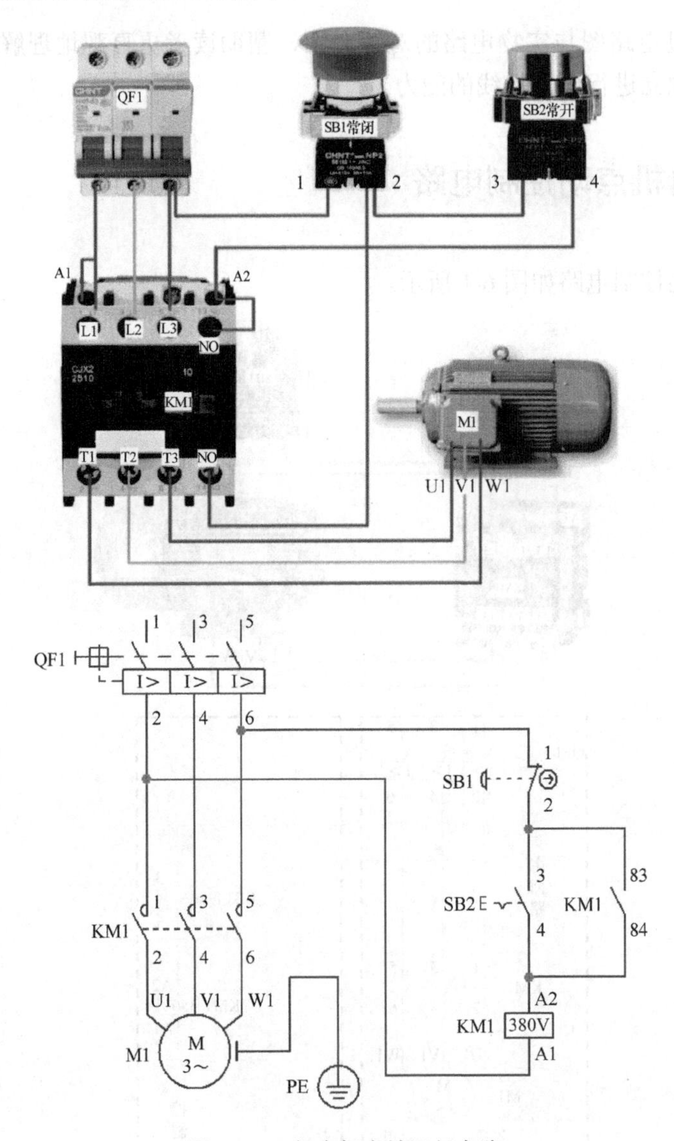

图 6-2 三相电机自锁运行电路

控制说明：当电源开关 QF1 闭合上电后，按下按钮 SB2 时，接触器 KM1 的线圈得电吸合，使得接触器的主触点闭合，电机得电并开始运行。与此同时，常开辅助触点控制线圈自锁，即使释放按钮 SB2，电机也可以保持运行状态。当按下按钮 SB1 时，常闭触点断开，导致接触器 KM1 的线圈失电，接触器的主触点断开，电机停止运行。

6.3　三相电机带过载保护启停电路

三相电机带过载保护启停电路如图 6-3 所示。

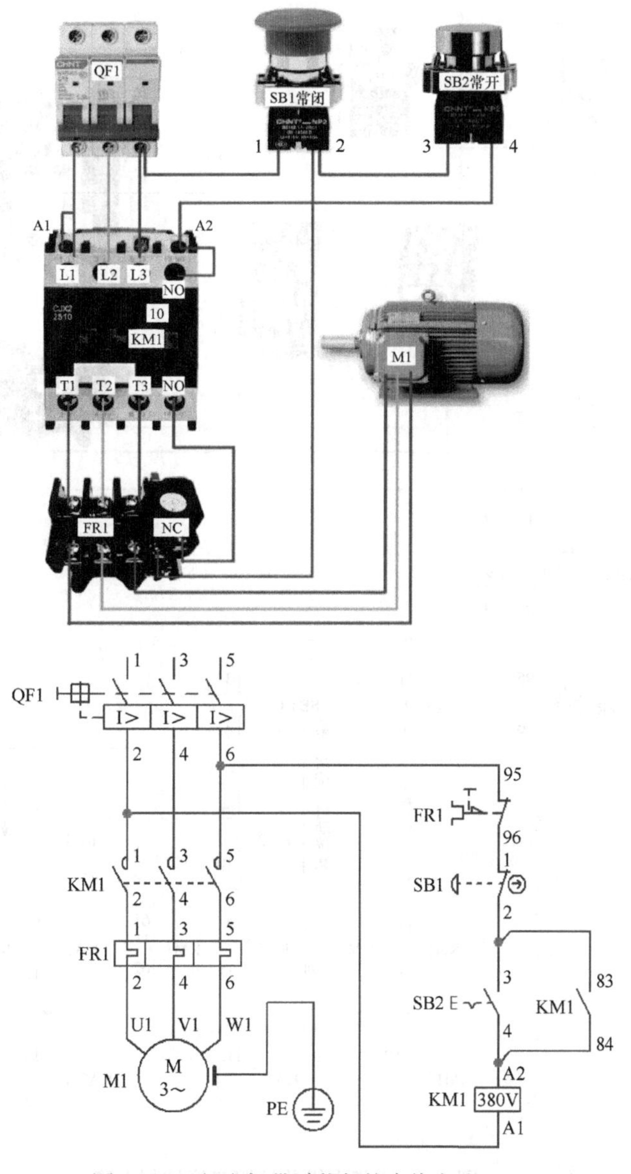

图 6-3　三相电机带过载保护启停电路

控制说明：此电路可执行与上一节相同的动作，但具备过载保护功能。当电机发生堵转或过载时，热继电器发热，导致主触点断开，使电机停止运行。与此同时，常闭辅助触点也会断开，导致接触器 KM1 的线圈失电。

6.4 三相电机单按钮启停控制电路

三相电机单按钮启停控制电路如图 6-4 所示。

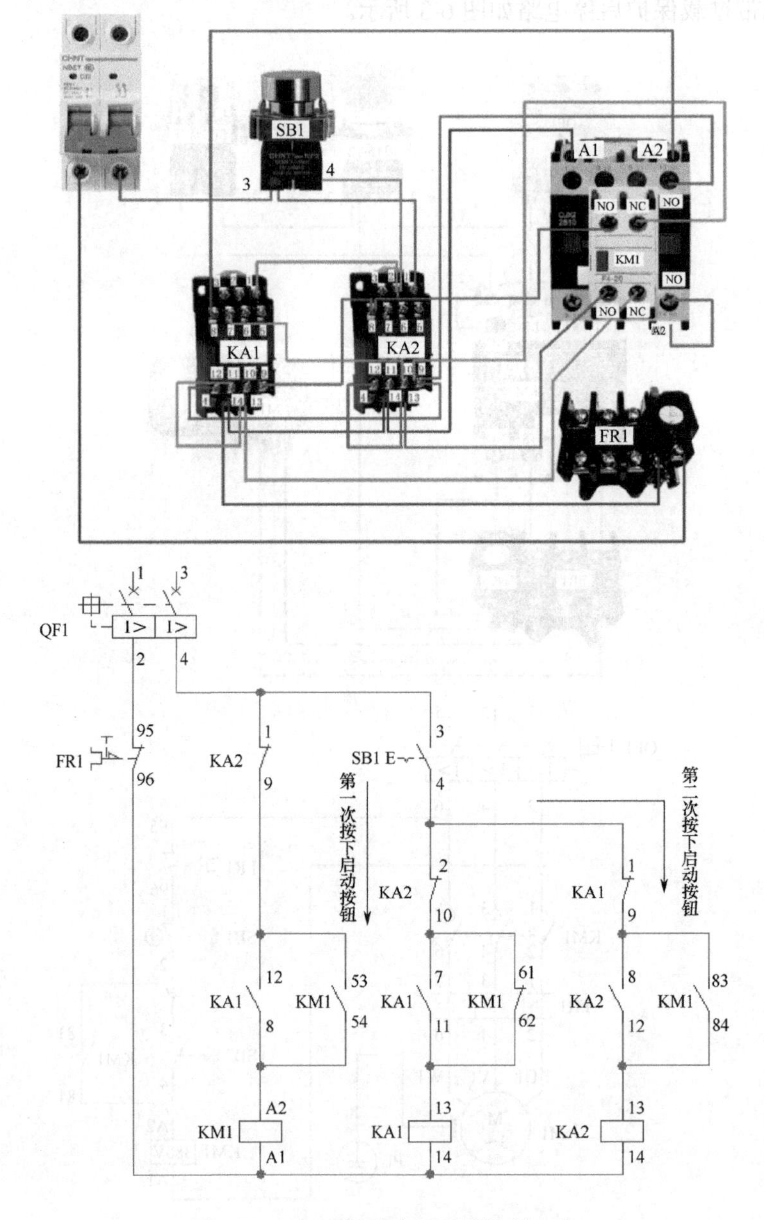

图 6-4 三相电机单按钮启停控制电路

控制说明：第一次按下按钮 SB1 时，电流流经 KA2 的常闭触点→KM1 的常闭触点→KA1 的线圈，使得 KA1 的线圈得电。KA1 的常开触点可控制 KM1 的线圈得电并且进入自锁状态。第二次按下按钮 SB1 时，由于 KM1 的线圈得电，常开触点闭合，常闭触点断开，电流流经 KA2 的线圈，使得 KA2 的线圈得电，此时，KA2 的常闭触点断开，导致 KM1 的线圈失电，从而停止运行。如此循环往复。

6.5 浮球开关控制水塔手动和自动补水电路

浮球开关控制水塔手动和自动补水电路如图 6-5 所示。

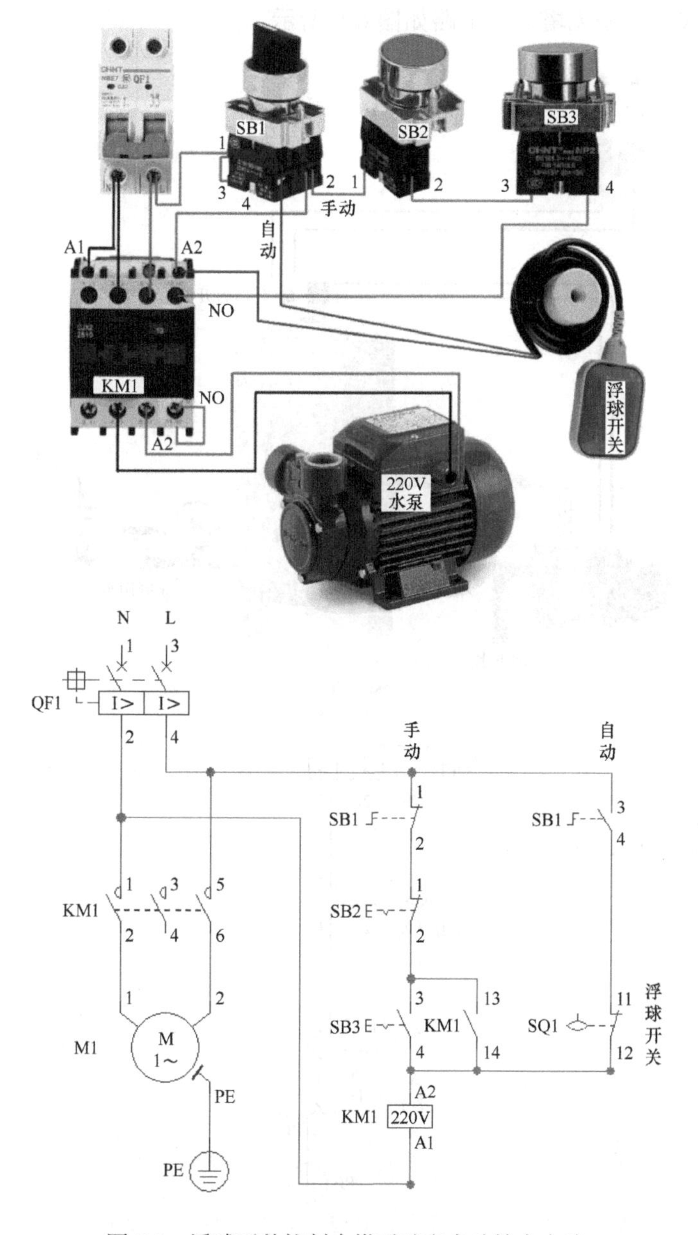

图 6-5　浮球开关控制水塔手动和自动补水电路

控制说明：通过按钮 SB1 可实现对浮球开关的手动控制或自动控制的切换。在手动控制模式下，按下按钮 SB3 启动水泵运行并自锁，按下按钮 SB2 停止水泵运行。在自动控制模式下，当水塔的液位下降至下限时，浮球开关接通，启动水泵运行；当水塔的液位上升至上限时，浮球开关断开，停止水泵运行。

6.6 压力继电器实现家庭无塔供水电路

压力继电器实现家庭无塔供水电路如图 6-6 所示。

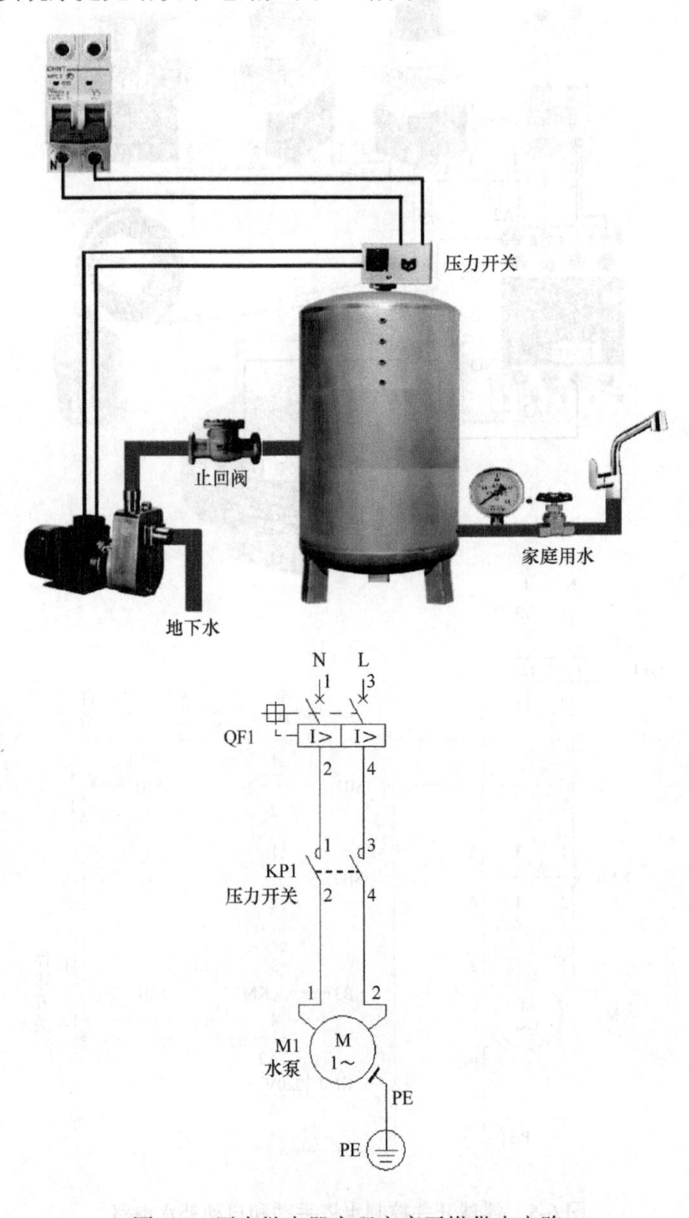

图 6-6 压力继电器实现家庭无塔供水电路

控制说明：电源开关 QF1 闭合上电后，如果压力低于设定的下限值，则压力开关接通，启动水泵运行，水泵促使水通过止回阀进入压力罐进行蓄水保压，以避免水泵频繁启停；如果压力超过设定的上限值，则压力开关断开，水泵停止运行。

6.7　三相电机点动和自锁电路

三相电机点动和自锁电路如图 6-7 所示。

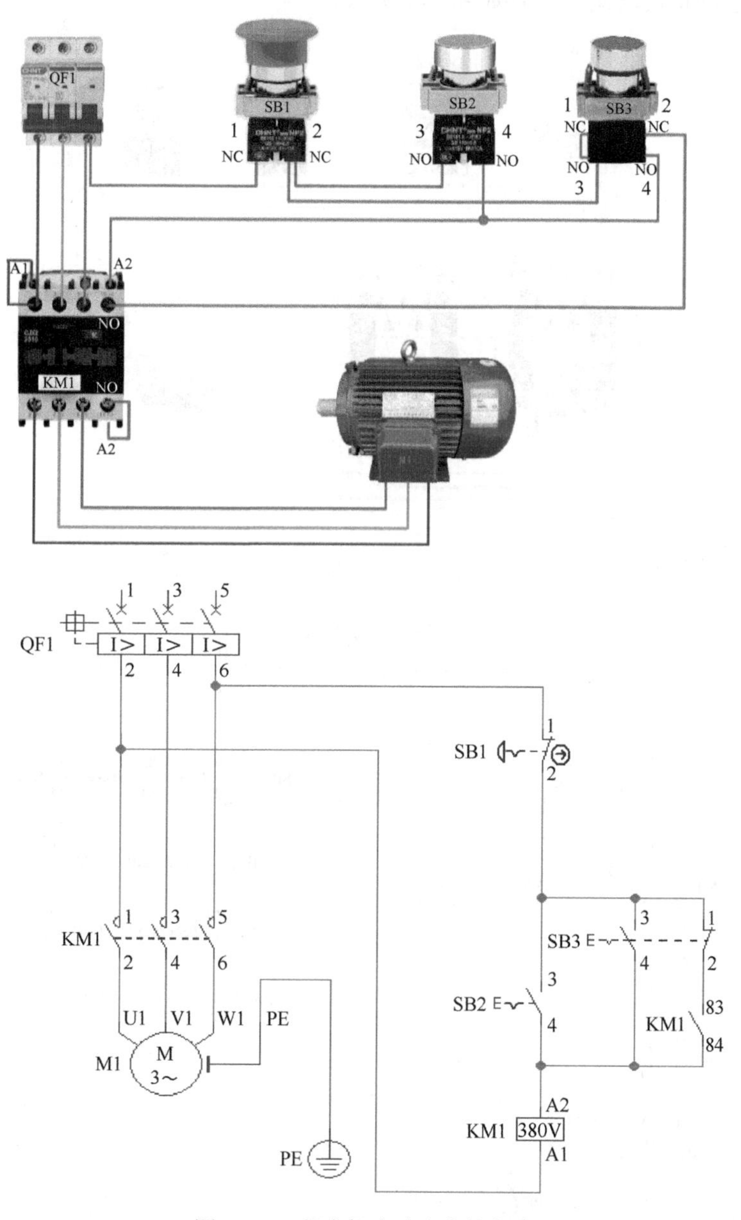

图 6-7　三相电机点动和自锁电路

控制说明：电源开关 QF1 闭合上电后，如果按下 SB2 按钮，则 KM1 接触器线圈通电吸合，导致 KM1 常开辅助触点吸合并自锁，从而使电机保持运行状态；如果按下 SB1 按钮，则将导致电机停止运行；如果按下 SB3 按钮，则接触器通电运行，但会因受到常闭触点的限制而无法自锁；如果松开 SB3 按钮，则将导致电机停止运行。

6.8 三相电机手动正反转运行电路

三相电机手动正反转运行电路如图 6-8 所示。

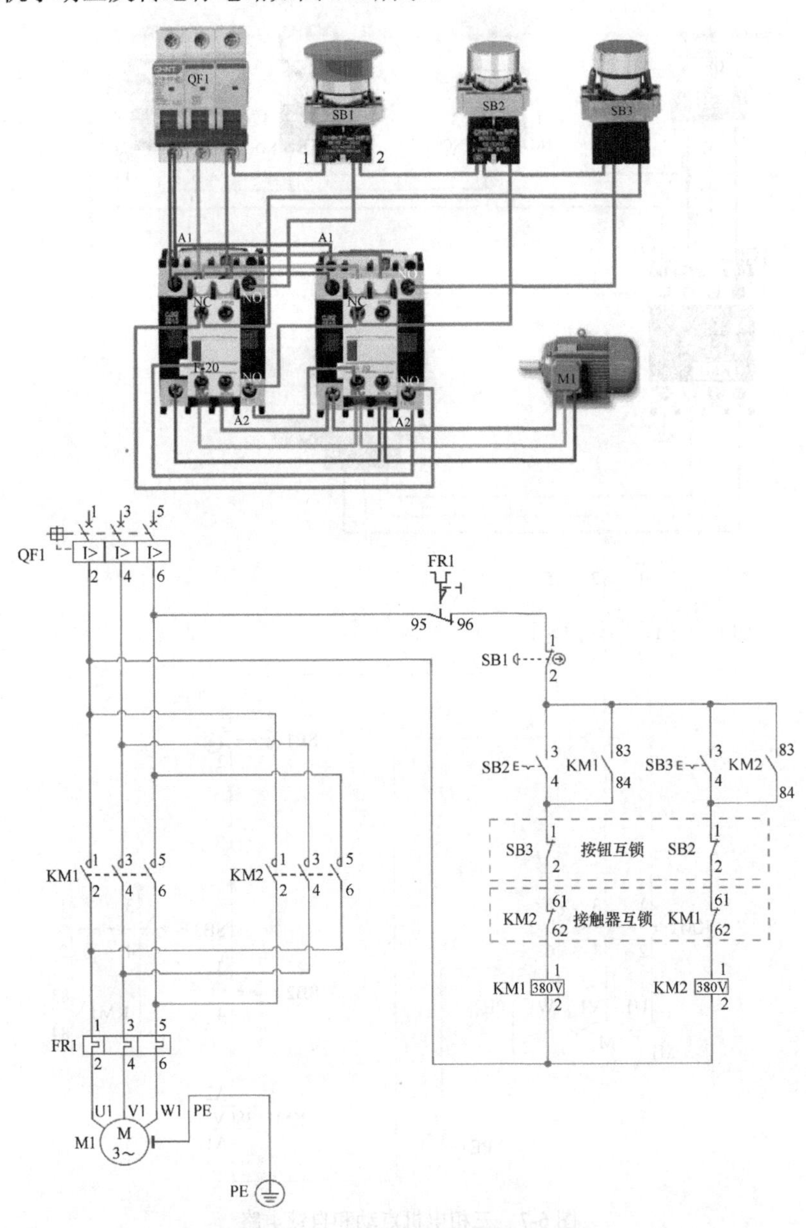

图 6-8　三相电机手动正反转运行电路

控制说明：电源开关 QF1 闭合上电后，若按下按钮 SB2，则接触器 KM1 吸合并自锁，电机开始正转运行；若按下按钮 SB3，则由于 KM1 的常闭触点断开，导致 KM2 无法启动。为了启动反转，必须先按下按钮 SB1 使电机停止，然后才能按下按钮 SB4 启动接触器 KM2，从而实现电机反转。这种 KM1 和 KM2 之间形成的相互制约关系，称之为互锁。若要实现正转与反转之间的直接切换，则需要添加按钮互锁功能。

6.9 三相电机缺相保护电路

三相电机缺相保护电路如图 6-9 所示。

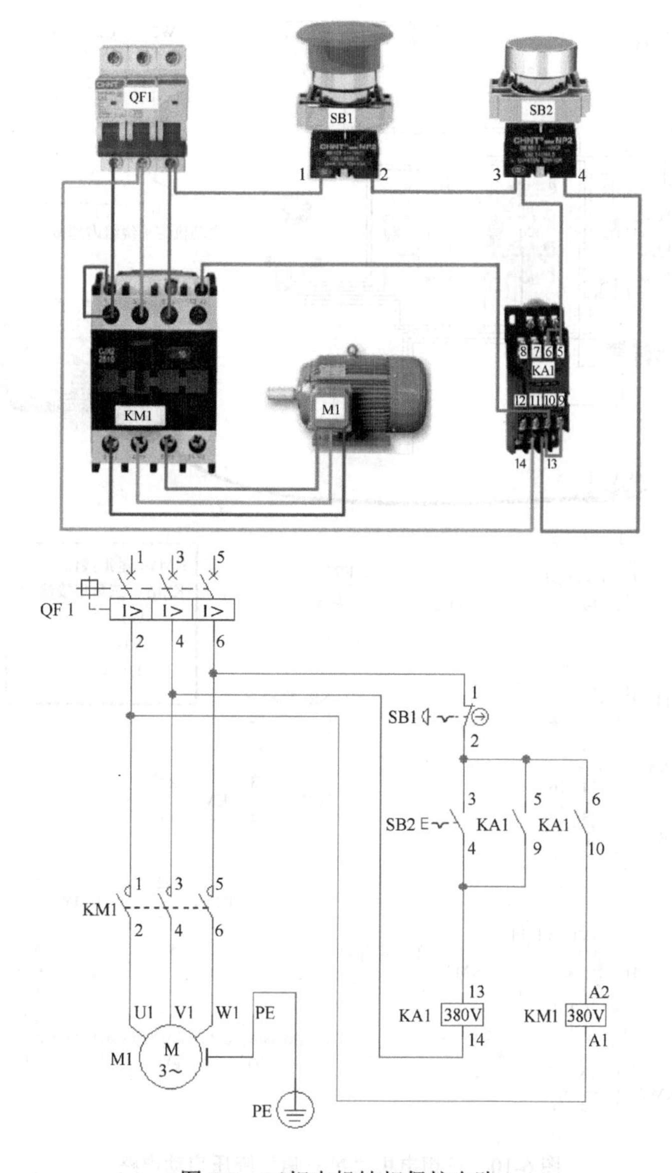

图 6-9　三相电机缺相保护电路

控制说明：为了防止三相电机因任意一相电源缺相而损坏，一种方法是采用缺相保护器进行保护，但成本较高；另一种经济有效的方法是采用一个中间继电器来实现缺相停机，即通过中间继电器来间接启动接触器，接触器由 L1 和 L3 供电，中间继电器由 L2 和 L3 供电。只要任意一相缺相，都会导致接触器断电停机，从而有效保护电机。

6.10 三相电机“星三角”降压启动电路

三相电机“星三角”降压启动电路如图 6-10 所示。

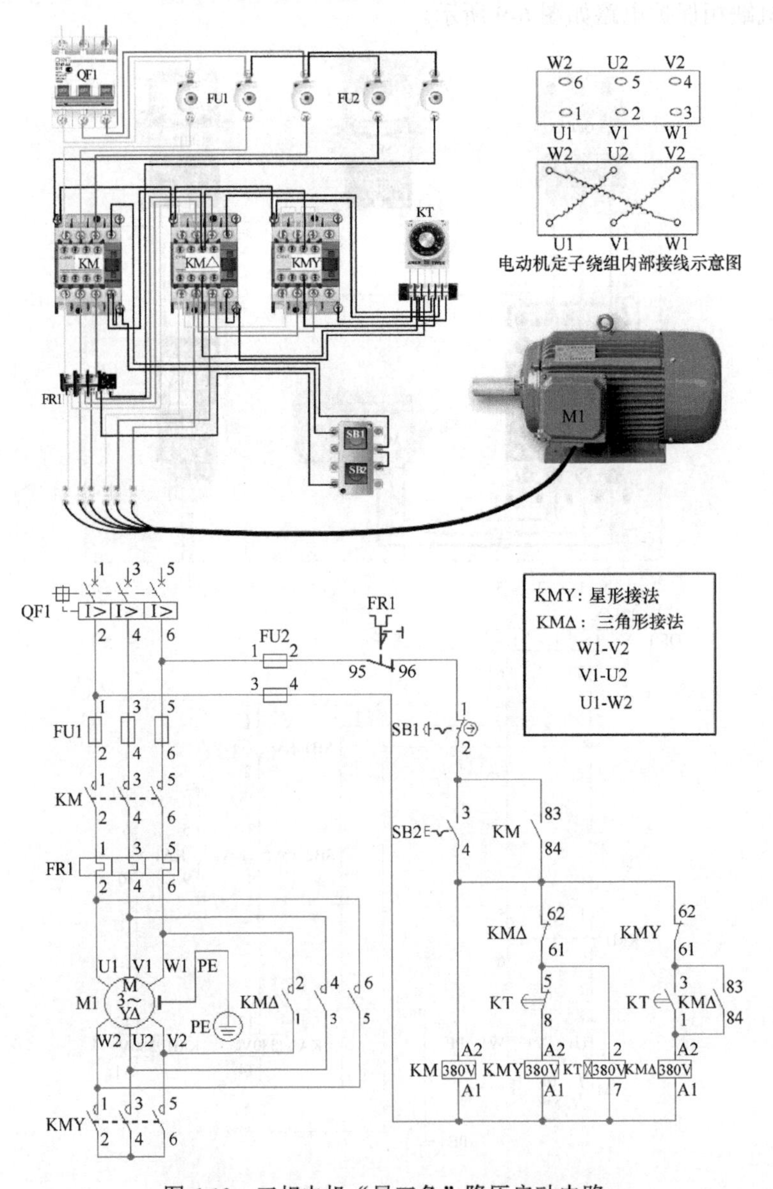

图 6-10 三相电机“星三角”降压启动电路

控制说明：电源开关 QF1 闭合上电后，若按下启动按钮 SB1，则主接触器 KM 得电并自锁，同时星形接触器 KMY 和时间继电器 KT 得电。电机绕组以星形启动，当到达设定时间时，时间继电器 KT 执行动作，星形接触器 KMY 断开，同时三角形接触器 KM△闭合，电机绕组切换成三角形运行，从而实现“星三角”的降压启动。

6.11　三相电机延时循环启停控制电路

三相电机延时循环启停控制电路如图 6-11 所示。

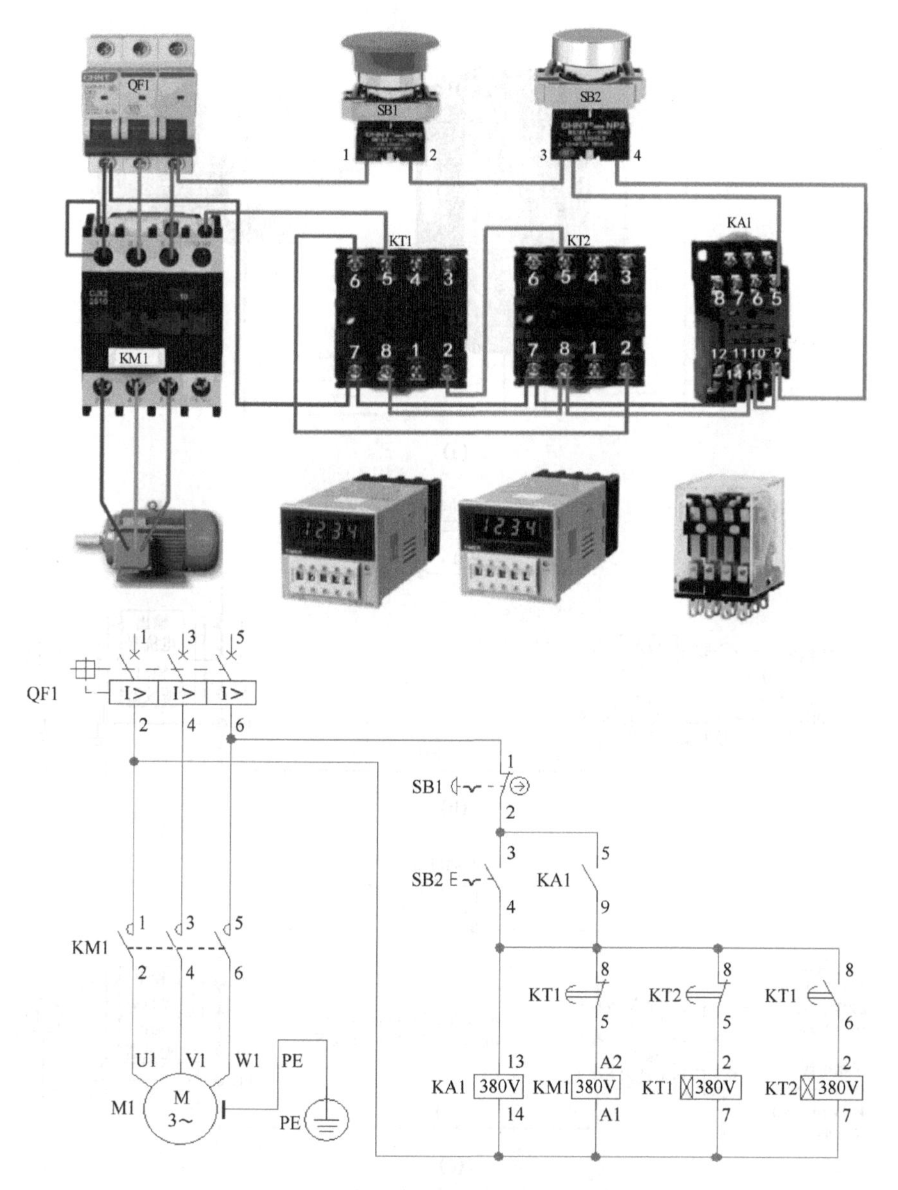

图 6-11　三相电机延时循环启停控制电路

6.12 变频器主回路接线图

变频器主回路接线图如图 6-12 所示。

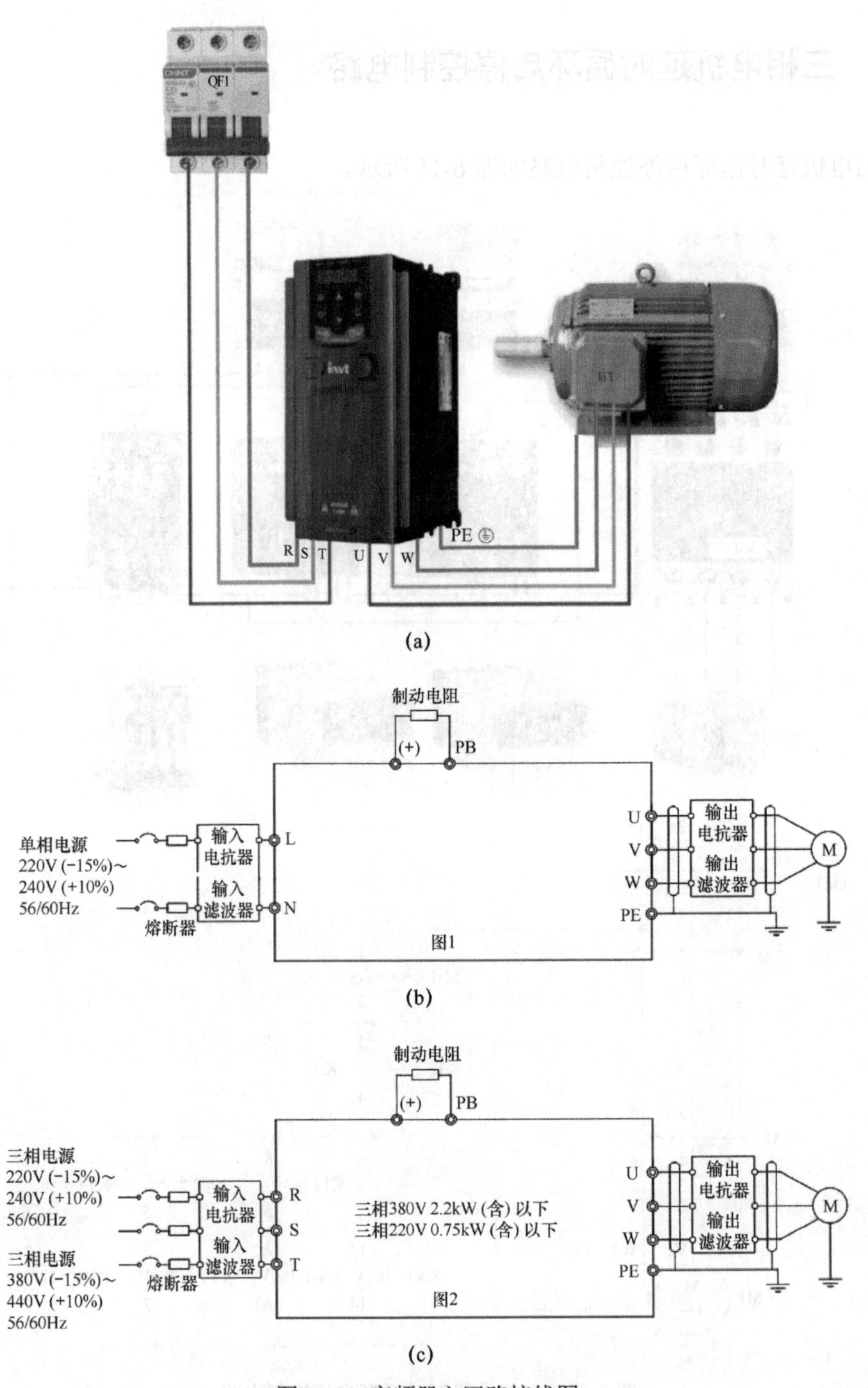

图 6-12 变频器主回路接线图

控制说明：下面以英威腾 GD20 系列变频器为例进行说明。如果变频器为单相电源（220V 供电型），则请参照图 6-12（b）进行接线，以 L 和 N 为电源输入。如果变频器为三相电源（220V 或 380V），则请参照图 6-12（c）进行接线，以 R、S、T 为电源输入。

6.13　变频器控制回路接线图

变频器控制回路接线图如图 6-13 所示。

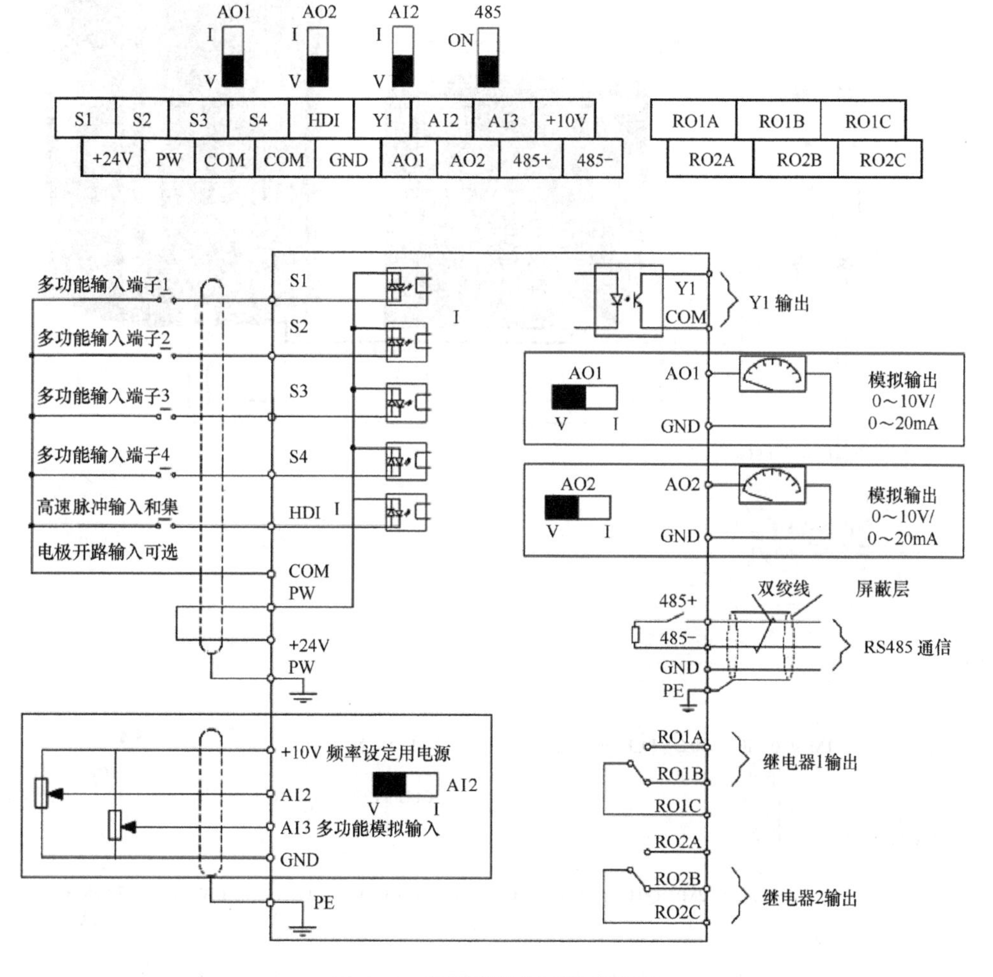

图 6-13　变频器控制回路接线图

控制说明：S1～S4 和 HDI 是多功能输入端子，可连接按钮、接近开关、PLC 输出信号等，用于实现变频器的启停、正反转等功能，其中 HDI 还支持高速脉冲输入，并且可以根据需要适应 NPN 和 PNP 两种场合的需求；AI2 和 AI3 是模拟输入接口，既可以连接 PLC，也可以连接电位器、远传压力表等传感器；GND 为共用的负极；Y1（晶体管）、RO1（继电器 1）和 RO2（继电器 2）的是数字量，用于变频器故障输出等；AO1 和 AO2

是模拟输出接口，用于转速输出、电压显示等；485+和 485-是 RS485 通信接口，可用于与 PLC、单片机等设备进行通信。

6.14 西门子 PLC 控制变频器接线图

西门子 PLC 控制变频器接线图如图 6-14 所示。

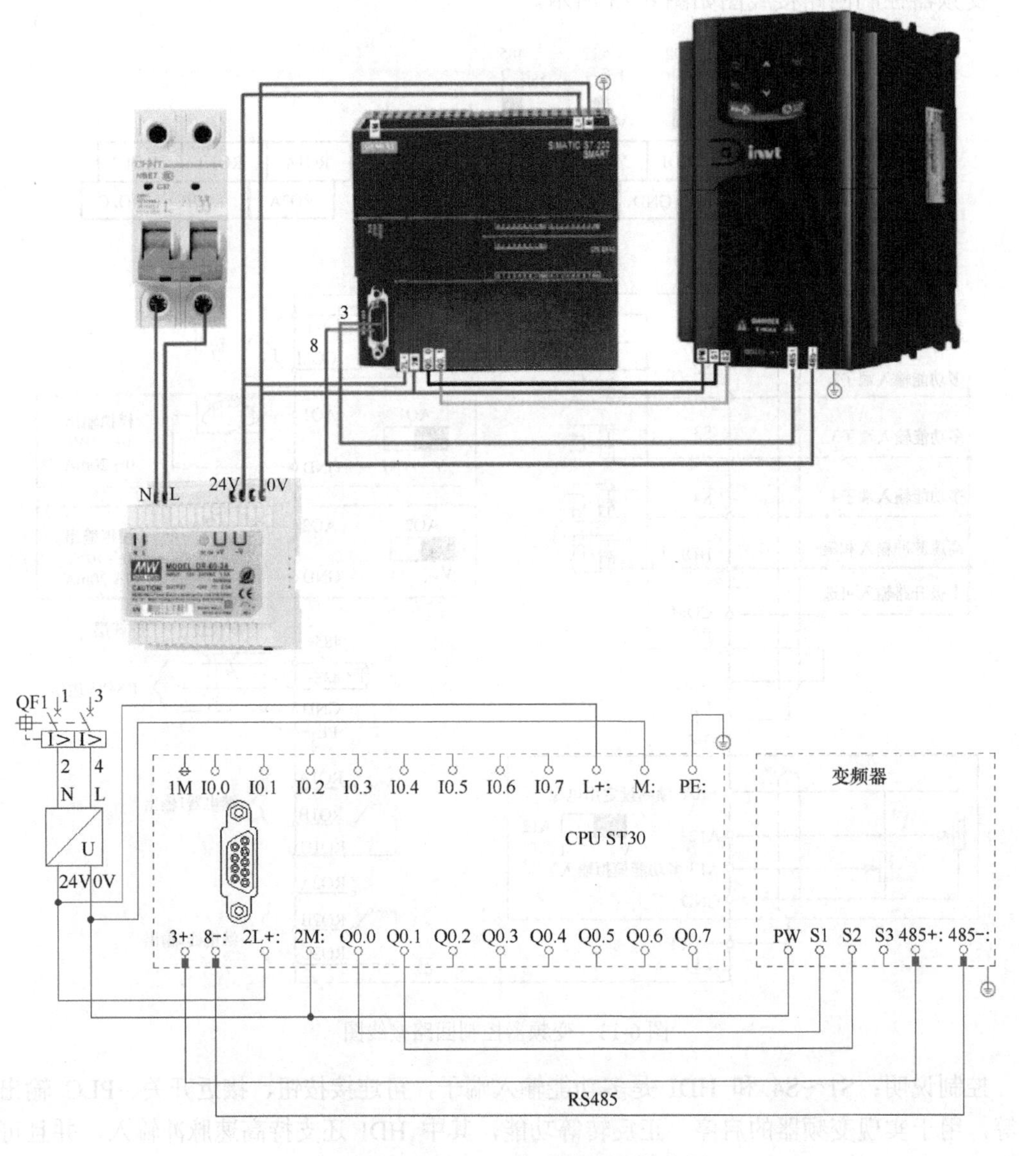

图 6-14 西门子 PLC 控制变频器接线图

控制说明：在通过 PLC 控制变频器的启停、正反转和频率时通常有两种方式：外部端子控制和通信控制。外部端子控制是指通过激活 PLC 的输出 Q 点，实现变频器的多功能端子控制，包括正反转、多段速等；通信控制是指通过 RS485 接口进行 Modbus RTU 通信，可以实现对变频器的正反转、频率、参数修改和参数读取等功能。

6.15 西门子 PLC 输入输出接线图

西门子 PLC 输入输出接线图如图 6-15 所示。

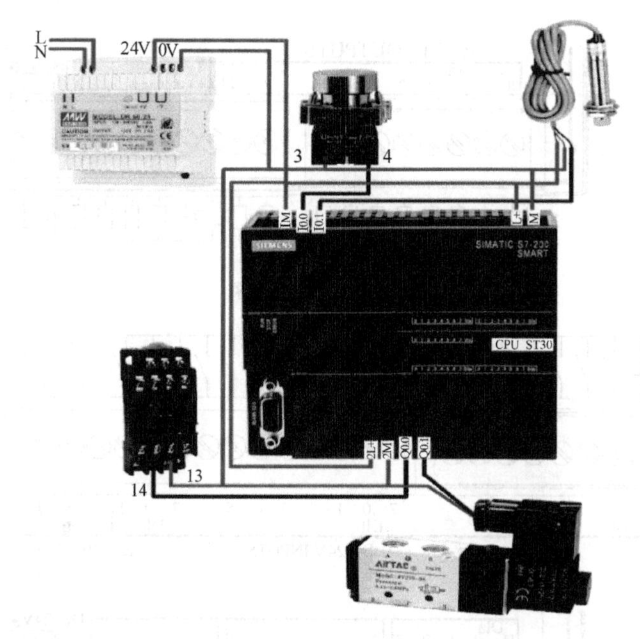

图 6-15 西门子 PLC 输入输出接线图

1. ST30 接线图

控制说明：ST30 是晶体管输出型 PLC，其供电电源必须采用 DC 24V，其中 1M 为输入公共端。当 1M 接正极时，输入应为负信号，传感器采用 NPN 输出类型；当 1M 接负极时，输入应为正信号，传感器采用 PNP 输出类型。ST30 的最大承受电压为 DC 30V，电流为 500mA，且固定为正信号，可直接驱动电流较小的中间继电器、气动电磁阀等，但无法直接驱动交流接触器、液压电磁阀等，需要通过中间继电器进行中转放大后再进行驱动。ST30 接线图如图 6-16 所示。

2. SR30 接线图

控制说明：SR30 是继电器输出类型的 PLC，其输入部分与 ST30 相同，但供电电源采用 AC 220V，输出为通断的开关信号，当有控制输出时，对应的输出点与公共端 L 导通，公共端 L 可接 24V、0V、L、N 等，最大电流可达 2A，但响应速度较慢，寿命较短。SR30 接线图如图 6-17 所示。

注意：ST30 能承受的电压低、电流小，但响应速度快，寿命长；SR30 能承受的电压高、电流大，但响应速度慢，寿命短。

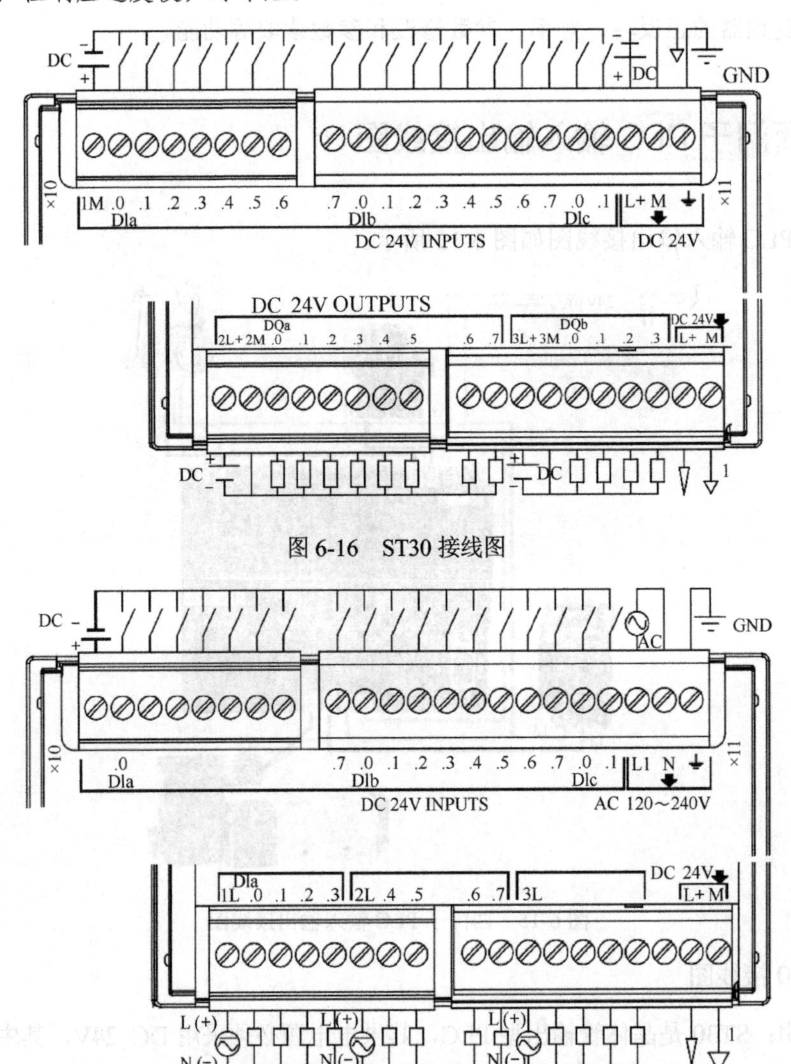

图 6-16　ST30 接线图

图 6-17　SR30 接线图

6.16　西门子 PLC 控制步进电机接线图

PLC 的脉冲信号和方向信号均为 24V 的信号，而步进驱动器默认为 5V 输入，因此需要串接一个 2KΩ/1W 的电阻，以防烧坏步进驱动器，但如果选择的步进驱动器支持 24V 输入，则无须串接电阻。

注意：西门子 PLC 的输出为正信号，分别接到“脉冲+”端和“方向+”端，“脉冲−”端和“方向−”端一起接到电源的负极，因此称为共阴接法。如果使用三菱等其他输出负信号的 PLC，则 PLC 的输出分别接到“脉冲−”端和“方向−”端，而“脉冲+”端和“方向+”

端一起接到电源的正极，称为共阳接法。步进电机的使能端默认是打开状态。使能端在接通时，步进电机将脱离控制，因此使能也称为脱机。

西门子 PLC 控制步进电机接线图如图 6-18 所示。

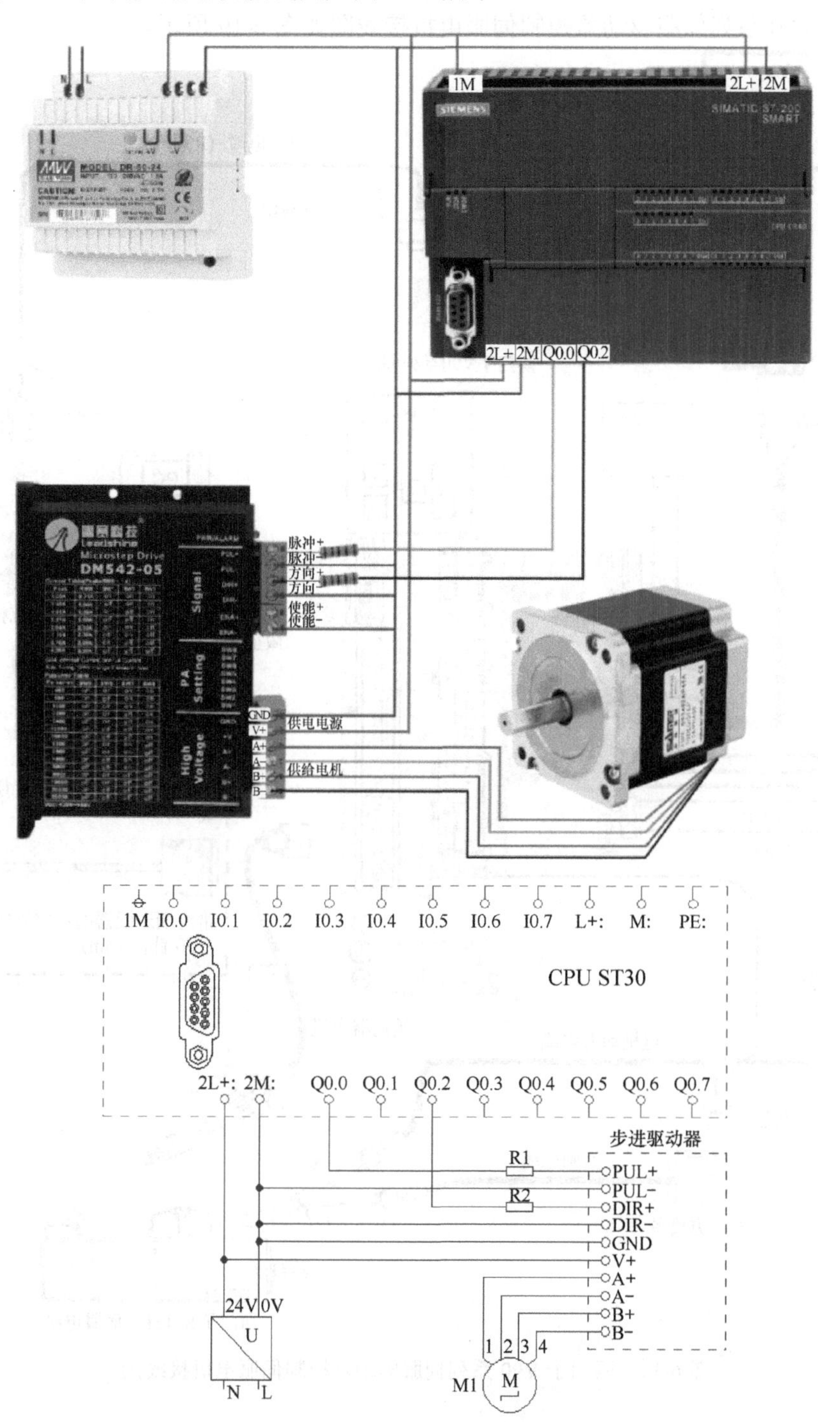

图 6-18 西门子 PLC 控制步进电机接线图

6.17 西门子 V90 系列伺服驱动器控制伺服电机接线图

西门子 V90 系列伺服驱动器控制伺服电机接线图如图 6-19 所示。

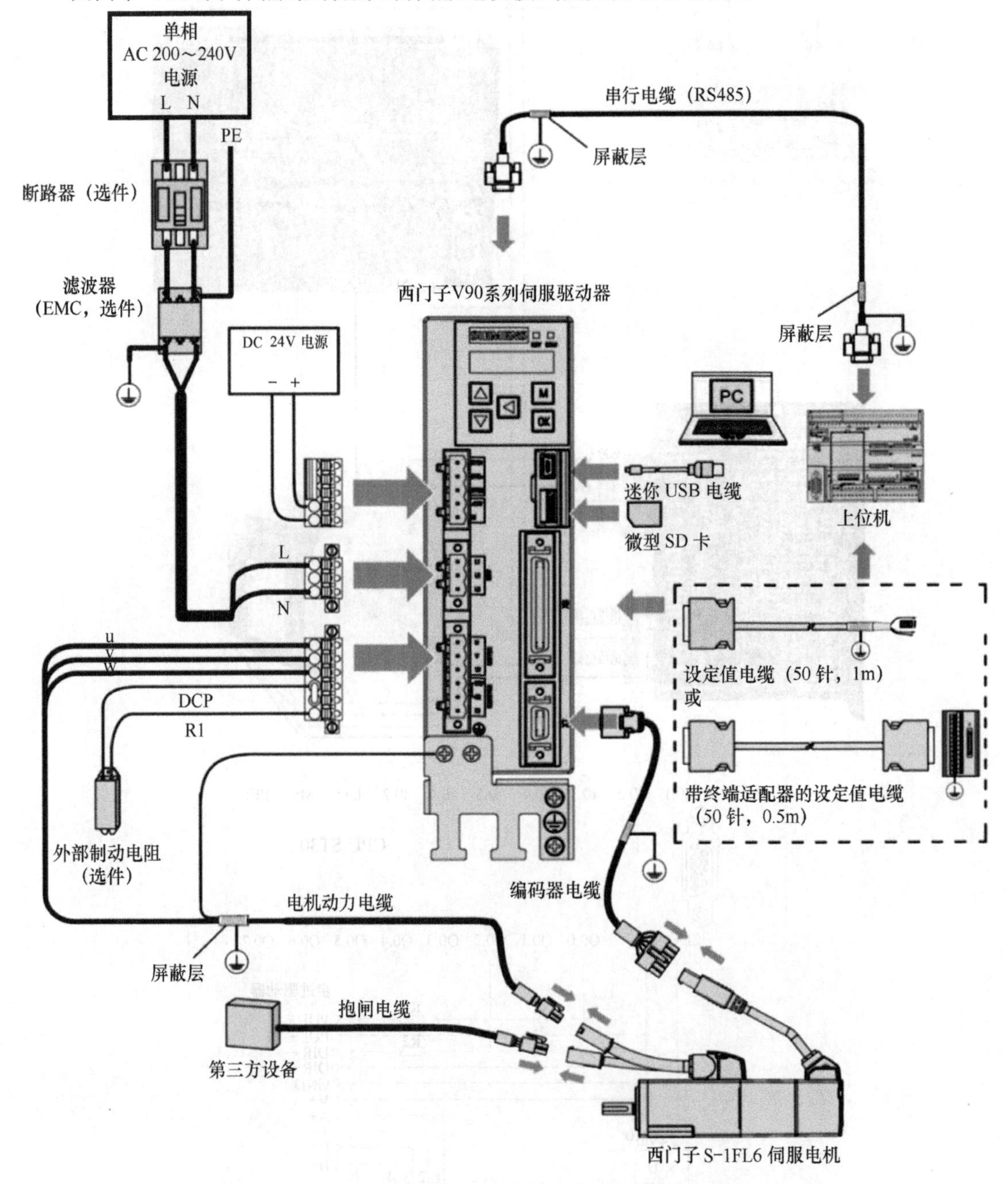

图 6-19 西门子 V90 系列伺服驱动器控制伺服电机接线图

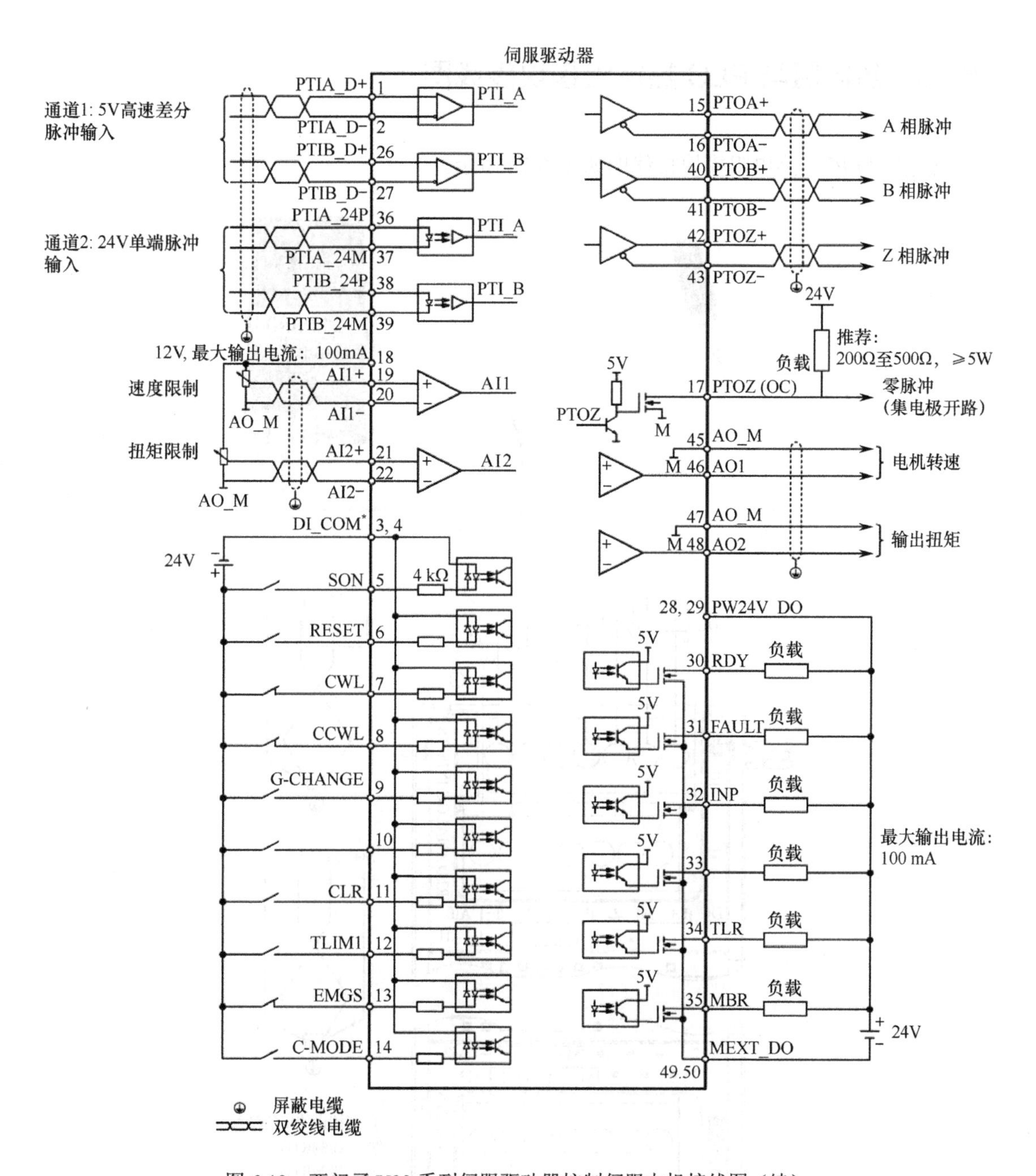

图 6-19　西门子 V90 系列伺服驱动器控制伺服电机接线图（续）

控制说明：西门子 V90 系列伺服驱动器的控制回路和主回路采用分开供电的方式进行控制。控制回路使用 DC 24V 电源供电，主要用于给面板及内部控制板供电，在设置参数时，必须打开控制回路的电源。主回路采用 AC 220V 或 380V 电源供电，主要用于给内部主电路板及伺服电机供电，在运行时，必须打开主回路的电源。

6.18 热电阻与 PLC 热电阻模块接线图

热电阻与 PLC 热电阻模块接线图如图 6-20 所示。

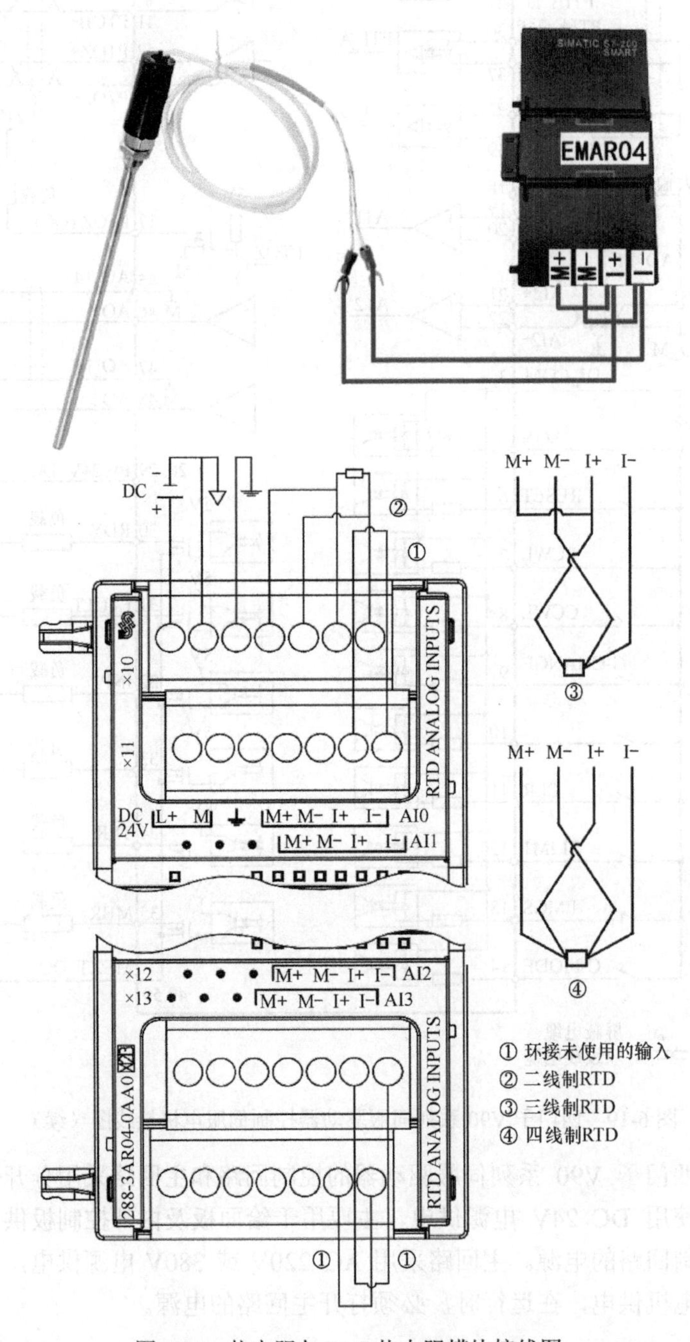

图 6-20　热电阻与 PLC 热电阻模块接线图

控制说明：只有专用的热电阻模块才能直接识别热电阻传感器的信号。热电阻传感器有两线式、三线式和四线式之分，分别对应图 6-20 中的②③④。未使用的通道需要用导线短接，从而起到抗干扰的效果。

6.19 温度控制模拟量模块输入输出接线图

温度控制模拟量模块输入输出接线图如图 6-21 所示。

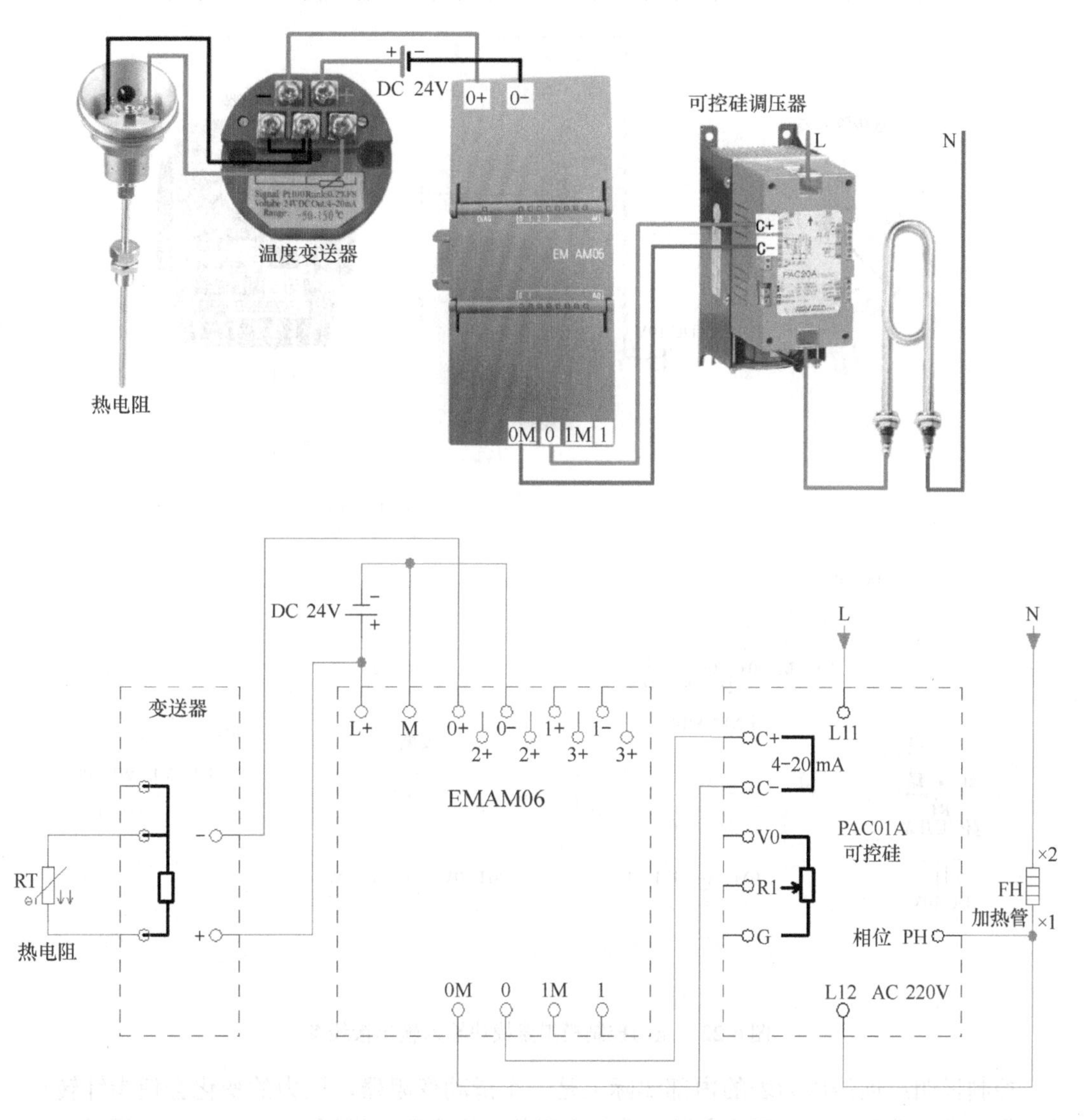

图 6-21　温度控制模拟量模块输入输出接线图

控制说明：西门子 EMAM06 模块包括四路模拟量输入通道、两路模拟量输出通道，可以识别正负 10V 的电压信号或 0～20mA 的电流信号。温度变送器将热电阻信号变送成

4～20mA 的电流信号，并将两线制电流型传感器与电源串联，从而在供电的同时形成电流，并供至模拟量模块的输入通道。模拟量模块的输出通道会输出 4～20mA 的电流信号，通过控制可控硅调压器来改变输出电压，从而控制温度变化。

6.20 压力控制模拟量模块输入输出接线图

压力控制模拟量模块输入输出接线图如图 6-22 所示。

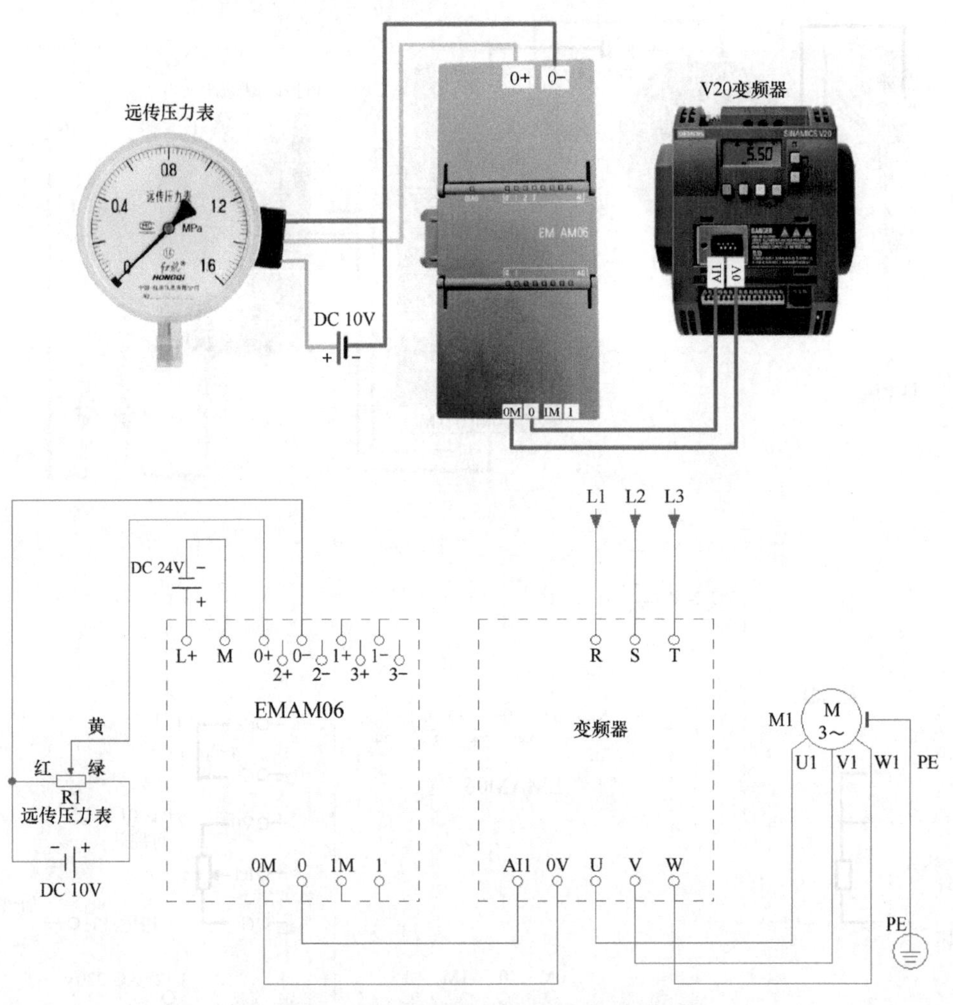

图 6-22 压力控制模拟量模块输入输出接线图

控制说明：远传压力表的内部实际上是一个滑动变阻器，压力的变化会使指针转动，进而带动滑动端移动，从而改变滑动端的电阻值。当电阻两端通上 DC 10V 电压时，在滑动端与负极之间会形成 0～10V 的模拟电压信号。这个模拟电压信号可以被模拟量模块的输入通道识别。模拟量模块的输出通道可输出 0～10V 的电压信号，用于控制变频器的频率，进而实现对压力的控制。

6.21　PLC 控制变频器恒压供水“一拖三”电路

PLC 控制变频器恒压供水“一拖三”电路如图 6-23 所示。

控制说明：恒压供水系统常用于居民生活用水和工业用水中。为了节能和延长恒压供水系统的使用寿命，通常采用多台小水泵进行设计，最常见的是“一拖三”方案。为了节约成本，恒压供水系统只设计一台变频器，需要轮流切换使用各个水泵。其工作原理如下。

- 当用水量较小时，启动一台水泵进行变频运行。
- 随着用水量的增加，变频器根据反馈的水压逐步增加频率，直至达到 50Hz。
- 若水压仍无法达到设定压力，则切换至工频供电，并启用下一台水泵进行变频恒压运行。
- 若第二台水泵仍无法满足需求，则切换至工频供电，并启用第三台水泵进行变频恒压运行。
- 当用水量减少时，变频器会自动减小输出频率。
- 若第三台水泵的频率降至下限频率，但压力仍高于设定压力，则自动切断第一台水泵电源，第二台水泵切换至工频运行，第三台水泵仍进行变频恒压运行。
- 当用水量继续减小，变频器的输出频率再次降至下限时，切断第二台水泵电源，仅剩第三台水泵进行变频恒压运行。

这样的自动增泵和减泵过程实现了恒压供水的要求，既满足了供水需求，又节约了能源。

图 6-23　PLC 控制变频器恒压供水“一拖三”电路

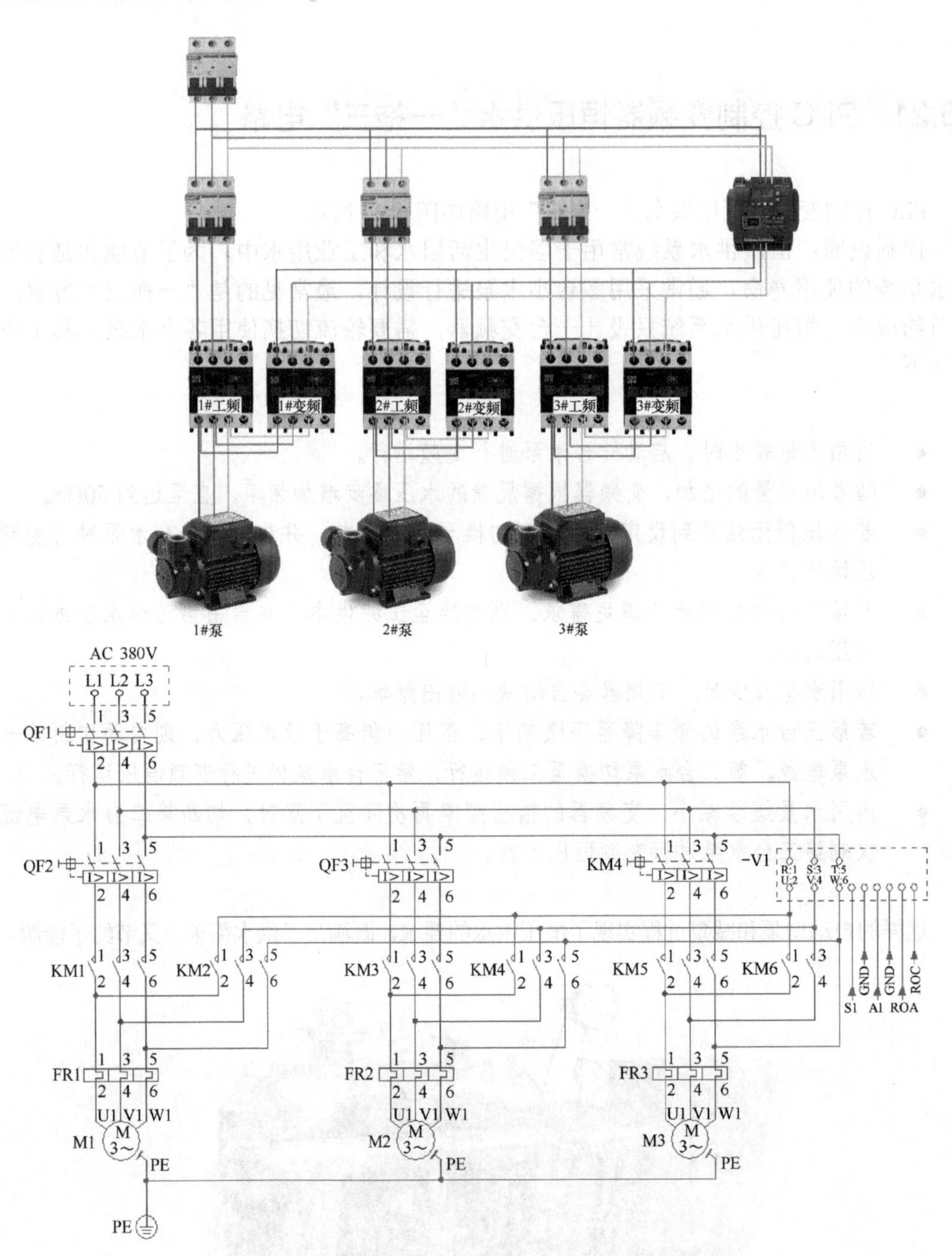

图 6-23　PLC 控制变频器恒压供水“一拖三”电路（续）

课 后 习 题

1．请简要说明三相电机自锁电路的控制过程。

2．请简要说明三相电机带过载保护启停电路的控制过程。

3．请简要说明三相电机手动正反转运行电路的控制过程。

第 7 章

EPLAN 电气制图软件的应用

学习目标

本章主要简单介绍 EPLAN，让读者了解使用 EPLAN 软件绘制电气图纸的优势及方法，并对软件的界面进行简单设置。

7.1 初识 EPLAN 软件

7.1.1 EPLAN 软件介绍

EPLAN 软件是由德国 EPLAN 公司开发的电气自动化设计和管理软件，应用较为广泛。

1．高效的画图软件

EPLAN 软件提供了不同标准的符号库。电气设计人员可方便地绘制代表部件的图形符号；基于数据库的连线表示方式，无须绘制导线即可实现部件的电气连接。

2．高效的设计软件

EPLAN 软件提供了元器件库的链接，方便电气设计人员选型；基于完整的设计信息，通过表格、图表或图形化的方式展示用户的使用要求。图 7-1 为 EPLAN Electric P8 主界面。

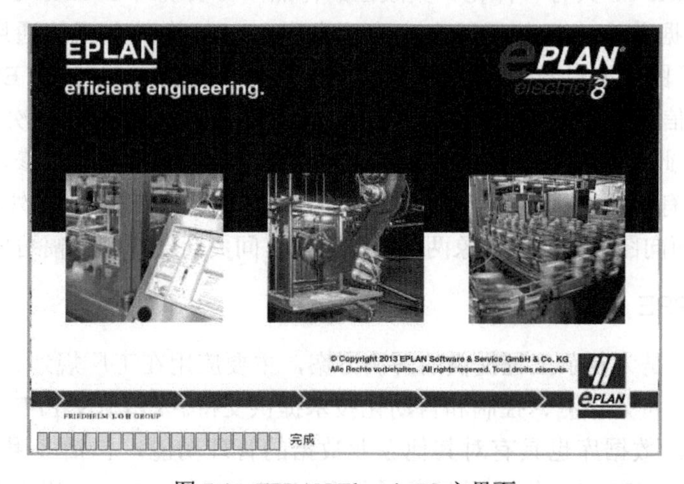

图 7-1 EPLAN Electric P8 主界面

3．高效的设计平台

EPLAN 软件是电气领域中的计算机辅助工程（Computer Aided Engineering，CAE）软件。CAE 利用计算机对电气产品或工程进行设计、分析、仿真、制造和数据管理。

EPLAN 软件以电气设计为核心平台，同时将液压、气动、工艺流程、仪表控制、柜体安装、三维布置、仿真设计、制造等多专业的设计和管理统一扩展到同一平台上，实现跨专业、多领域的集成设计。

7.1.2 EPLAN 的发展历史

EPLAN 公司成立于 1984 年，总部位于德国。EPLAN 公司的软件产品主要包括 EPLAN 5、EPLAN 21、EPLAN Electric P8、EPLAN PPE 等。

1．EPLAN 5

EPLAN 5 是标准的电气 CAE 系统，在项目设计的各个阶段为设计工程师提供全面的支持，通过与其他应用程序的数据沟通，可以创造出高度整合的系统环境。其界面功能不仅可以跨越国际和行业的界限，而且可以大幅度地缩短很多自动化功能的开发周期。

2．EPLAN 21

EPLAN 21 的特点是无语言障碍和不依赖标准，适用于国际化的电气工程项目。在设计阶段，EPLAN 21 具有广泛的宏、符号库和自动生成功能，节省了开发时间，降低了经济成本。此外，EPLAN 21 具有良好的开放性。用户可自行决定开发工作的起点，通过通用的界面和应用程序接口（API）使数据交换得以优化，从而方便、快捷地将 EPLAN 21 整合到用户的过程链中。同时，它还为用户提供丰富的插件，如增强插件、翻译插件、接口插件、协同插件等。

3．EPLAN Electric P8

EPLAN Electric P8 具有一体化、集成性的特点，可实现对 EPLAN 5 和 EPLAN 21 两种软件版本的数据兼容，在共用平台上实现各种 CAE 体系之间的通用功能。EPLAN Electric P8 集成了图形编辑器、用户权限管理和阅读器数据库。EPLAN Electric P8 在统一的平台上工作，信息来自于共同的数据库，无须附加接口，解决了多次数据输入及数据不一致的问题。此外，平台还包括其他功能，如在线/离线翻译和修订功能。EPLAN Electric P8 在所有应用中采用统一的外观界面，简化了用户操作。此外，通过宏变量技术，用户可以在面向图形和面向对象两种工作方式之间灵活选择，大幅缩短了设计时间。

4．EPLAN PPE

EPLAN PPE 是为复杂工程提供的解决方案，主要应用在工厂规划、生产流程设计、过程控制等领域，可为检测、控制和自动化技术提供支持。EPLAN PPE 对复杂工程设计的效果较为显著，数据库也具有对其他企业数据的管理功能，包括多用户管理和项目成本跟踪等。此外，EPLAN 公司还开发了具备 2D/3D 设计能力、用于机械制造领域的

LOGOCAD TRIGA；根据高效配电柜设计标准开发的 EPLAN Cabinet；可按照用户要求定制的种类丰富的模块、插件和数据库等。

7.1.3　EPLAN 的安装

EPLAN Electric P8 是基于 Windows 的应用程序，安装步骤如下。

❶ 双击如图 7-2 所示的程序安装包 Setup。

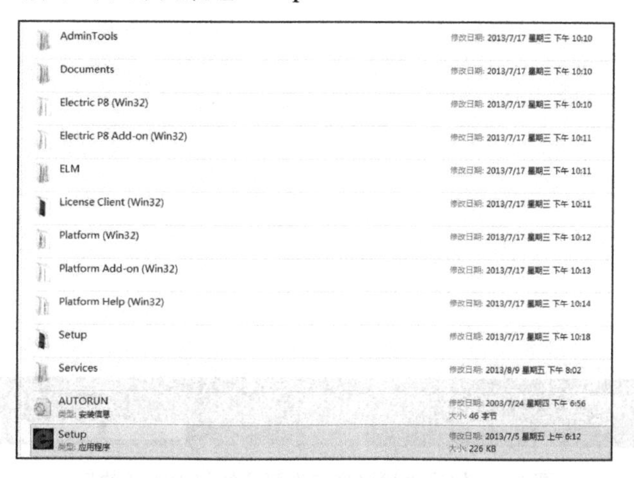

图 7-2　双击程序安装包 Setup

❷ 进入程序安装窗口，软件默认的可用程序为 Electric P8（Win32），安装程序主要取决于安装包的产品类型和安装位数：如果当前安装包的安装位数为 32 位，则软件默认安装 32 位电气产品，如图 7-3 所示。

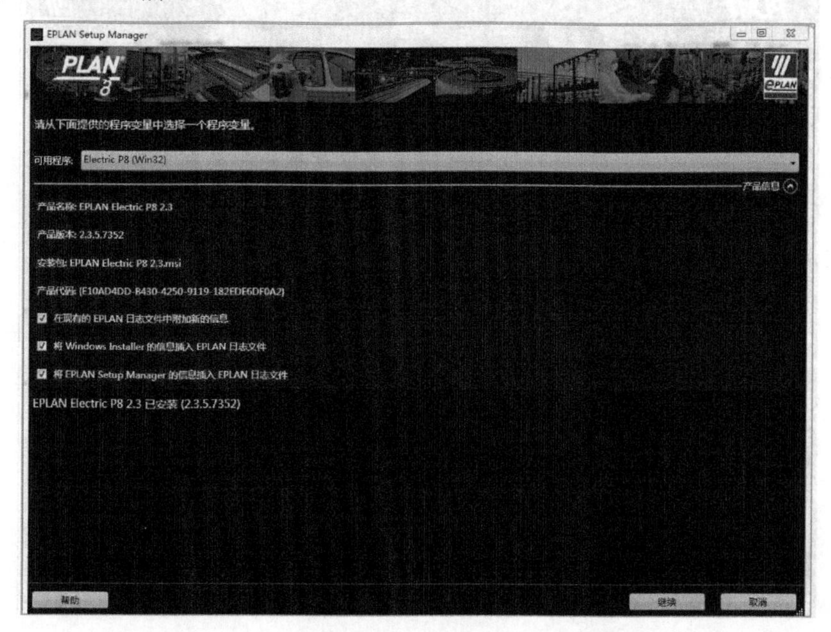

图 7-3　默认的可用程序 Electric P8（Win32）

❸ 单击“继续”按钮，进入同意许可证协议界面。勾选“我接受该许可证协议中的条款”，如图 7-4 所示。

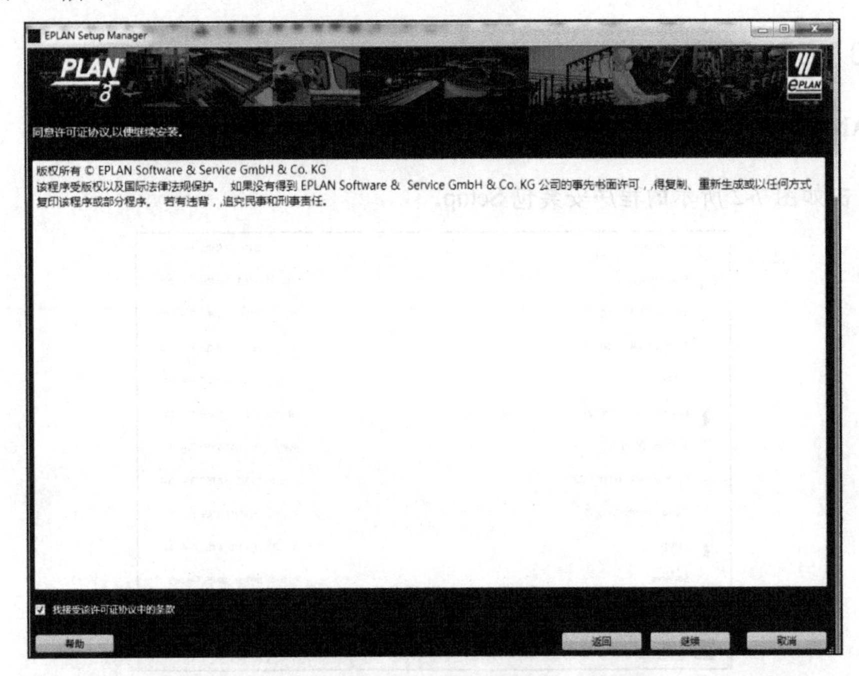

图 7-4 勾选“我接受该许可证协议中的条款”

❹ 单击“继续”按钮，确定待安装的程序文件、主数据和程序设置的目标目录，如图 7-5 所示。

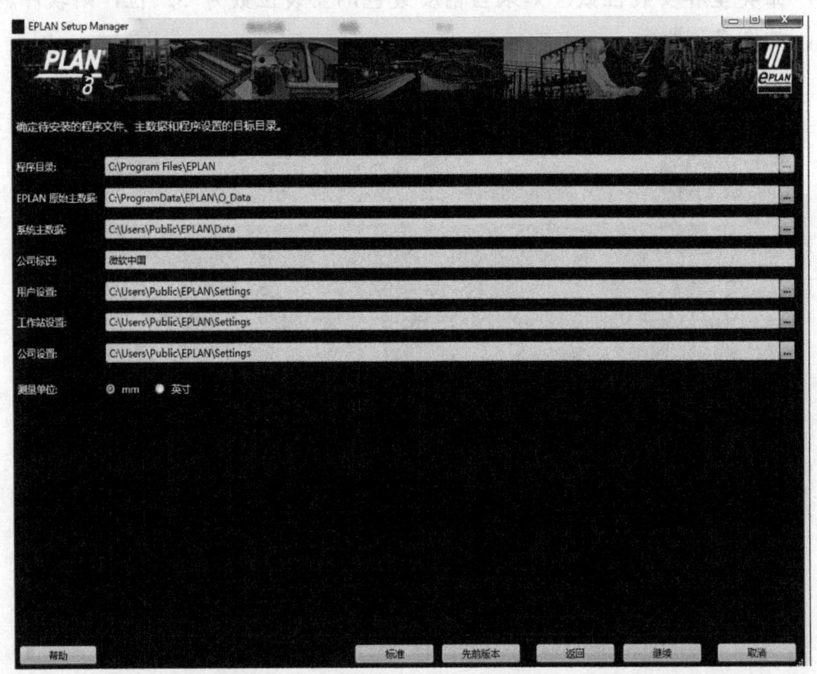

图 7-5 确定待安装的程序文件、主数据和程序设置的目标目录

- 程序目录：EPLAN 主程序的安装目录。
- EPLAN 原始主数据：原始符号库、图框、表格、字典和部件中的数据。
- 系统主数据：用户所需的主数据，主要包括用户项目中所需的符号、图框、表格、字典及部件等主数据，区别于 EPLAN 原始主数据。
- 公司标识：用户自定义的公司标识和缩写。
- 用户设置和工作站设置：用户自定义设置的存储目录。
- 测量单位："mm"和"英寸"。在设置测量单位为"mm"时（系统默认的测量单位），软件会自动安装国际电工委员会（IEC）标准库及文件；在设置测量单位为"英寸"时，软件会自动安装 JIC 标准库及文件。
- 帮助：软件的帮助文档可通过在线和本地两种方式打开，系统默认选择在线方式打开帮助文档。

❺ 单击"继续"按钮，进入用户自定义安装界面，如图 7-6 所示。单击"用户自定义安装"下拉按钮，展开待安装的程序功能、主数据和语言选项。在"主数据类型"窗格内，勾选需要安装的主数据，例如，"表格""宏""配置""符号""模板"等。在"界面语言"窗格中，勾选需要安装的语言类型。在"测量单位"下拉列表中选择"mm"，在"激活"下拉列表中选择"中文（中国）"。单击"安装"按钮，即可开始 EPLAN 软件安装。软件安装完成后，单击"完成"按钮，如图 7-7 所示。

图 7-6　用户自定义安装界面

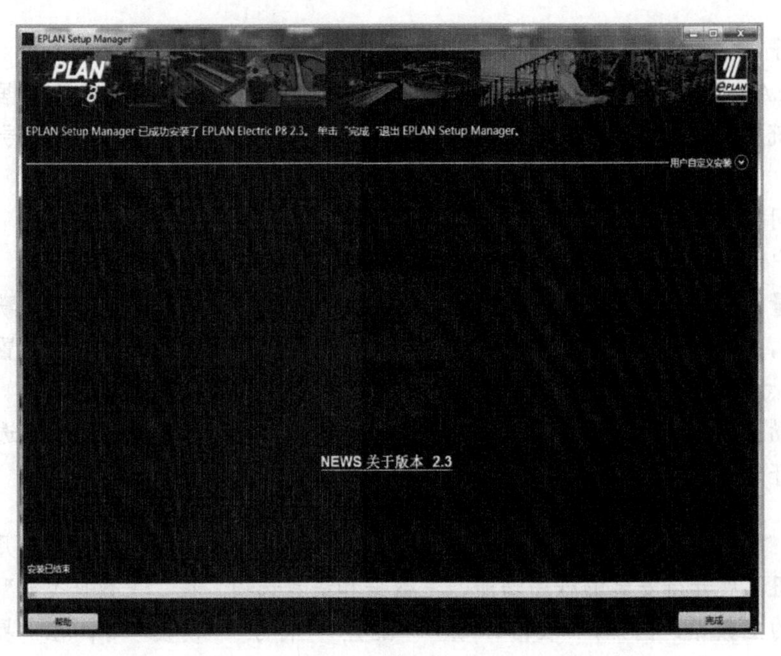

图 7-7　软件安装完成

7.1.4　EPLAN 的启动

在安装 EPLAN 后，必须拥有软件保护（加密狗）和有效的许可证才能使用 EPLAN，或者安装 EPLAN Electric P8 Trial（试用版本），可免费使用 30 天，但在打印图纸时图纸中有水印。

启动 EPLAN 的方式有两种：从 Windows 的"开始"菜单启动（见图 7-8）；双击桌面上的 EPLAN 图标，在打开的过程中会弹出如图 7-9 所示的"选择菜单范围"对话框，选中"专家"单选按钮，如果选择其他用户，则有些功能不能使用。

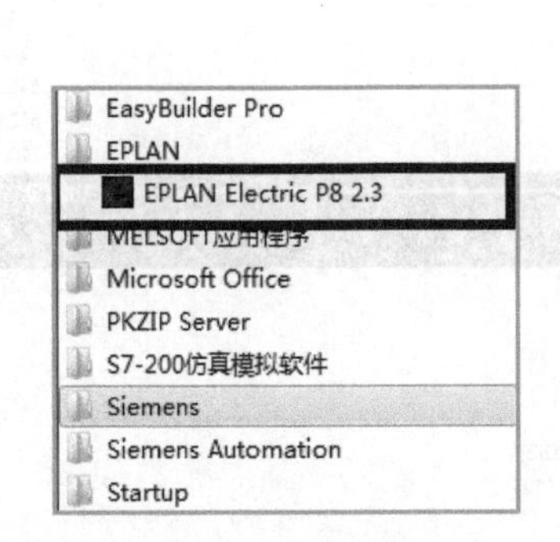

图 7-8　从 Windows 的"开始"菜单启动

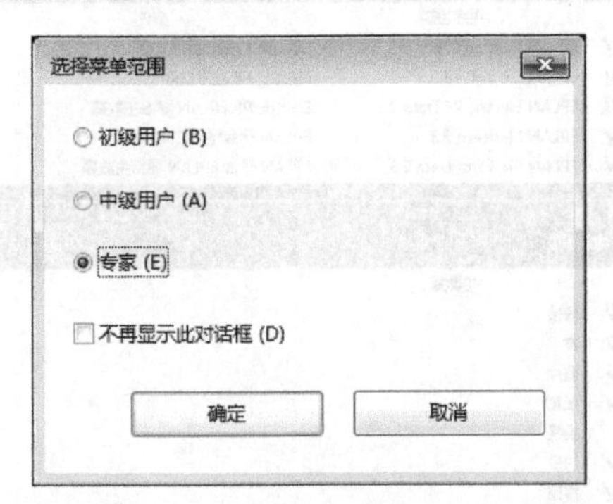

图 7-9　"选择菜单范围"对话框

7.1.5　EPLAN 的退出

退出 EPLAN 的方式有三种：通过选择菜单栏中的"项目"→"退出"命令关闭 EPLAN（见图 7-10）；直接单击界面右上角的"×"按钮关闭 EPLAN；通过快捷键

“Alt+F4”关闭EPLAN。

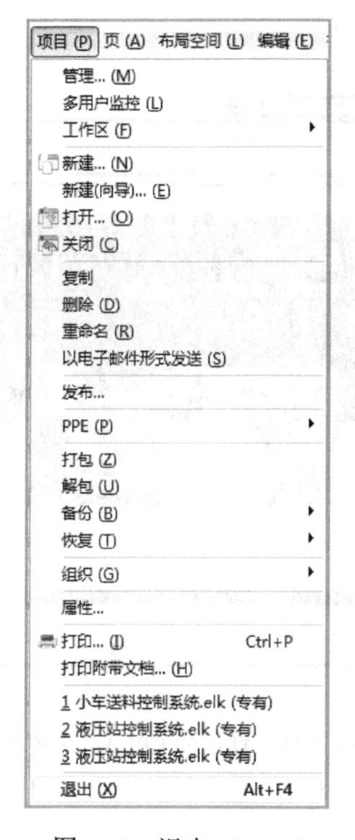

图7-10　退出EPLAN

注意：用户可随时退出，EPLAN 会自动保存所有数据、设置、相关界面，并在下一次启动时作为预开启界面再次打开。

7.1.6　EPLAN的主界面

启动EPLAN后，默认打开的EPLAN主界面如图7-11所示。该界面是程序的工作区域，尺寸和位置均可更改。软件主界面主要包含标题栏、菜单栏、工具栏、页导航器、图形预览、绘图区等。

❶ 标题栏：如果已打开某个项目，则标题栏会显示当前项目名称及已打开页的名称。

❷ 菜单栏：菜单栏位于标题栏下方，包括重要的命令和对话框的调用。

❸ 工具栏：工具栏位于菜单栏下方，由几十个按钮组成。既可通过这些按钮直接调用EPLAN的重要功能，也可根据习惯选择显示常用的工具按钮。

❹ 页导航器：用于显示所有已打开项目的页，有两种显示类型：树结构视图和列表视图。在树结构视图中，根据页类型和标识（如“工厂代号”“安装位置”等），以等级的排列方式显示页；在列表视图中，以表格的形式显示页，单击相应的页可在不同的页之间切换。在页导航器中，可编辑同一个项目的页，如复制页、删除页或更改页，但不能同时编辑不同项目的多个页。

❺ 图形预览：显示缩小的视图，可借助此区域快速查找项目的各个页。

❻ 绘图区：绘制图纸的区域。

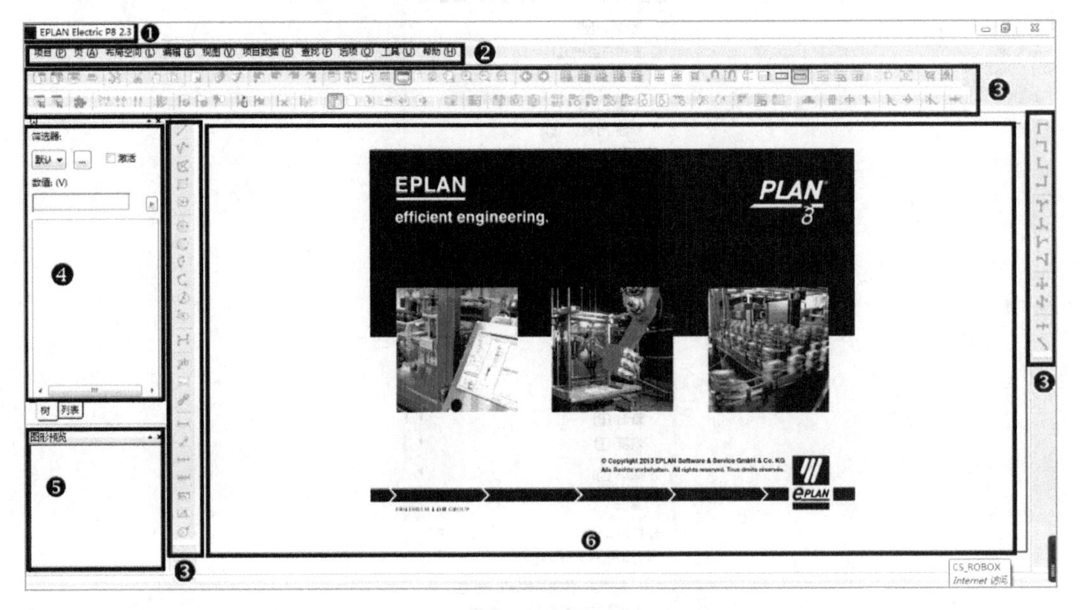

图 7-11　默认的 EPLAN 主界面

7.1.7　自定义工作区域

在 EPLAN 的操作过程中，可激活/关闭/编辑预定义的工具栏、更改按钮的显示形式、创建个人工具栏并设置想要的命令、编辑/删除用户自定义的工具栏。

右键单击“工具栏”，在弹出的快捷菜单中选择“调整”命令，如图 7-12 所示，打开“调整”对话框。

图 7-12　快捷菜单

- 在“工具栏”选项卡中（见图 7-13），需要显示哪个工具栏，勾选对应的复选框即可。单击“新建”按钮，打开“新配置”对话框，可自定义工具栏，如图 7-14 所示。自定义工具栏后，在保存过程中将打开“工作区域”对话框，单击“保存”按钮，弹出“覆盖”提示框，如图 7-15 所示，单击“确定”按钮将覆盖之前的配置。
- 在“命令”选项卡中（见图 7-16），可查看不同类别的工具。通过将按钮拖向工具栏，可编辑预定义的工具栏或用户自定义的工具栏。

注意：如果误将某些常用窗口或工具栏关闭了，则恢复原始视图即可：选择菜单栏中的“视图”→“工作区域”→“默认”→“确定”命令，即可恢复原始视图。

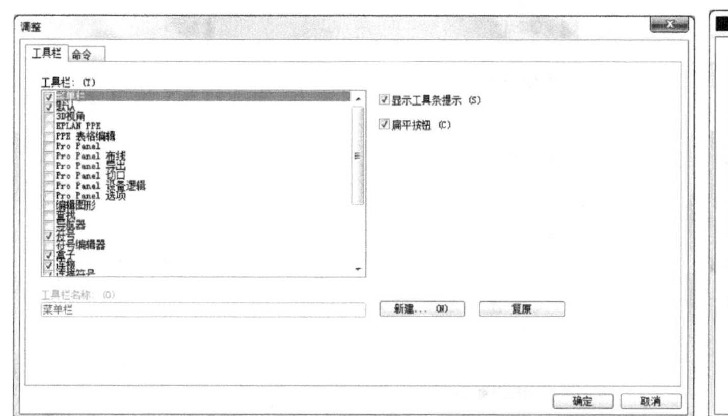

图 7-13　“工具栏”选项卡

图 7-14　“新配置”对话框

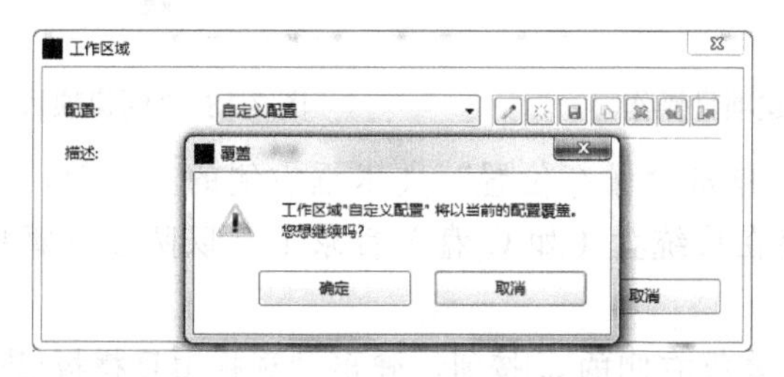

图 7-15　“工作区域”对话框

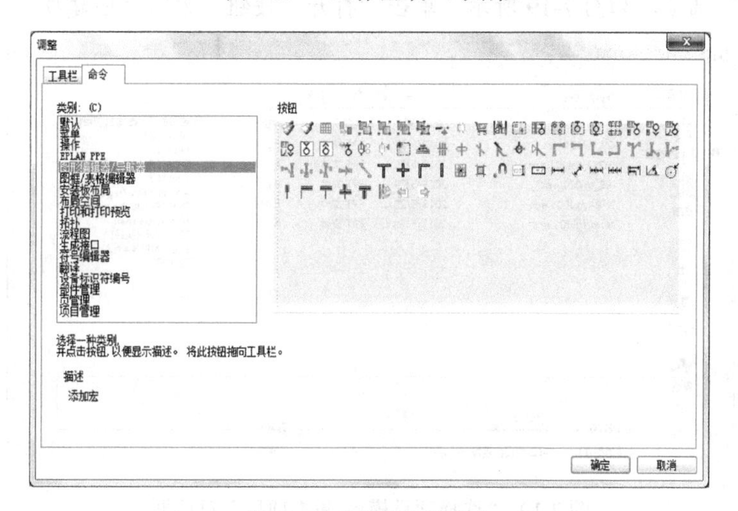

图 7-16　“命令”选项卡

7.2　项目编辑和管理

7.2.1　创建项目

❶ 选择菜单栏中的“项目”→“新建”命令，如图 7-17 所示，弹出“创建项目”对话框，如图 7-18 所示。

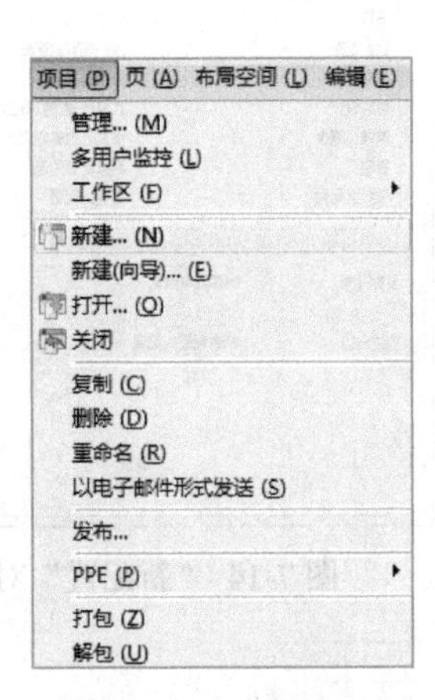

图 7-17 创建项目操作

图 7-18 “创建项目”对话框

❷ 输入项目名称，单击“保存位置”文本框右侧的...按钮，选择项目的保存位置。注意：不要将项目保存在系统盘（如 C 盘）目录下，以防在计算机或系统出现故障时无法恢复项目文件。

❸ 单击“模板”文本框右侧的...按钮，弹出“选择项目模板/基本项目”对话框。选择“GB_tpl001.ept”选项，如图 7-19 所示。单击“打开”按钮，返回“创建项目”对话框。

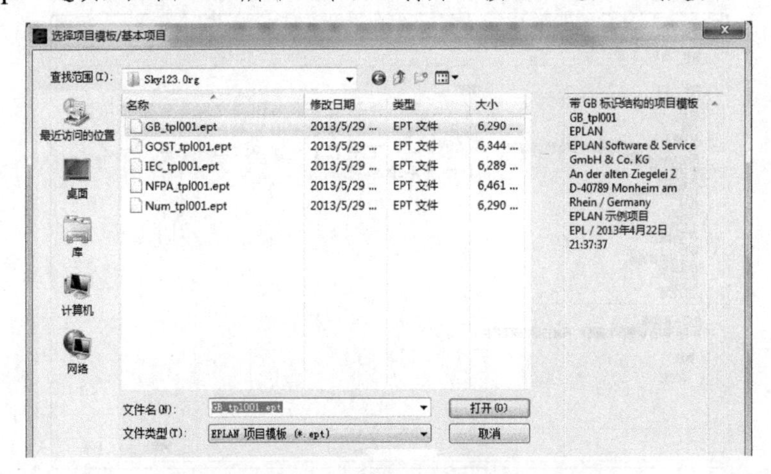

图 7-19 “选择项目模板/基本项目”对话框

- GB_tpl001.ept：内置 GB 标准标识结构的基本项目模板，自带 GB 标准符号库、图框及表格数据库。
- GOST_tpl001.ept：内置 GOST 标准标识结构的基本项目模板，自带 GOST 标准符号库、图框及表格数据库。
- IEC_tpl001.ept：内置 IEC 标准标识结构的基本项目模板，自带 IEC 标准符号库、图框及表格数据库。
- NFPA_tpl001.ept：内置 JIC 标准标识结构的基本项目模板，自带 JIC 标准符号库、图框及表格数据库。

- Num_tpl001.ept：内置带顺序编号的标识结构的基本项目模板，自带 IEC 标准符号库、图框及表格数据库。

❹ 勾选“设置创建日期”复选框，创建日期可通过后面的按钮设置。

❺ 勾选“设置创建者”复选框，创建者名称可直接输入，如图 7-20 所示。单击“确定”按钮，软件将自动导入项目模板，如图 7-21 所示。

图 7-20　设置创建日期及创建者

图 7-21　导入项目模板

❻ 设置项目属性，如图 7-22 所示，设置后即可完成项目创建。

图 7-22　设置项目属性

7.2.2 打包和解包项目

EPLAN 项目的存储形式包含一个名为“工控帮教材.edb”的文件夹和一个名为“工控帮教材.elk”的快捷方式，且存储文件较大。在保存或者发送项目时，两个文件必须同时存在，否则可能导致项目无法打开。此时，可以利用打包功能将项目打包后再进行存储，不仅可以减小存储空间，还能减少存储的文件数量。

项目打包是将项目压缩成一个节省存储空间的项目，一般用于项目的归档处理。项目解包是项目打包的逆操作，通过解包将项目解压到软件中。

1. 打包项目

❶ 在页导航器中选中要打包的项目，选择菜单栏中的“项目”→“打包”命令，如图 7-23 所示。在弹出的“打包项目”对话框中勾选“不再显示此对话框”复选框后，单击“是”按钮，即可直接进入打包流程，如图 7-24 所示。

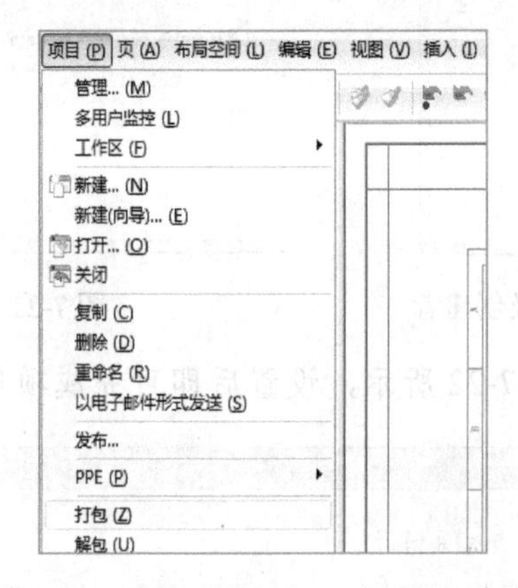

图 7-23 选择“项目”→“打包”命令

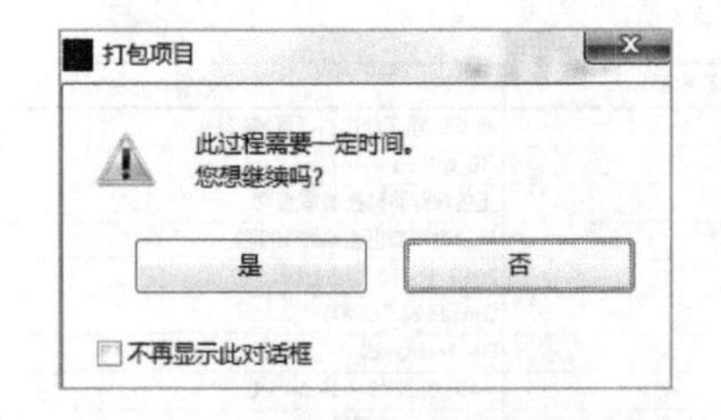

图 7-24 “打包项目”对话框

❷ 打包完成后返回到存储目录查看打包的文件夹，虽然其存储形式还是之前的一个名为“工控帮教材.edb”的文件夹和一个名为“工控帮教材.elk”的快捷方式，但文件夹的大小已比之前小了很多，并且文件夹里只有两个文件了。

2. 解包项目

若想将打包后的文件再次打开，则需要进行解包操作。解包的操作有两种：一是手动解包；二是直接打开项目自动解包。手动解包的操作如下：

❶ 选择菜单栏中的“项目”→“解包”命令，弹出“打开项目”对话框。

❷ 选中要解包的项目（扩展名为“.elp”），单击“打开”按钮即可，如图 7-25 所示。

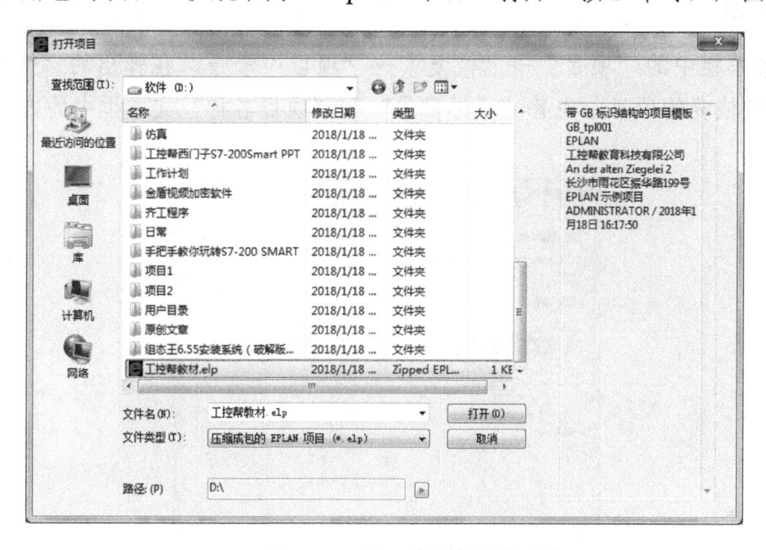

图 7-25 “打开项目”对话框

7.2.3 备份和恢复项目

1. 备份项目

❶ 选择菜单栏中的“项目”→“备份”→“项目”命令，如图 7-26 所示。

❷ 弹出“备份项目”对话框，在“方法”下拉列表中选择“另存为”选项，在“备份目录”文本框中选择备份路径，如图 7-27 所示。

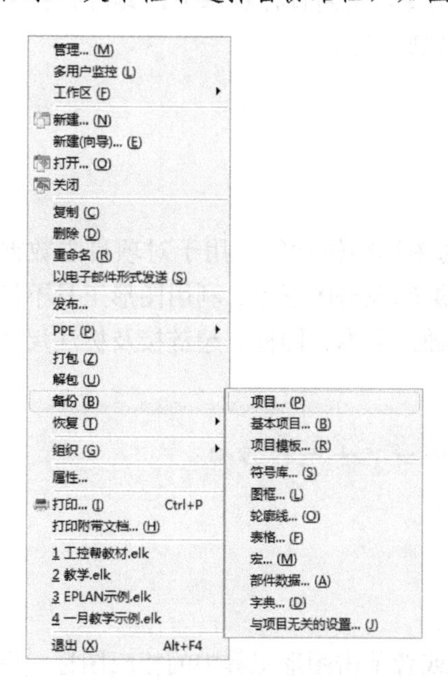

图 7-26 选择菜单栏中的命令

图 7-27 “备份项目”对话框

❸ 设置完成后，单击“确定”按钮，软件自动将项目备份至指定路径下。

2. 恢复项目

❶ 选择菜单栏中的“项目”→“恢复”→“项目”命令，在弹出的“恢复项目”对话框中，选择需要恢复的项目，完善“目标目录”和“项目名称”文本框中的内容，如图 7-28 所示。

图 7-28 “恢复项目”对话框

❷ 设置完成后，单击“确定”按钮，软件自动将项目恢复到目标目录下。此时将弹出“恢复”对话框，提示项目被成功恢复，单击“确定”按钮即可。

7.3 图形使用

EPLAN 工具栏中的图形工具具有类似于 CAD 的图形编辑功能，用于对项目主数据中的符号图形进行绘制、修改，以及绘制图框标题栏、编辑表格图形等。利用图形工具不仅可以绘制直线、折线、弧线、圆、曲线等图形，还可以插入文本、图框、超链接及标注尺寸等，如图 7-29 所示。

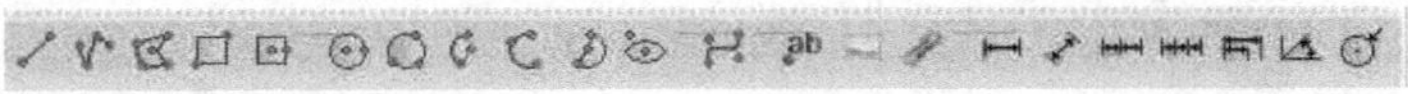

图 7-29 图形工具

7.3.1 绘制图形

选择菜单栏中“插入”→“图形”下的相应命令，或者单击图形工具中的相应图标，可绘制不同类型的图形，如图 7-30 所示。

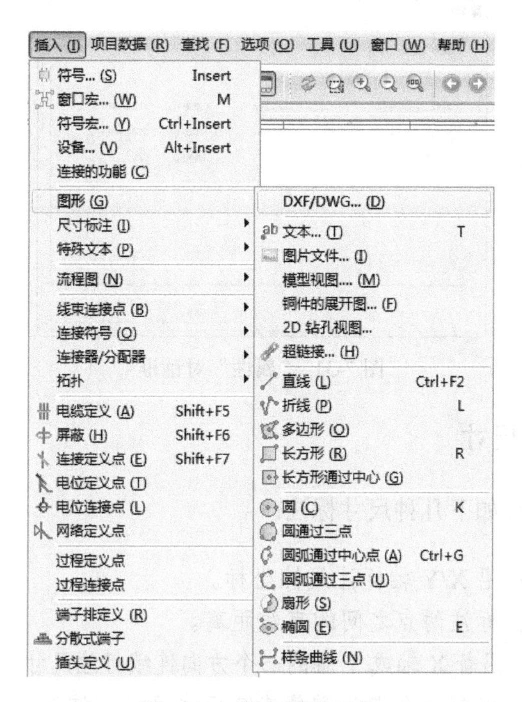

图 7-30　调出图形工具

对常用图形工具的说明如下。

- 文本：插入文字注释。
- 图片文件：插入外部图片。
- 超链接：插入外部链接，如网址等。
- 直线：绘制直线。
- 折线：绘制多条折线。
- 多边形：绘制各种不规则的多边形。
- 长方形：绘制长方形。
- 长方形通过中心：通过确定中心点绘制长方形。
- 圆：通过圆心与半径画圆。
- 圆通过三点：通过圆弧上的三点画圆。
- 圆弧通过中心点：通过圆心、半径及圆弧上的两点选择部分圆弧。
- 圆弧通过三点：通过三点绘制圆弧。
- 扇形：通过圆心、半径及圆弧上的两点绘制扇形。
- 椭圆：绘制椭圆。
- 样条曲线：绘制曲线。

在图形绘制完成后，如果需要修改尺寸参数，则可双击图形，打开“属性”对话框，如图 7-31 所示。按照提示修改尺寸参数后，单击“确定”按钮。

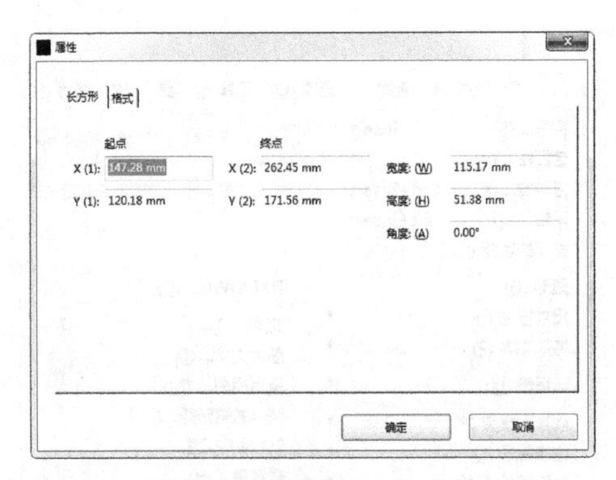

图 7-31 “属性”对话框

7.3.2 标注图形尺寸

对绘制的图形可进行如下几种尺寸标注：

- 线性尺寸标注：沿 X/Y 轴标注线性坐标。
- 对齐尺寸标注：标注两点之间的直线距离。
- 连续尺寸标注：沿着 X 轴或 Y 轴的一个方向连续标注尺寸，按 Esc 键可结束标注。
- 增量尺寸标注：以前一个点为增量连续标注尺寸，按 Esc 键可结束标注。
- 基线尺寸标注：所有尺寸都以一个点为基准进行线性连续标注。
- 角度尺寸标注：对角度进行标注。
- 半径尺寸标注：对圆弧的半径进行标注。

在标注尺寸时，默认按照实际尺寸进行标注。如果绘制的图形尺寸与实际尺寸不符，则需要手动修改标注：双击尺寸标注，打开“属性”对话框，如图 7-32 所示；取消勾选“自动”复选框，手动输入尺寸即可。

图 7-32 “属性”对话框

7.3.3　编辑图形

在绘图过程中可编辑已绘制的图形，使其按照需要进行变换：选中需要编辑的图形，通过“编辑”菜单可选择编辑工具，如图 7-33 所示。

- 多重复制：若在选中图形后，选择菜单栏中的“编辑”→“多重复制”命令，则会自动弹出“多重复制”对话框，用于设置数量。若在选中元件后，选择菜单栏中的“编辑”→“多重复制”命令，则会弹出“插入模式”对话框，用于询问是否修改编号。
- 移动：用于将选中的图形或元件移到另一个位置。
- 旋转：用于将选中的图形或元件沿着指定的中心点旋转一定的角度。
- 镜像：用于将选中的图形或元件沿着指定中心轴移到对应位置。

若选择菜单栏中的“编辑”→“图形”命令，则显示只针对图形的编辑工具，如图 7-34 所示。

- 比例缩放：将选中的图形进行等比例缩放，并自动弹出“比例缩放”对话框，用于设置比例缩放因数。
- 拉伸：对选择的图形进行拉伸。
- 修剪：对图形多余的部分进行修剪。被修剪的图形自动变成灰色，单击鼠标左键即可完成修剪。
- 修改长度：修改直线的长度。在选择该工具后，单击直线并移动鼠标即可改变长度。
- 圆角：对图形的角执行圆角操作。
- 倒角：对图形的角执行倒角操作。

图 7-33 “编辑”菜单

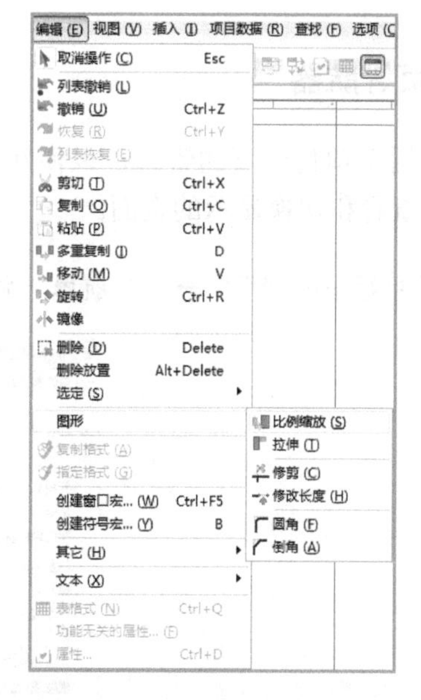

图 7-34　针对图形的编辑工具

插入文本、图片文件、超链接，可丰富电气原理图的设计，使其更加具体。

- 文本包括普通文本和路径功能文本：普通文本只是文字显示，没有其他属性；路径功能文本不仅具有普通文本的文字显示功能，还会将文本内容写入同一路径的设备功能，在设备属性或报表中可显示路径功能文本。
- 在电气原理图的符号旁可插入设备的图片文件，使符号与实物一一对应，以便图纸选型和设备信息核对，如图 7-35 所示。

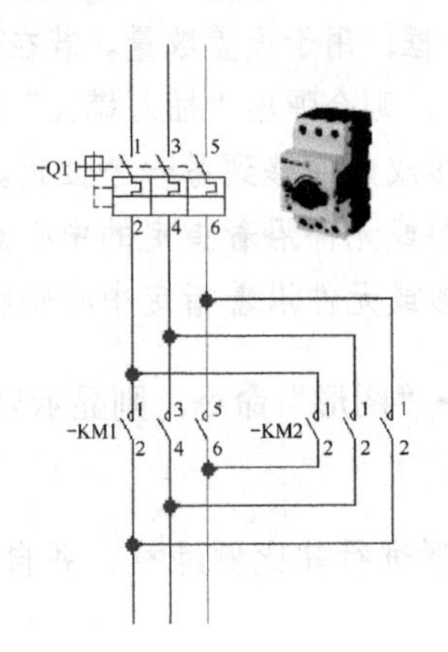

图 7-35　插入设备的图片文件

- 在设计过程中需要经常查阅相关设备的技术文档，为了查阅方便，可将技术文档添加为超链接。添加后只需按“Ctrl+超链接文本”，即可打开相关设备的技术文档。

7.4　页管理

7.4.1　页导航器

页导航器用于项目中页的管理，以便新建页与修改页的属性。与图形预览功能配合，可以很方便地查看和切换显示的页面。

❶ 选择菜单栏中的“页”→“导航器”命令，如图 7-36 所示，即可显示页的导航器。

图 7-36　选择“页”→“导航器”

❷ 导航器通过树结构和列表形式显示项目中的所有图纸，如图 7-37 所示。

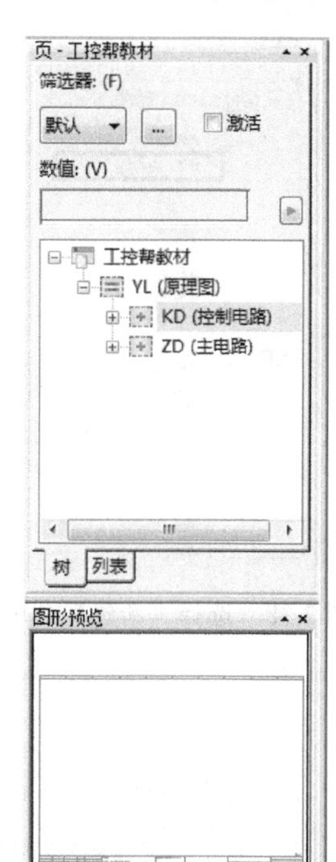

图 7-37　导航器

7.4.2　新建页和删除页

1．新建页

在新建的项目内不包含任何页，需要手动创建不同类型的页，操作步骤如下：

❶ 选择菜单栏中的“页”→“新建”命令，或者按“Ctrl+N”组合键，也可通过页导航器来新建页，例如，选中“工控帮教材”项目后，单击鼠标右键，在弹出的快捷菜单中选择“新建”命令，如图 7-38 所示。

❷ 弹出“新建页”对话框，在此对话框中可设置完整页名、页类型等属性，如图 7-39 所示。

❸ 单击“完整页名：(F)”文本框右侧的…按钮，弹出“完整页名”对话框，可选择页的高层代号和位置代号，如图 7-40 所示。

❹ 单击“页类型：(P)”文本框右侧的…按钮，弹出下拉列表。根据不同的功能，可选择页的不同类型。其中，最常用的是单线原理图（交互式）和多线原理图（交互式），两者之间有什么区别呢？单线原理图（交互式）能够概括性地表达出电控系统的主要组成、选型等信息，便于使用者尽快了解系统配置；多线原理图（交互式），即详细的电气原理图，列出了电控系统中所有器件的连接接口、连接导线的线号、端子号、外接电缆信息、器件型号等。两者的对比如图 7-41 所示。

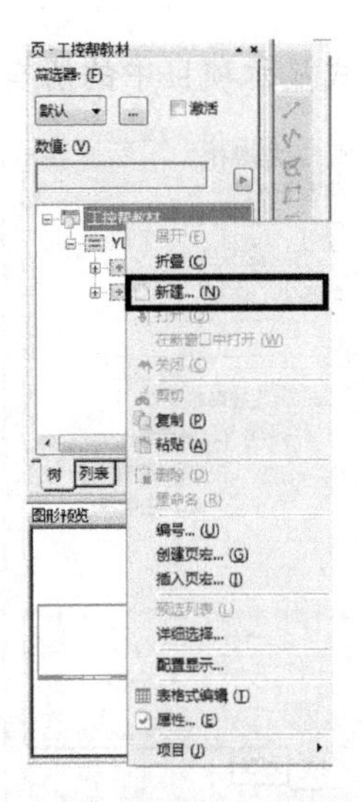

图 7-38　选择“新建”命令

图 7-39　“新建页”对话框

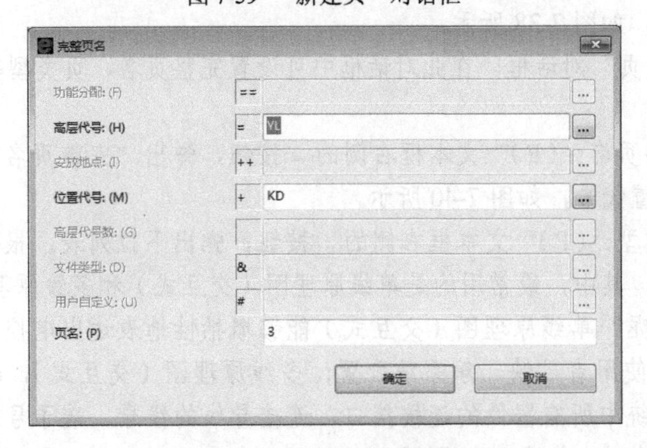

图 7-40　“完整页名”对话框

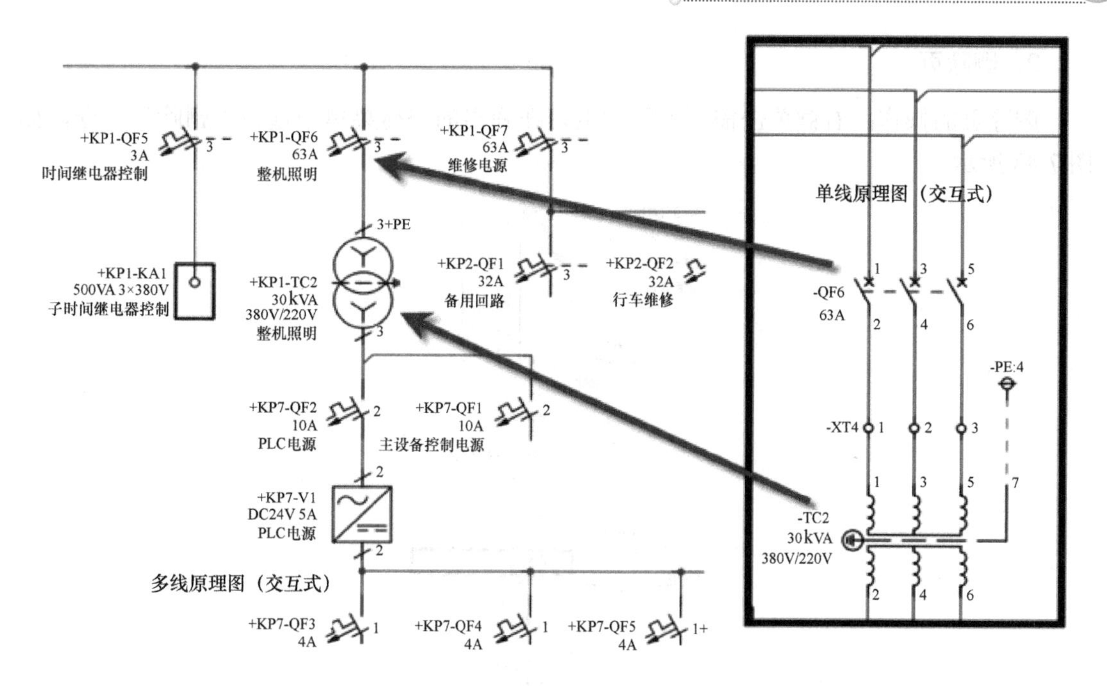

图 7-41　单线原理图（交互式）和多线原理图（交互式）的对比

❺ 在“图框名称”下拉列表中选择“查找”选项，打开“选择图框”对话框，如图 7-42 所示。系统自带部分图框可供选择，如果没有合适的图框，则需要自行绘制图框。在这里选择“GB_A4_001.fn1”图框，单击“打开”按钮。

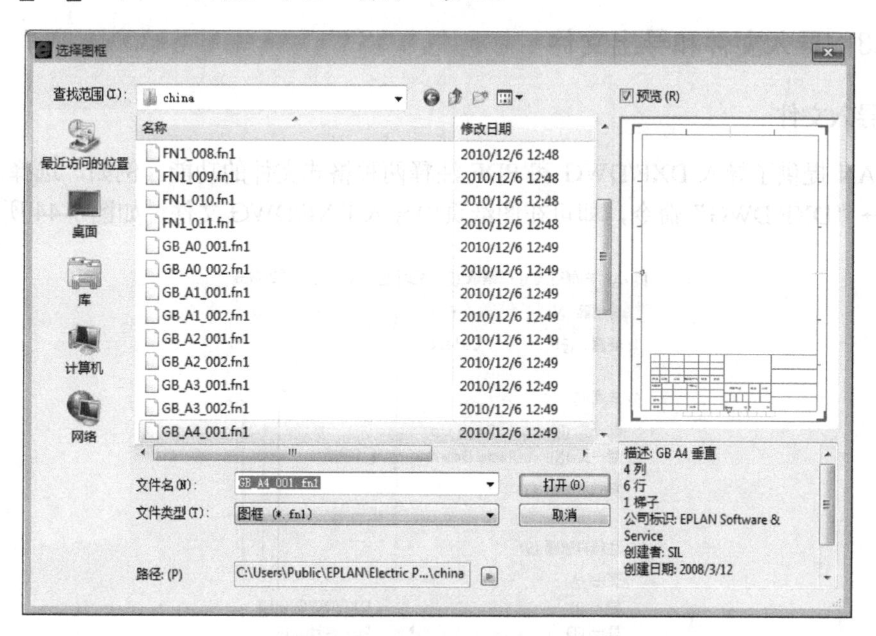

图 7-42　“选择图框”对话框

❻ 在“比例”文本框中设置图纸的缩放比例。

❼ 设置完成后，单击“确定”按钮即可完成新建页的操作。

2. 删除页

删除页的操作：右键单击需要删除的页，在弹出的快捷菜单中选择“删除”命令，如图 7-43 所示。

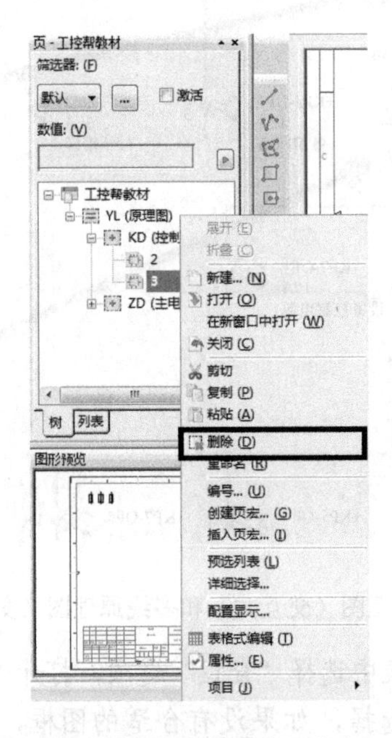

图 7-43　选择“删除”命令

7.4.3　导入文件和导出文件

1. 导入文件

EPLAN 提供了导入 DXF/DWG 和 PDF 注释两种格式文件的功能。例如，选择“页”→“导入”→“DXF/DWG”命令，即可在图纸页中导入 DXF/DWG 文件，如图 7-44 所示。

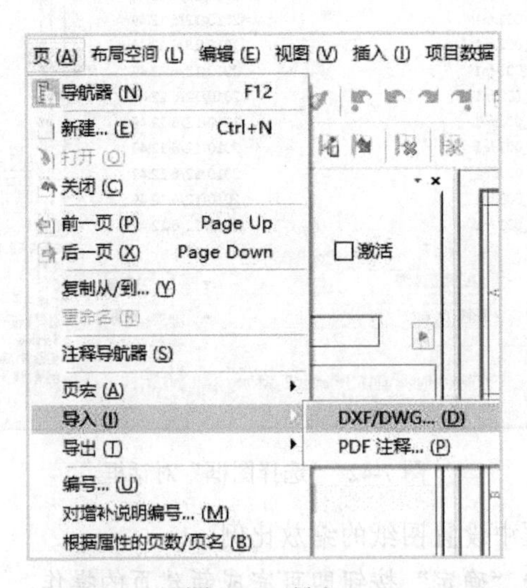

图 7-44　导入

注意：通过 AutoCAD 绘制的 DXF/DWG 文件可被导入 EPLAN 软件中查看。通过 EPLAN 软件绘制的文件，即便在没有安装 EPLAN 软件的电脑上，也可查看或打印。

2. 导出文件

可将图纸页导出为 DXF/DWG、图片文件、PDF 三种格式的文件。例如，选中需要导出的图纸页，选择菜单栏中的“页”→“导出”命令，如图 7-45 所示。

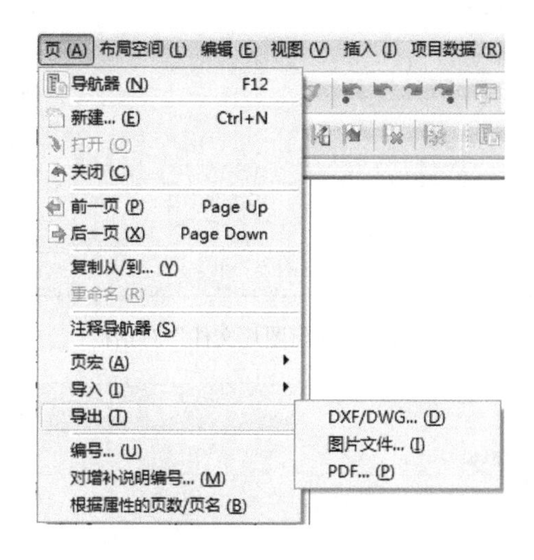

图 7-45 “导出”命令

- 若选择“DXF/DWG”，则弹出“DXF-/DWG 导出”对话框，如图 7-46 所示。设置好“输出目录”和“文件名”后，单击“确定”按钮。
- 若选择“图片文件”，则弹出“导出图片文件”对话框，如图 7-47 所示。设置好“目标目录”和“文件名”后，单击“确定”按钮。
- 若选择“PDF”，则弹出“PDF 导出”对话框，如图 7-48 所示。设置好“PDF-文件”和“输出目录”后，单击“确定”按钮。

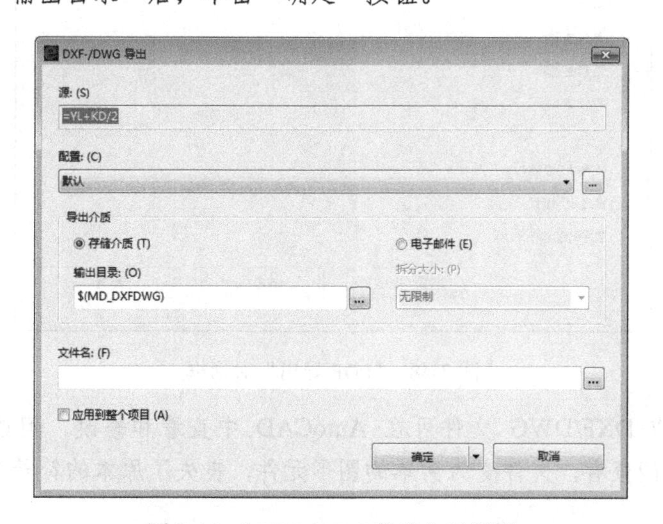

图 7-46 “DXF-/DWG 导出”对话框

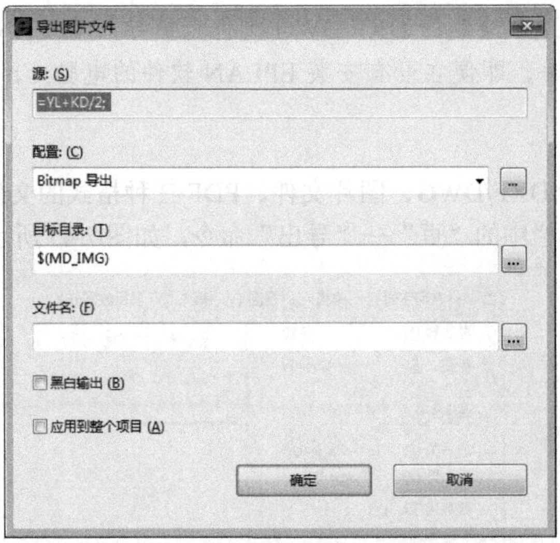

图 7-47 “导出图片文件”对话框

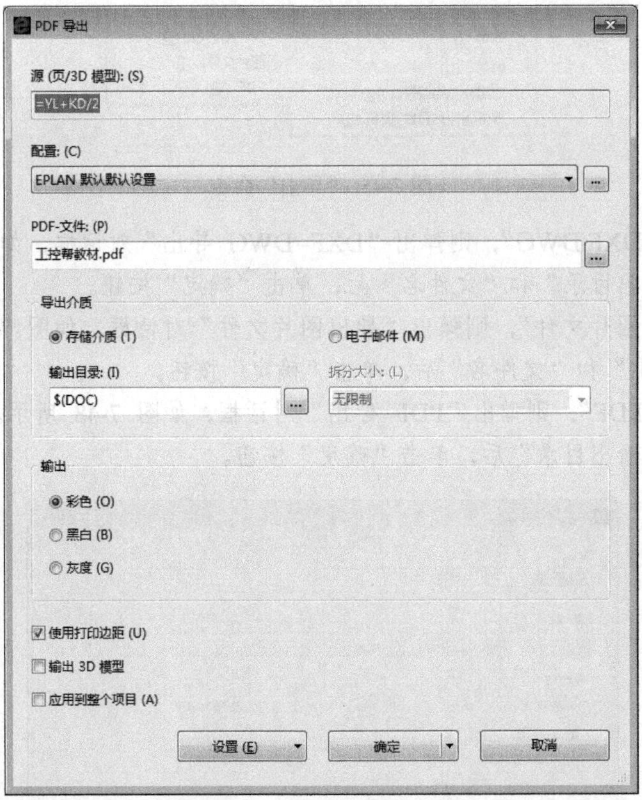

图 7-48 “PDF 导出”对话框

注意：导出的 DXF/DWG 文件可在 AutoCAD 中查看和修改，但该文件再次被导入 EPLAN 软件后只能查看，文件变为简单的图形元件，丧失了原本的符号功能，无法再次被修改。

7.5　图纸设置

7.5.1　图纸的分区

在电气图的设计过程中，对图纸进行分区是一个非常重要的步骤。这种分区不仅有助于组织图纸内容，使其更加清晰易懂，还能确保图纸的各个部分之间的关系得到准确表达。分区示意图如图 7-49 所示。

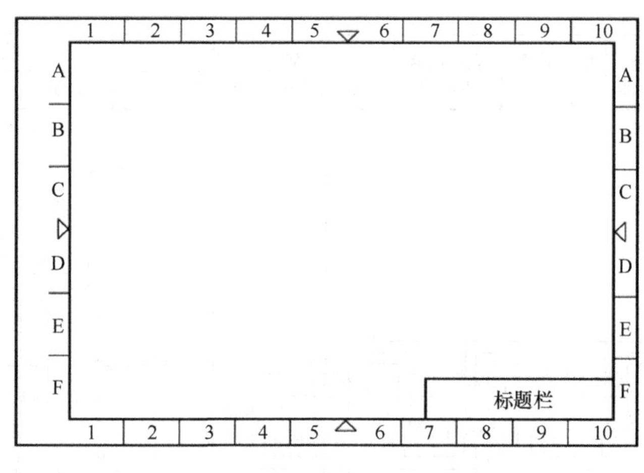

图 7-49　分区示意图

1. 分区的目的

- 定位与组织：通过分区，可以清晰地表示电气原理图中各个组成部分的位置，有助于设计师和施工人员快速定位和理解图纸内容。
- 直观性：直观反映绘图的范围，以及各个部分之间的相互关系，从而提高工作效率和准确性。

2. 分区数量与尺寸

- 偶数分区：通常情况下，分区数被设计为偶数，这样做可以保持图纸的对称性和平衡感，同时便于进行行列编号。
- 分区尺寸：每一分区的长度通常为 25～75mm，这个范围既保证了图纸的清晰度，又允许足够多的信息被包含在每个分区内。水平和垂直方向的分区长度可以不同，以适应不同形状和尺寸的图纸元素。

3. 分区的编号

- 水平方向：使用阿拉伯数字进行编号，并从左到右递增。
- 垂直方向：使用大写英文字母进行编号，并从上到下递增。
- 编号起始点：编号从图纸的左上角开始，这符合大多数人的阅读习惯。

- 组合编号：分区代号由行编号与列编号组合而成，例如“A1”表示第一行第一列，“B3”表示第二行第三列，以此类推。

7.5.2 图纸的组成

作为电气设计的绘图区域，一张完整的图纸主要包括边框线、标题栏、会签栏、图框线等，如图 7-50 所示。它们的清晰标识和布局有助于确保设计的准确性和可理解性，并方便与其他人员进行沟通和交流。

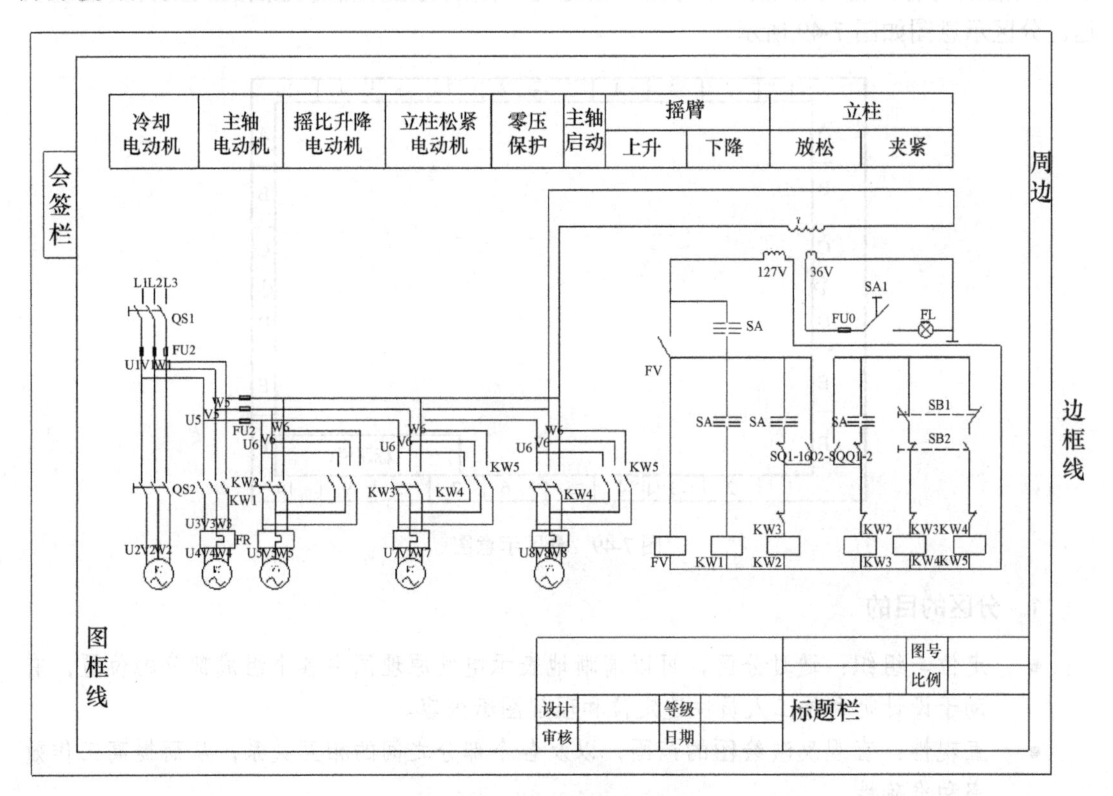

图 7-50 一张完整的图纸

1. 边框线

边框线是指用粗实线勾勒出的图纸边界，用于界定绘图区域，确保图纸的整体结构和布局清晰可见。

通常情况下，图纸幅面由边框线围成，用于确定绘图区域的大小。图纸幅面主要分为 5 类：A0～A4，如图 7-51 所示。

幅面	A0	A1	A2	A3	A4
长	1189	841	594	420	297
宽	841	594	420	297	210

图 7-51 图纸幅面的类别

2．标题栏

标题栏是工程图纸中的重要组成部分，用于记录项目名称、图纸功能、图号、设计人员等关键信息。虽然标题栏的具体位置可以有所变化，但通常被放置在图纸的下方或右下方。此外，图纸的说明和符号都应与标题栏的文字方向保持一致，以确保图纸的清晰易读。

在我国，虽然没有对标题栏的格式做出统一规定，但通常的标题栏格式可能包含以下内容，如图 7-52 所示。

- 设计单位名称：负责设计该图纸的单位或机构名称。
- 工程名称：所设计的工程项目的名称。
- 项目名称：具体的设计项目或子项目的名称。
- 图名：该图纸的具体名称或描述。
- 图号：每张图纸都有一个唯一的编号，用于管理和检索。

<table>
<tr><td colspan="4" rowspan="2">设计单位名称</td><td>工程名称</td><td>设计号</td><td></td></tr>
<tr><td></td><td>图号</td><td></td></tr>
<tr><td>总工程师</td><td></td><td>主要设计人</td><td></td><td colspan="3" rowspan="3">项目名称</td></tr>
<tr><td>设计总工程师</td><td></td><td>技核</td><td></td></tr>
<tr><td>专业工程师</td><td></td><td>制图</td><td></td></tr>
<tr><td>组长</td><td></td><td>描图</td><td></td><td colspan="3" rowspan="2">图名</td></tr>
<tr><td>日期</td><td></td><td>比例</td><td></td></tr>
</table>

图 7-52　标题栏示意图

3．会签栏

会签栏是工程图纸中的一个重要区域，主要用于图纸的会审环节。在工程项目中，一份图纸往往需要多个专业的设计人员共同审核，以确保图纸的准确性和跨专业的协调性。会签栏就提供了这样一个空间，以供各相关专业的设计人员（如水暖、建筑、工艺等）在会审图纸后签名，以表示他们对图纸内容的确认。会签栏通常位于标题栏或图框线的一侧。

4．图框线

图框线在电气设计图纸中起到了至关重要的作用，它限定了具体的绘图区域，为图纸的绘制提供了一个明确的边界。与边框线相比，图框线更加精细，更能准确地界定绘图范围。

根据图纸是否需要装订，图框线的设计会有所不同。如果需要装订，则图框线的一侧会留出装订边，以适应装订后的尺寸变化。需要说明的是，装订侧的图框线周边尺寸通常会比其他三侧大一些，以确保装订后图纸的完整性和美观性，如图 7-53 所示：通常情况下，在需要装订的图纸中，a =25mm，c =10mm；在不需要装订的图纸中，e =20mm。

图纸的幅面大小直接决定了图框线的大小。常见的图纸幅面有 A0、A1、A2、A3、A4 等，每种幅面对应不同的图框线尺寸。例如，当图纸幅面为 A3 时，图框线的尺寸会相应地调整，以适应 A3 纸张的大小。

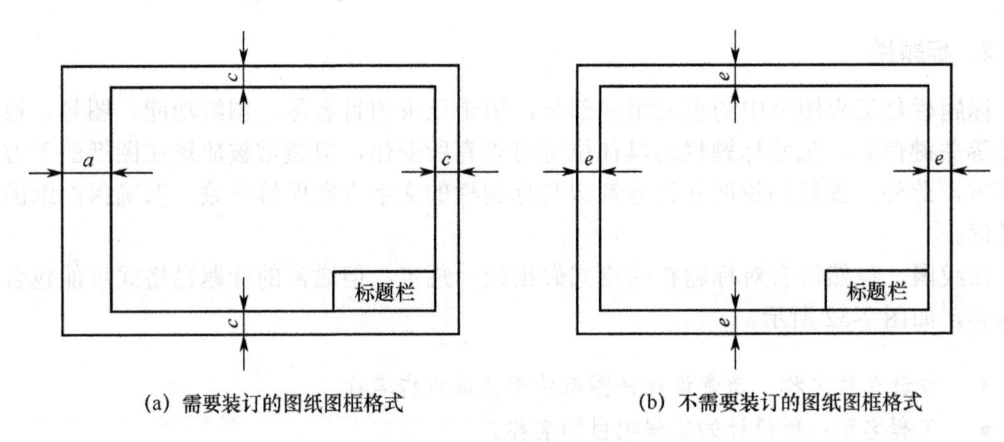

(a) 需要装订的图纸图框格式　　(b) 不需要装订的图纸图框格式

图 7-53　图框线示意图

（1）图框的选择

❶ 在创建页时，可通过“页属性”对话框中的“图框名称”下拉列表选择合适的图框，如图 7-54 所示。

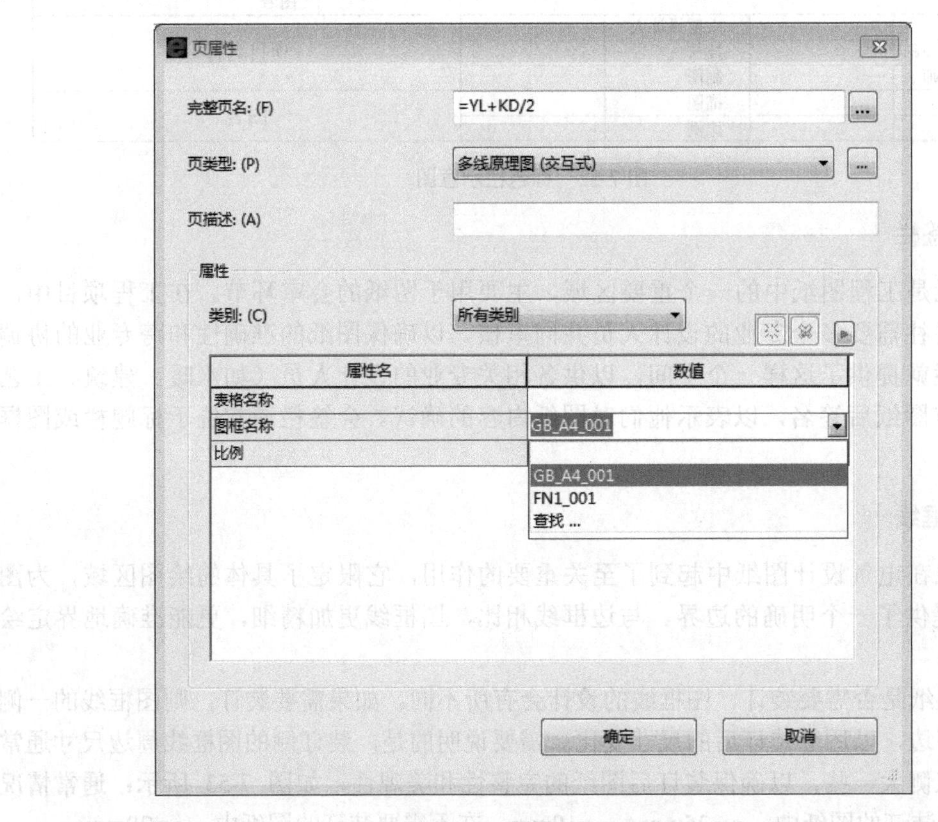

图 7-54　“页属性”对话框

❷ 若在“图框名称”下拉列表中选择“查找”选项，则可在打开的“选择图框”对话框中选择合适的图框，并预览图框效果，如图 7-55 所示。

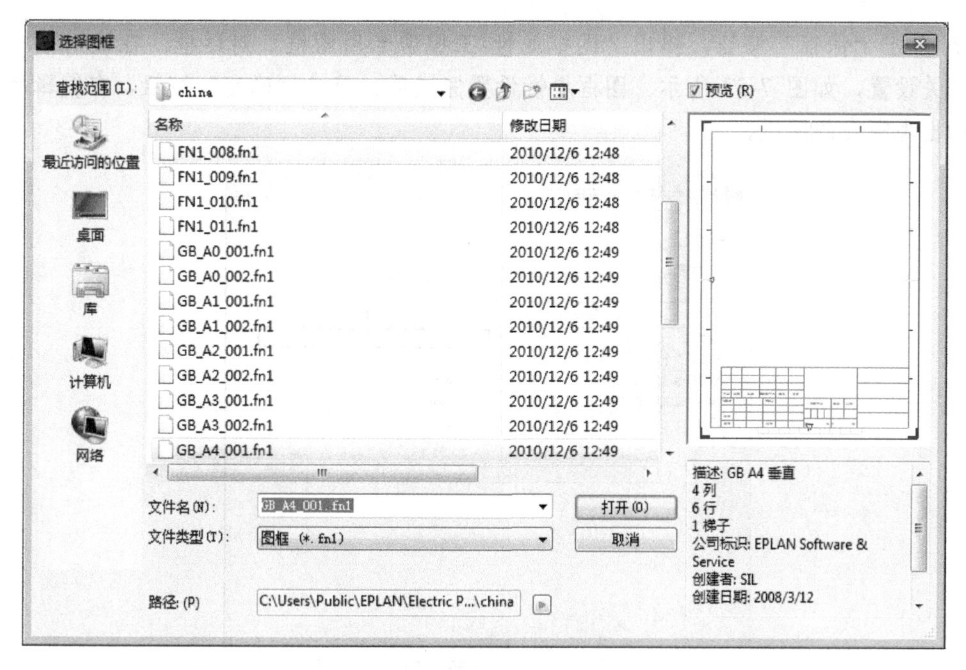

图 7-55 “选择图框”对话框

（2）图框的新建

❶ 选择菜单栏中的“工具”→“主数据”→“图框”→“新建”命令，弹出“创建图框”对话框，在“文件名”文本框中新建一个图框名，如“工控帮专用图框”，如图 7-56 所示。

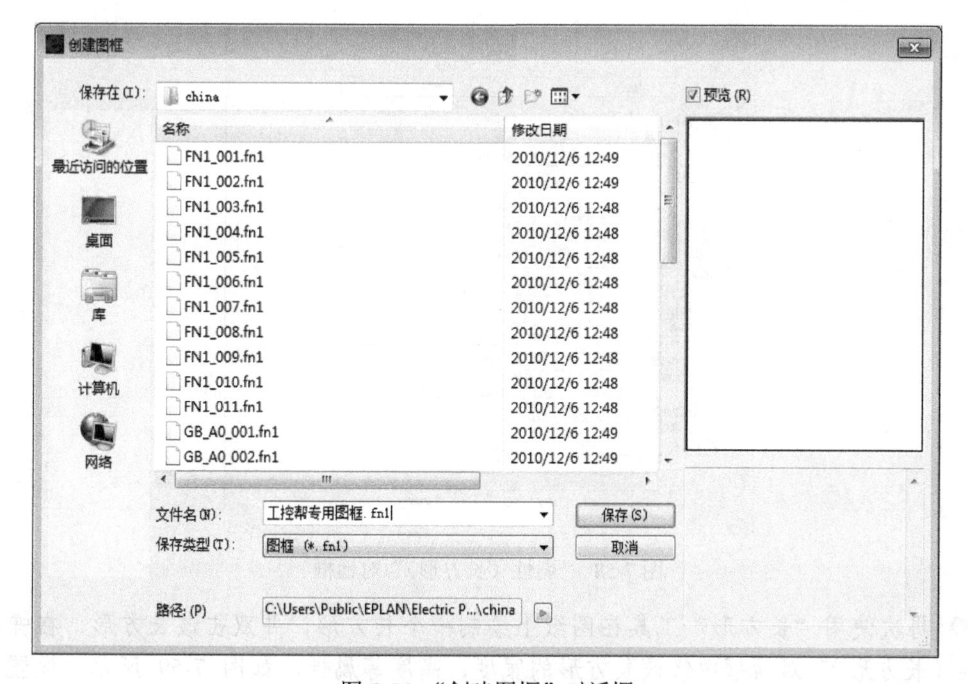

图 7-56 “创建图框”对话框

❷ 单击“保存”按钮，弹出“图框属性-工控帮专用图框”对话框。在该对话框中可进行相关设置，如图 7-57 所示。图框属性设置完成后，单击“确定”按钮，在编辑界面中将自动出现空白的图纸。

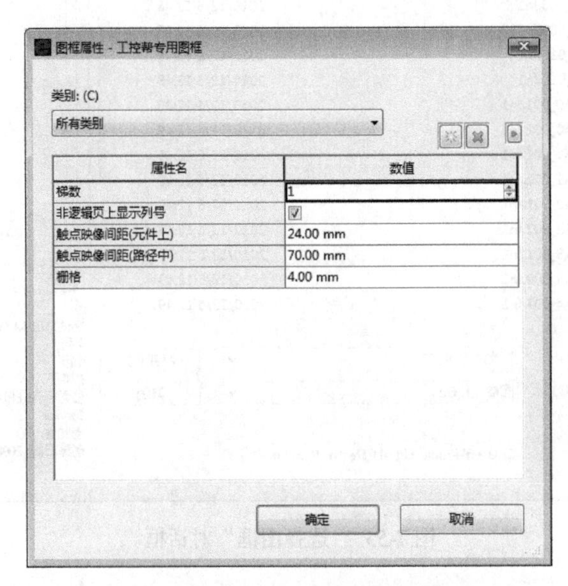

图 7-57 “图框属性-工控帮专用图框”对话框

❸ 利用“长方形”工具在空白图纸上绘制一个长方形，并双击该长方形，将弹出“属性（长方形）”对话框，可修改长方形的宽度、高度等属性，如图 7-58 所示。设置完成后，单击“确定”按钮。

属性 (长方形)

属性	分配
长方形	
起点	
X 坐标	-76.00 mm
Y 坐标	-64.00 mm
终点	
X 坐标	140.00 mm
Y 坐标	72.00 mm
宽度	216.00 mm
高度	136.00 mm
角度	0.00°
格式	
线宽	0.35 mm
颜色	
隐藏	否
线型	
式样长度	4.00 mm
线端样式	圆
层	EPLAN201, 图形.图框
填充表面	
倒圆角	
半径	4.00 mm

确定 取消 应用 (A)

图 7-58 “属性（长方形）”对话框

❹ 再次使用“长方形”工具在图纸上绘制一个长方形，并双击该长方形，在弹出的“属性（长方形）”对话框中修改长方形的宽度、高度等属性，如图 7-59 所示。设置完成后，单击“确定”按钮。

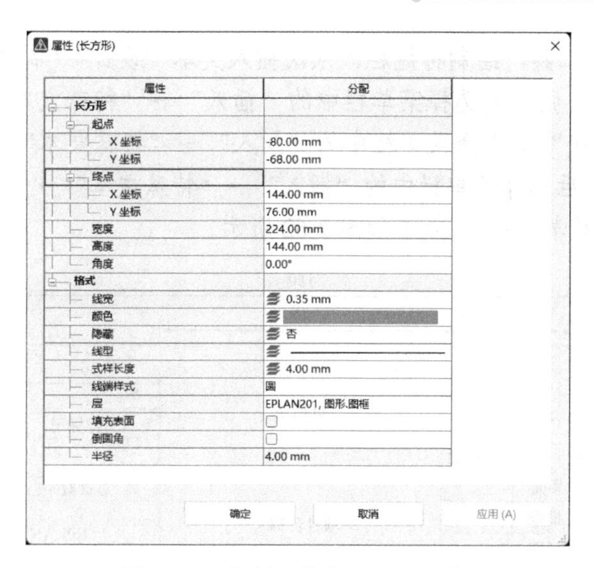

图 7-59 “属性（长方形）”对话框

❺ 利用“直线”工具在图纸上绘制水平方向的等分线及垂直方向的等分线，效果如图 7-60 所示。

图 7-60　绘制等分线

❻ 选择菜单栏中的“插入”→“特殊文本”→“列号”命令，此时光标旁附着“列号”，在合适的放置位置单击即可插入列号。选择菜单栏中的“插入”→“特殊文本”→“行号”命令，此时光标旁附着“行号”，在合适的放置位置单击即可插入行号，效果如图 7-61 所示。

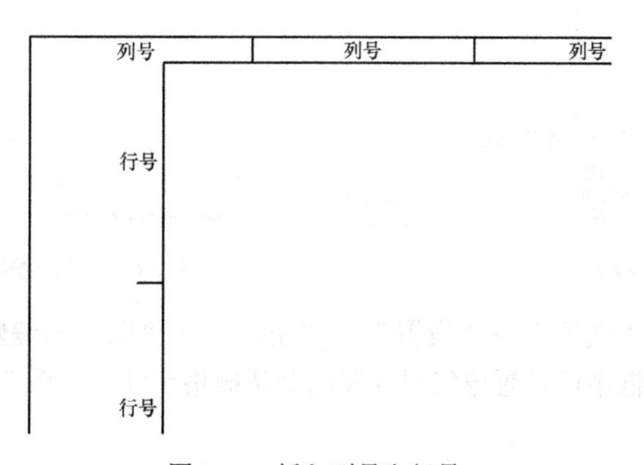

图 7-61　插入列号和行号

❼ 使用“直线”工具，绘制标题栏，依次插入文本“设计”“制图”“审定”等，并插入特殊文本：在“共　张”处选择菜单栏中的“插入”→“特殊文本”→“项目属性”→“总页数”；在“第　张”处选择菜单栏中的“插入”→“特殊文本”→“页属性”→“页名”；在“项目名称”后选择菜单栏中的“插入”→“特殊文本”→“项目属性”→“项目名称”，如“EPLAN 教学示例”。效果如图 7-62 所示。

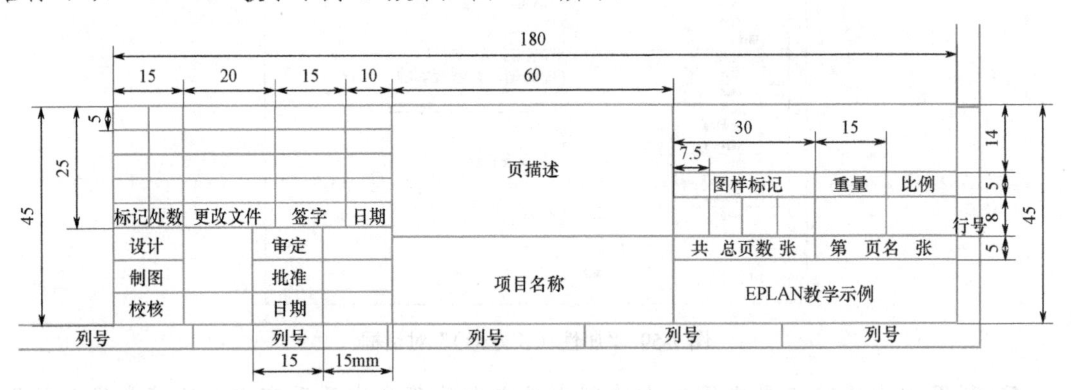

图 7-62　插入文本

7.6 栅格设置

7.6.1 栅格的种类

EPLAN 有 5 种栅格类型，分别是栅格 A、栅格 B、栅格 C、栅格 D、栅格 E，如图 7-63 所示。在电气原理图中，EPLAN 默认的栅格类型为栅格 C。选择菜单栏中的“视图”→“栅格”，或单击工具栏中的栅格图标，即可打开或关闭栅格。在打开或关闭栅格时，状态栏会显示当前的栅格状态，如图 7-64 所示。

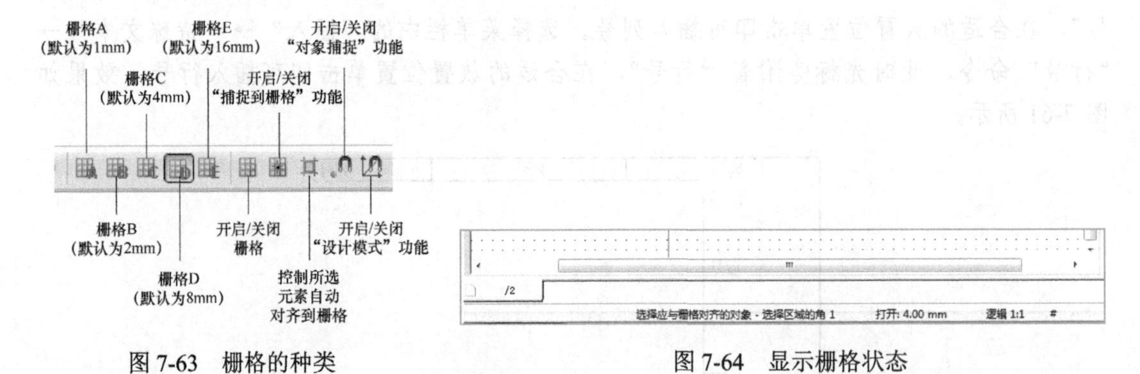

图 7-63　栅格的种类　　　　图 7-64　显示栅格状态

选择菜单栏中的“选项”→“设置”→“用户”→“图形的编辑”→“2D”，在打开的“设置：2D”对话框中可设置电气原理图的默认栅格尺寸，如图 7-65 所示。

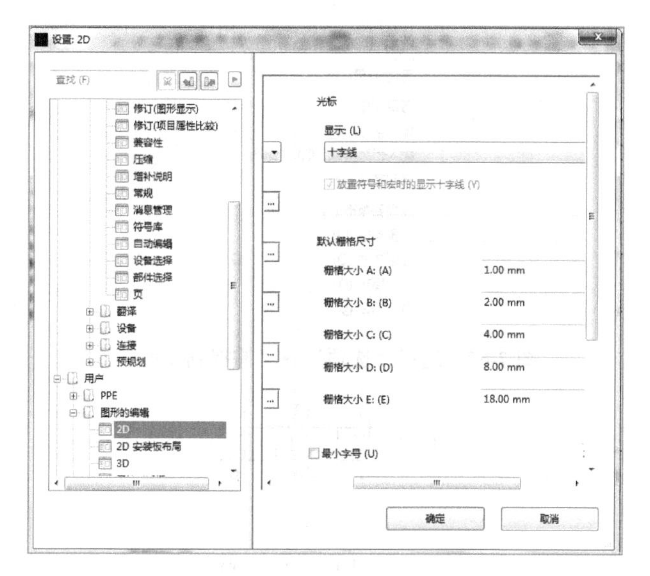

图 7-65　“设置：2D”对话框

7.6.2　栅格的使用

在 EPLAN 中，必须使用栅格的情况主要有两种：一是绘制电气原理图；二是新建符号。在电气原理图的设计过程中，EPLAN 具有自动连线功能。通常情况下，借助“捕捉到栅格”功能将栅格点与符号的连接点对齐，符号之间可快速完成电气连线，如图 7-66 所示。在移动或插入宏电路时，整个宏电路都是在等间距的栅格点上移动或插入的，以方便节点指示器快速捕捉电线。

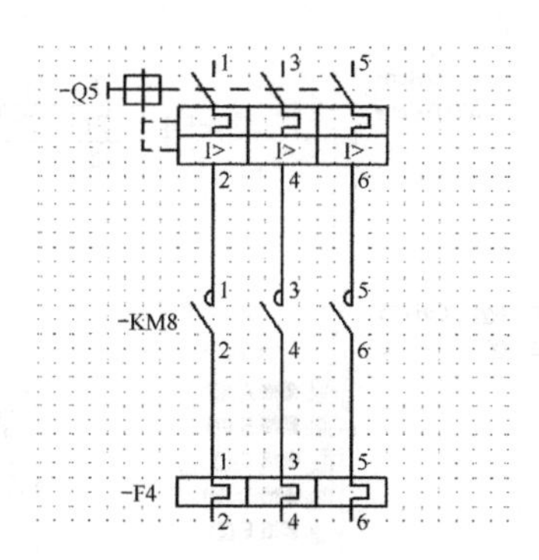

图 7-66　符号之间完成电气连线

7.6.3　栅格的对齐

在使用栅格的过程中，一定要通过菜单栏中的“选项”→“捕捉到栅格”，或在工具栏中单击“捕捉到栅格”按钮，打开“捕捉到栅格”功能，如图 7-67 所示。如果未打开该功能，那么即使图纸显示栅格，符号的连接点也无法与栅格点对齐，放置在图纸上的符号无法自动连线。即便之后打开“捕捉到栅格”功能，符号的连接点仍不能与栅格点对齐，如图 7-68 所示。

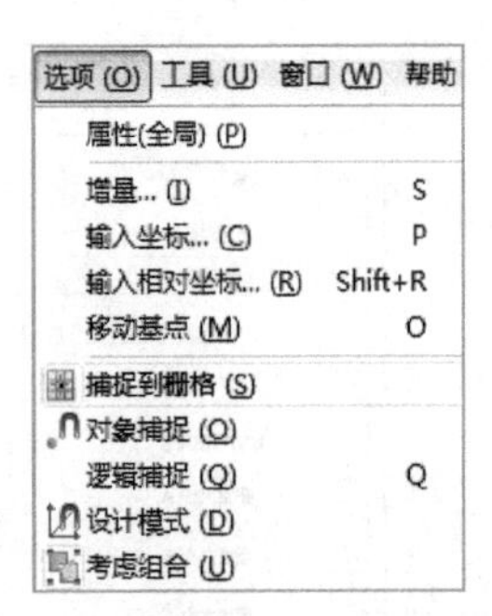

图 7-67 选择“选项”→“捕捉到栅格”

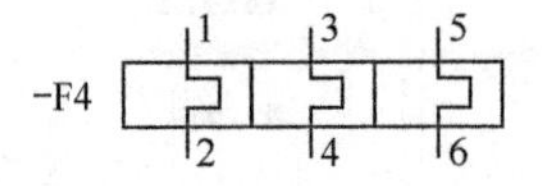

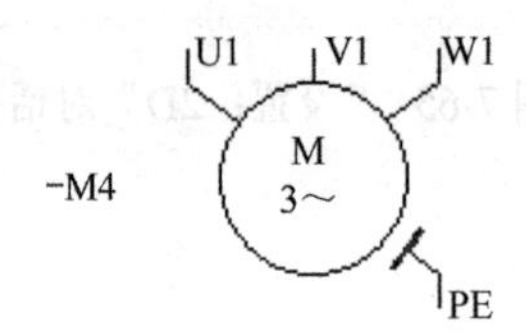

图 7-68 符号的连接点未与栅格点对齐

这时就需要应用“对齐到栅格”功能：选择菜单栏中的“编辑”→“其他”→“对齐到栅格”→“对齐（垂直）”，将已放置的符号连接点重新捕捉到栅格点，如图 7-69 所示。注意：在使用该功能之前，一定要打开“捕捉到栅格”功能。

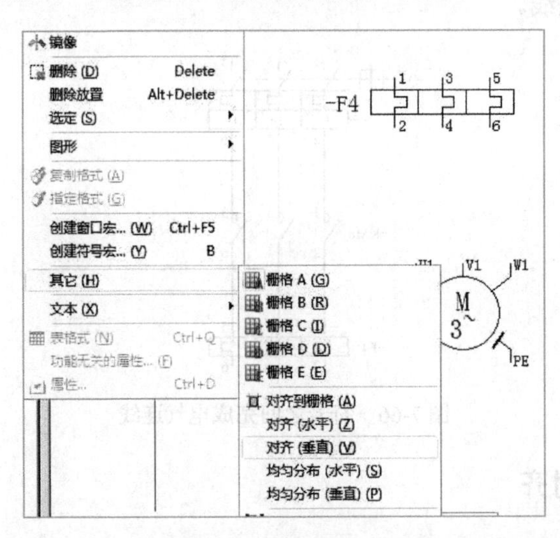

图 7-69 “对齐到栅格”功能

在设置电气原理图的栅格间距时，该间距应与符号编辑器中符号连接点的间距保持一致，或者为符号连接点间距的整数倍，如图 7-70 所示。如果电气原理图中的栅格间距设置得过大，则会导致符号的某个连接点无法与栅格点对齐，即便使用“对齐到栅格”功能，也不能进行自动连线；如果栅格间距设置得过小，则会导致符号的连接点不能快速、准确地对齐和连线，影响设计效率，如图 7-71 所示。

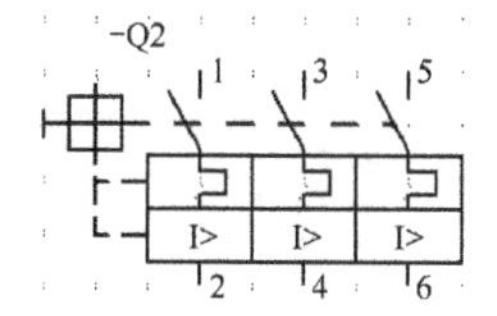

图 7-70　设置栅格间距

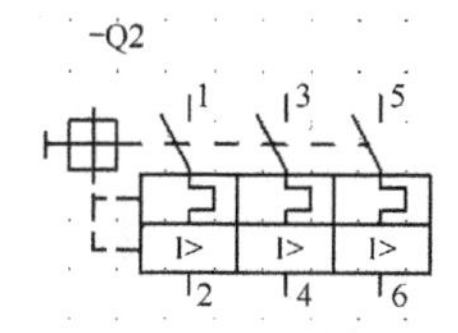

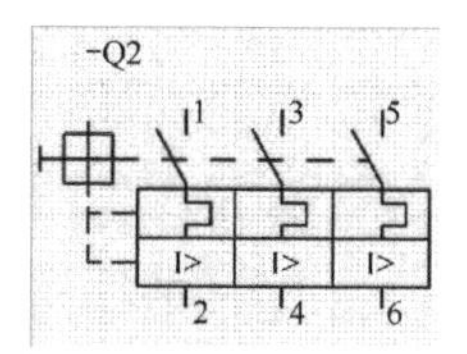

图 7-71　栅格间距设置得过大或过小

另外，很多工程师在设计过程中，经常复制图纸的部分电路到不同项目的图纸中。在很多情况下，复制的电路不能自动连接（因为两张图纸中的连接点无法与栅格点对齐）。当遇到这类问题时，采用的办法是在复制前，在复制图纸和目标图纸中均执行如下操作：首先，选中图纸中的所有元素；然后，选择菜单栏中的“编辑”→“其他”→“对齐到栅格”命令，操作完成后，复制的电路在目标图纸中可自动连接。

7.7　符号使用

在大多数电气设计中，工程师之所以没有利用实际照片或详细图形来表示电气部件的信息，是因为设计的目标应是尽可能利用简洁的图形和信息表达设计意愿，于是符号出现了：工程师在设计图纸时，会使用统一的符号表达自己的设计内容。

7.7.1　符号库类型

在 EPLAN Electric P8 中内置了 4 大标准的符号库，分别是 IEC、GB、NFPA 和 GOST。根据类型区分，符号库又分原理图符号库和单线图符号库。常见的符号库如下。

- IEC_Symbol：符合 IEC 标准的原理图符号库。
- IEC_single_Symbol：符合 IEC 标准的单线图符号库。
- GB_Symbol：符合 GB 标准的原理图符号库。
- GB__single_Symbol：符合 GB 标准的单线图符号库。
- NFPA_Symbol：符合 NFPA 标准的原理图符号库。
- NFPA_single_Symbol：符合 NFPA 标准的单线图符号库。
- GOST_Symbol：符合 GOST 标准的原理图符号库。
- GOST_single_Symbol：符合 GOST 标准的单线图符号库。

注意：一般情况下，用户使用 GB_Symbol 和 GB_single_Symbol 即可满足设计要求。用户在选择、打开合适的符号库后，可看到不同分类的符号。

7.7.2　插入符号

❶ 选择菜单栏中的“插入”→“符号”命令，弹出“符号选择”对话框，如图 7-72 所示。

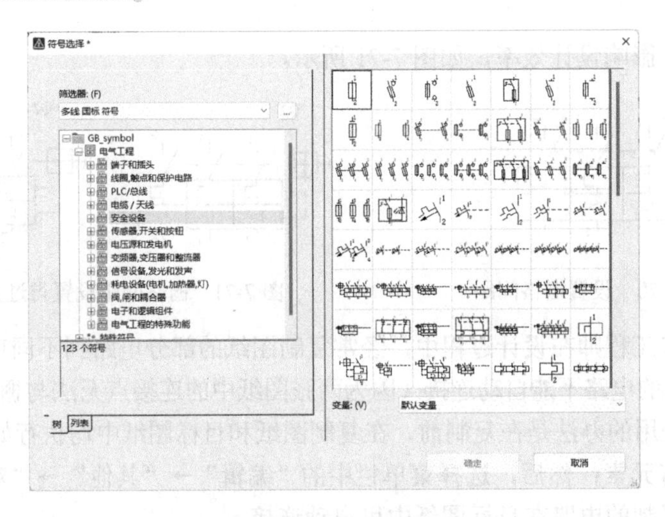

图 7-72 “符号选择”对话框

注意：选择菜单栏中的“插入”→“符号”命令，单击键盘上的 Insert 键，以及在电气原理图中单击鼠标右键，通过弹出的快捷菜单选择“插入符号”命令，均可弹出“符号选择”对话框。

❷ 浏览符号库，选中想要的符号后，单击“确定”按钮关闭“符号选择”对话框，选中的符号将会出现在光标上（属于独占式操作）。

❸ 移动光标到需要的位置，单击鼠标即可放置选中的符号。

❹ 如果没有自己想要的符号，则可在符号库的空白处右键，在弹出的快捷菜单中选择“设置”命令，打开“设置：符号库”对话框，如图 7-73 所示。

设置:符号库

符号库：(S)

行	同步	前缀	符号库	默认变量
1	☐	S	SPECIAL	从符号库中
2	☑	G	GB_symbol	从符号库中
3	☑	G	GB_single_symbol	从符号库中
4	☑	G	GRAPHICS	从符号库中
5	☐	O	OS_SYM_ESS	从符号库中
6	☑	I	IEC_symbol	从符号库中
7	☑	I	IEC_single_symbol	从符号库中
8	☑			从符号库中
9	☑			从符号库中
10	☑			从符号库中
11	☑			从符号库中
12	☑			从符号库中
13	☑			从符号库中
14	☑			从符号库中
15	☑			从符号库中
16	☑			从符号库中
17	☑			从符号库中
18	☑			从符号库中
19	☑			从符号库中
20	☑			从符号库中

基本符号库：(B)

IEC_symbol

确定

图 7-73 “设置：符号库”对话框

❺ 单击空白“符号库”列的按钮，打开“选择符号库”对话框，如图 7-74 所示，即可添加想要的符号库和符号。

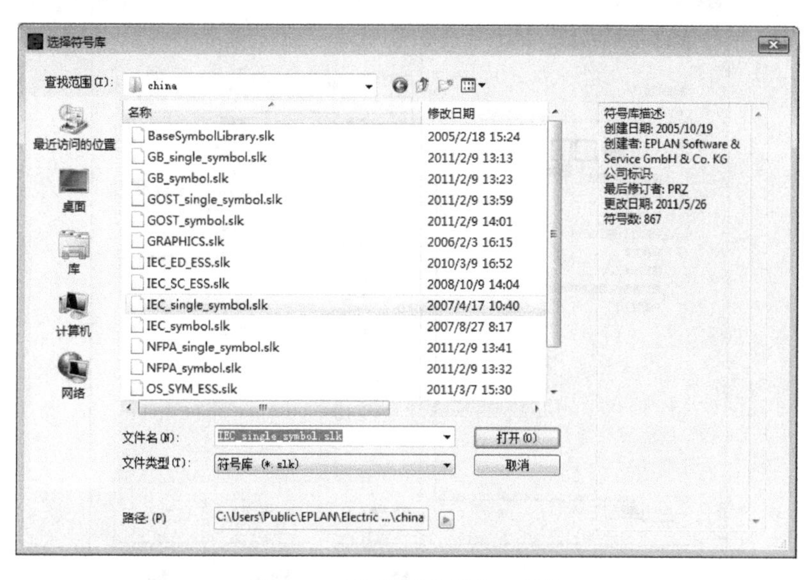

图 7-74 “选择符号库”对话框

❻ 在将符号放至合适位置后自动弹出“属性（元件）：常规设备”对话框：在“显示设备标识符”文本框中输入电气符号简称，如断路器的简称为“-Q1”；在“连接点代号”文本框中输入“1¶2¶3¶4¶5¶6¶7¶8”（¶表示换行），如图 7-75 所示。

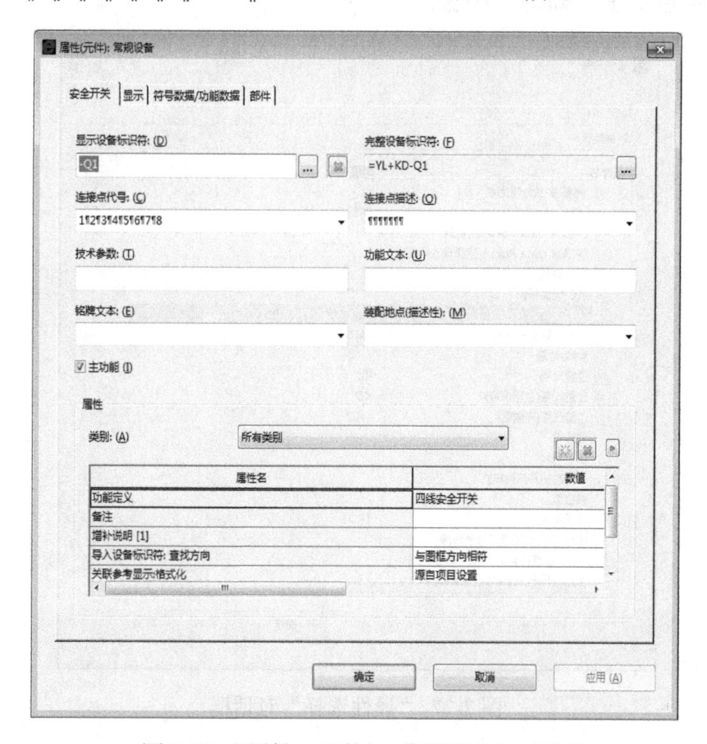

图 7-75 “属性（元件）：常规设备”对话框

❼ 切换到“显示”选项卡，如图 7-76 所示，可以增加或删除属性项。

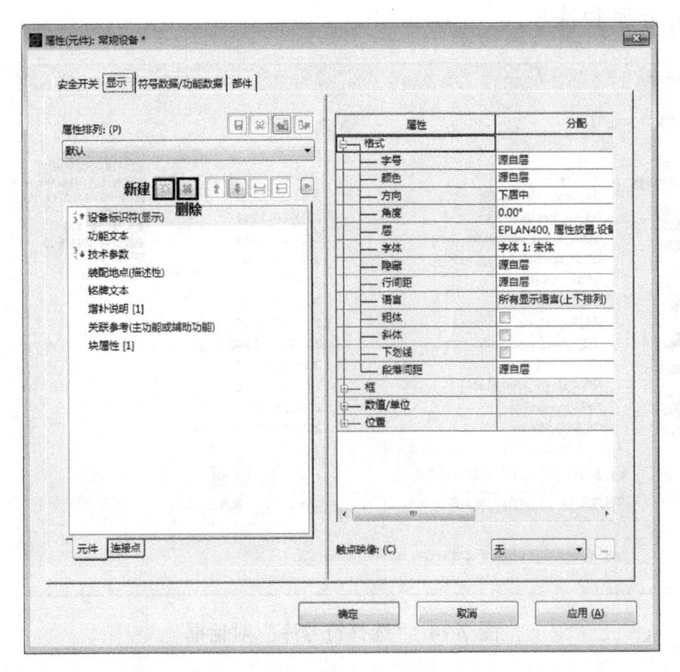

图 7-76 “显示”选项卡

- 增加属性项：单击按钮打开“属性选择”对话框，如图 7-77 所示。选择需要增加的属性后单击“确定”按钮。

图 7-77 “属性选择”对话框

- 删除属性项：选中需要删除的属性项，单击按钮即可。

7.7.3 符号自动连线

一般情况下，EPLAN 在多线原理图中的符号都是自动连线的。如果在设计过程中，符号之间不能自动连线，则应先检查页类型是否为多线原理图，再检查栅格是否打开，最后检查符号的连接点是否与栅格点对齐。如果两个符号的连接点水平或者垂直对齐，则可自动连线。如果两个符号的连接点需要进行分支、交叉、换向等连接，则需要用到 T 节点：

❶ 选择菜单栏中的“插入”→“连接符号”命令后，即可出现 T 节点的相关子菜单，如图 7-78 所示。

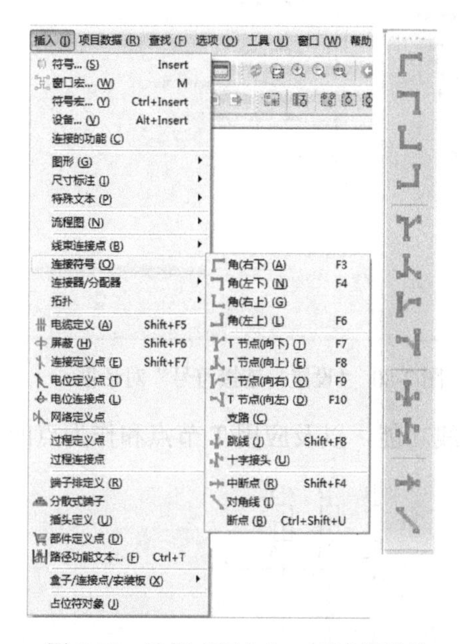

图 7-78 选择“插入”→“连接符号

❷ 若在 T 节点的相关子菜单中选择“T 节点向右”，则弹出“T 节点向右”对话框，如图 7-79 所示。

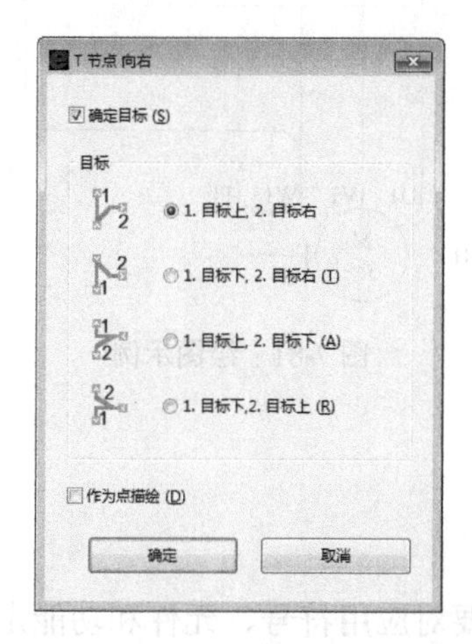

图 7-79 “T 节点向右”对话框

❸ 在“目标”选项组中选中适合的单选按钮即可。

选择菜单栏中的“选项”→“设置”→“用户”→“图形的编辑”→“连接符号”命令，弹出“设置：连接符号”对话框，选中“作为点”单选按钮，如图 7-80 所示。设置完毕后，所有的符号连接点的交叉点都将实心显示。

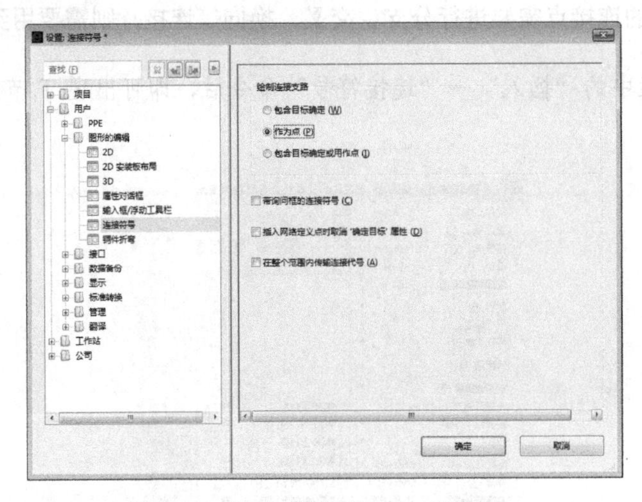

图 7-80 “设置：连接符号”对话框

利用连接符号的自动连线功能，以及应用 T 节点和作为点的绘图示例如图 7-81 所示。

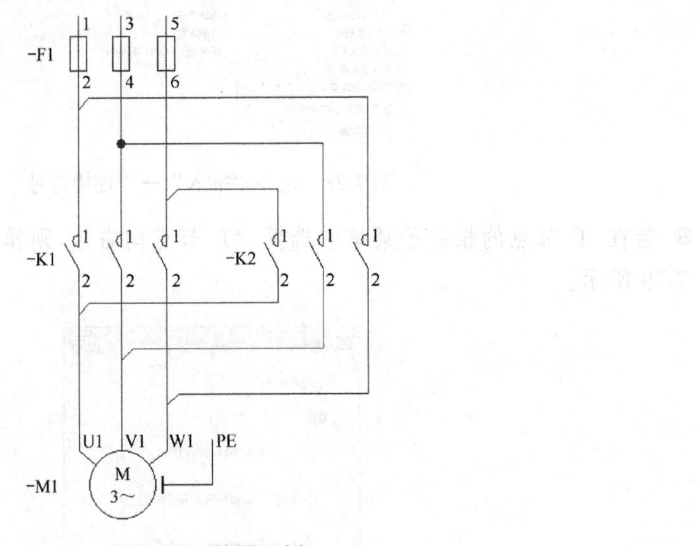

图 7-81 绘图示例

7.8 文本插入

在电气原理图中，除了需要对应用符号、元件和功能定义进行描述，还需要通过文本对项目、符号、安装板、报表进行说明和描述。

EPLAN 中存在不同类型的文本：自由文本、属性文本、特殊文本、占位符文本和路径功能文本。所有的文本都可被格式化，并自由设置大小、颜色、文字方向、字体等。

7.8.1　自由文本

自由文本是在任意图纸上书写的文本，用来注释某种功能。选择菜单栏中的“插入”→“图形”→“文本”命令，如图 7-82 所示，或者按下键盘中的“T”键，即可打开“属性-文本”对话框，在“文本”列表框中输入相应注释即可，如图 7-83 所示。

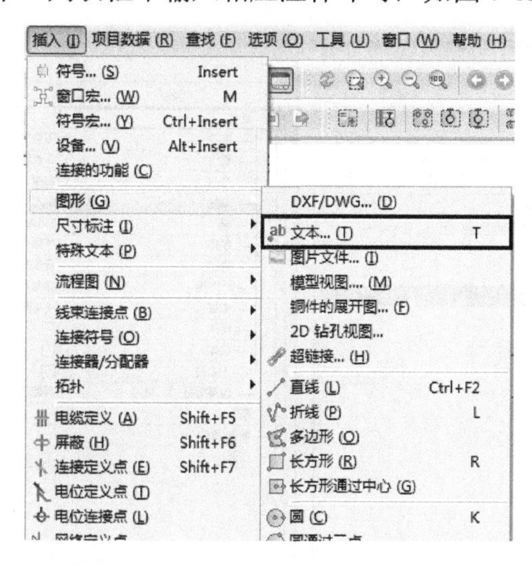

图 7-82　选择菜单栏中的“插入”→“图形”→“文本”命令

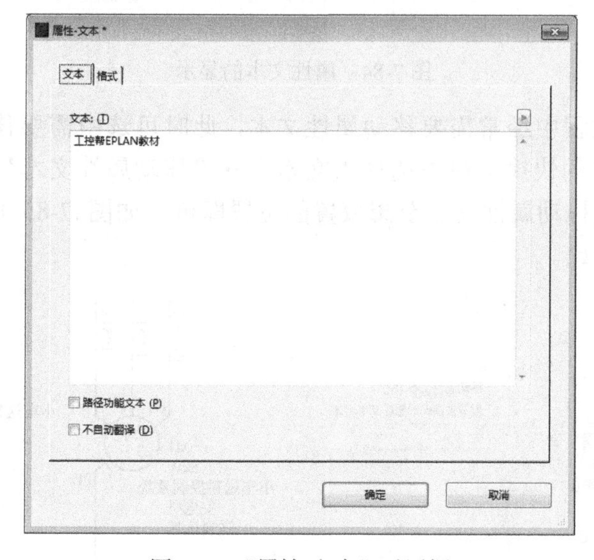

图 7-83　“属性-文本”对话框

7.8.2　属性文本

在 EPLAN 中，每个属性都会被继承或更新，因此，建议在设计过程中多通过属性文本进行注释。属性文本用来描述电气原理图中符号的属性。打开“属性（元件）：常规设备”对话框中的“显示”选项卡，如图 7-84 所示，将显示不同的属性组：带有向下箭头的属性独立成组，可自由移动，不受其他属性的影响；未有向下箭头的属性非独立成组，会受到相邻的上一级带有向下箭头属性的影响。例如，“铭牌文本”“装配地点（描述性）”“块属性[1]”属性与上一级的“功能文本”属性固定为一组，当移动“功能文本”属性时，“铭牌文本”“装配地点（描述性）”“块属性[1]”属性将随其一起移动。

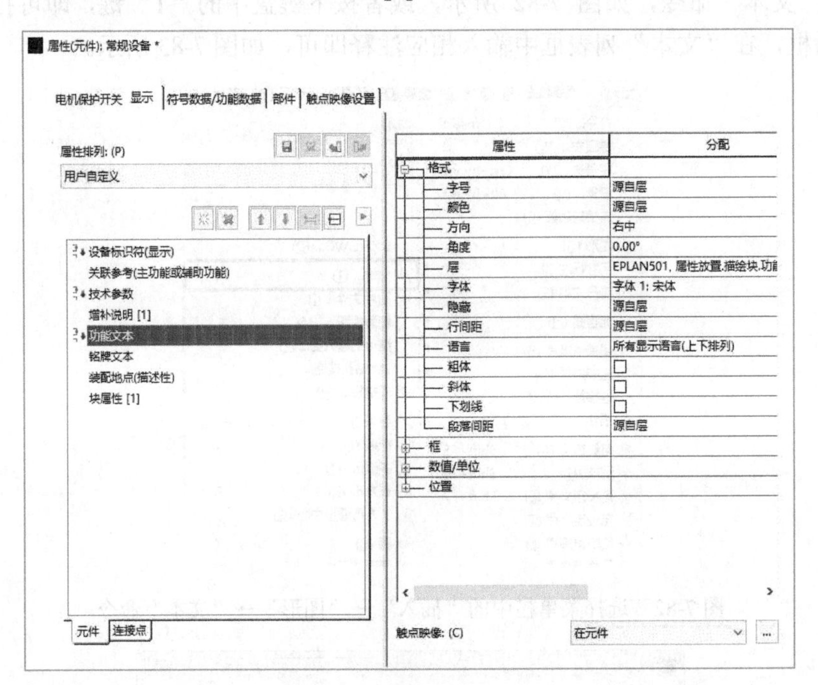

图 7-84　属性文本的显示

在设计图纸的过程中经常需要移动属性文本，此时可选中需要移动的属性文本，单击鼠标右键，在弹出的快捷菜单中选择“文本”→“移动属性文本”命令，激活“移动属性文本”动作后，拖动属性文本至想放置的位置即可，如图 7-85 所示。图 7-86 为移动属性文本的前后对比。

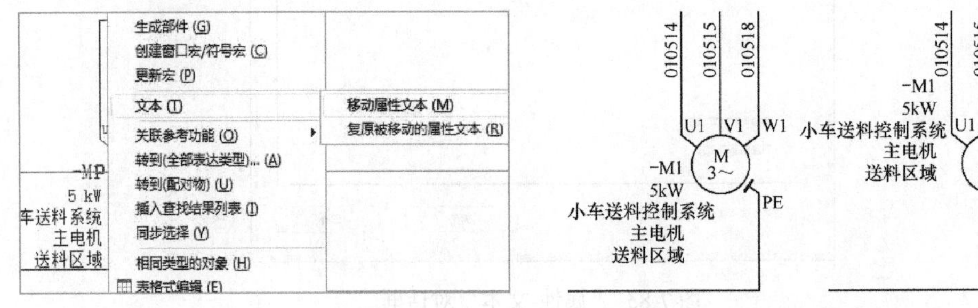

图 7-85　选择“文本”→“移动属性文本”命令　　　图 7-86　移动属性文本的前后对比

注意： 属性文本的设置包含对格式、框、数值/单位和位置的设置，如图 7-87 所示。例如，格式设置包括字号、颜色、方向、角度、层、字体等；框设置包括宽度、高度等。

属性	分配
格式	
字号	源自层
颜色	源自层
方向	右中
角度	0.00°
层	EPLAN512, 属性放置.块属性
字体	字体 1: 宋体
隐藏	源自层
行间距	源自层
语言	所有显示语言(上下排列)
粗体	☐
斜体	☐
下划线	☐
段落间距	源自层
框	
绘制文本区域	源自层
项目创建尺寸	☐
激活标注线	☐
激活位置框	☐
绘制位置框	否
宽度	0.00 mm
高度	0.00 mm
固定文本宽度	☐
固定文本高度	☐
移除换位	☐
从不分开文字	☑
适应图形	不必适应
数值/单位	
位置	

图 7-87　属性文本的设置

7.8.3　特殊文本

特殊文本通常包括项目属性或页属性：表格主要使用项目属性；图框主要使用页属性。在打开图形编辑器后，选择菜单栏中的“插入”→“特殊文本”命令，即可选择“项目属性”和“页属性”，如图 7-88 所示。但在打开表格后，选择菜单栏中的“插入”→“特殊文本”命令，即可选择“项目属性”“页属性”和“表格属性”。

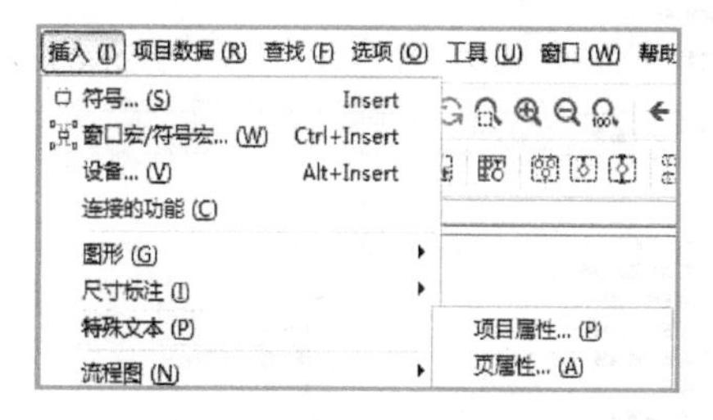

图 7-88　选择“插入”→“特殊文本”命令

7.8.4　占位符文本

从字面上可以看出，占位符文本表示先“占住固定位置”，之后可再替换该位置的内容。例如，在生产报表时，EPLAN 会利用生产报表中相应对象的值替换占位符文本，如组件、页、符号等。占位符文本的属性设置步骤如下。

❶ 在电气原理图中，选择菜单栏中的“工具”→“主数据”→“表格”→“打开”命令，如图 7-89 所示，进入表格编辑器窗口。

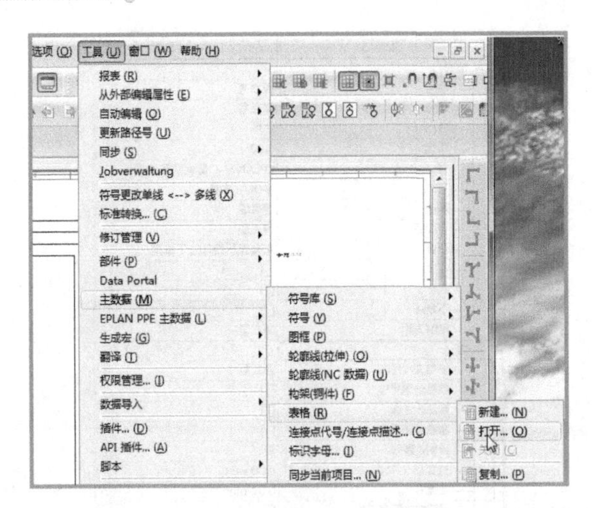

图 7-89 选择“工具”→“主数据”→“表格”→“打开”命令

❷ 选择菜单栏中的“插入”→“占位符文本”命令，打开“属性-占位符文本”对话框。

❸ 选中“属性”单选按钮，单击“操作”文本框后的…按钮，进入“占位符文本-端子图表”对话框。在“元素”列表框中选择“内部连接”选项，在“类别”列表框中选择“功能定义”选项，如图 7-90 所示。

❹ 单击“确定”按钮，完成占位符文本的属性设置。

图 7-90 “占位符文本-端子图表”对话框

7.8.5 路径功能文本

路径功能文本是放置在路径上的特殊文本，路径分为列路径（IEC 标准）或行路径（JEC 标准）。路径中的符号、元件和设备会自动调用已创建的路径功能文本，不需要在个体对象上一一输入。例如，利用路径功能文本描述 PLC 输入/输出回路时，在该回路的其他设备上可自动调用该描述，在报表中也可调用该路径功能文本。

为了在后续操作中使用路径功能文本，通常将其放在设备的底部或顶部。选择菜单栏中的“插入”→“路径功能文本”命令，弹出“属性-文本”对话框，即可输入路径功能文本（可通过使用“Ctrl+Enter”组合键换行）。

7.9　电缆使用

电缆由一根或多根相互绝缘的导体和外包绝缘保护层制成，用于将电力或信息从一处传输到另一处。

7.9.1　电缆的定义

❶ 选择菜单栏中的“插入”→“电缆定义”命令，电缆定义线的符号将附着在光标上，在电缆上方单击鼠标，即可放置电缆定义线。横向拖动电缆定义线，可连接电缆芯线。此时单击鼠标可确定电缆定义起点，连接完成后，再次单击鼠标可确定电缆定义终点，完成电缆定义，如图 7-91 所示。

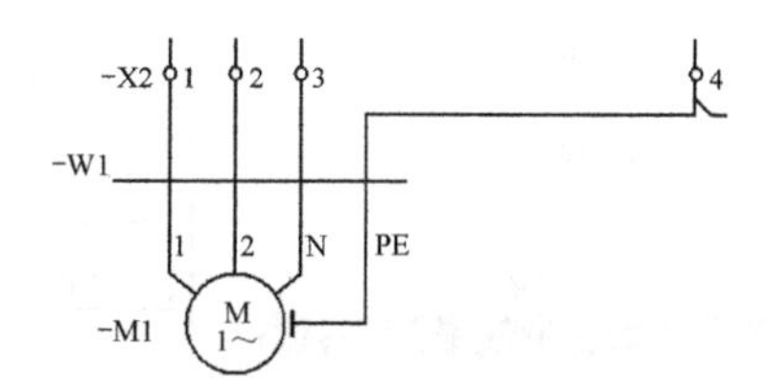

图 7-91　电缆定义

注意：系统在电缆定义线和连接交叉点上自动放置了连接定义点，否则无法为连接赋予电缆芯线。

❷ 在“属性（元件）：电缆”对话框中可定义标识符，并设置电缆的其他电气属性，如图 7-92 所示。

属性(元件): 电缆

电缆 | 显示 | 符号数据/功能数据 | 部件 | 格式 | 直线

显示设备标识符: (D) -W1
完整设备标识符: (F) =+-W1
类型: (T) ZR-YJV
功能文本: (I)
连接数: (N) 4
长度: (L) 50 m
连接:截面积/直径: (C) 2.5
单位: (U) mm²
电压: (V)
主功能 (M)

图 7-92　“属性（元件）：电缆”对话框

7.9.2 电缆的选型

电缆选型可分为自动选型和手动选型（建议使用自动选型，可自动分配电缆芯线）。

1．自动选型

电缆的自动选型功能可根据电缆模板，自动为其分配电缆芯线。

❶ 在电气原理图中，选中需要自动选型的电缆，单击鼠标右键，在弹出的快捷菜单中选择“属性”命令，进入“属性（元件）：电缆”对话框，在“部件”选项卡中单击“设备选择”按钮，打开“设备选择 多线=A+C-W1（电缆定义）-ESS_part001.mdb”对话框，如图 7-93 所示。

❷ 选中某一电缆编号，在“选择的部件：功能/模板”选项组中可显示电缆的细节，如电缆的连接颜色、连接编号、连接截面积等。

❸ 单击“确定”按钮，部件编号将被写入电缆属性。关闭“属性（元件）：电缆”对话框，在电气原理图中即可看到电缆的 4 根芯线被正确指派到 4 个连接上，特别是将接地零线 GNYE 正确分配给电机的接地回路，并显示电缆名称、电缆型号和电压等级等相关电缆参数，如图 7-94 所示。

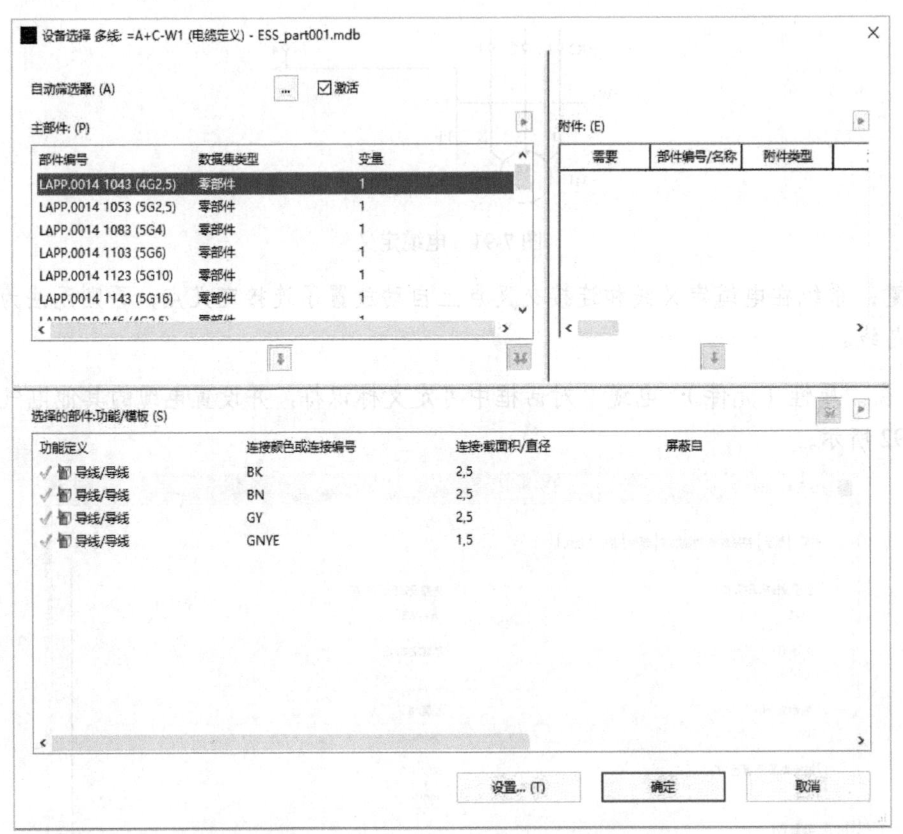

图 7-93 “设备选择 多线：=A+C-W1（电缆定义）-ESS_part001.mdb”对话框

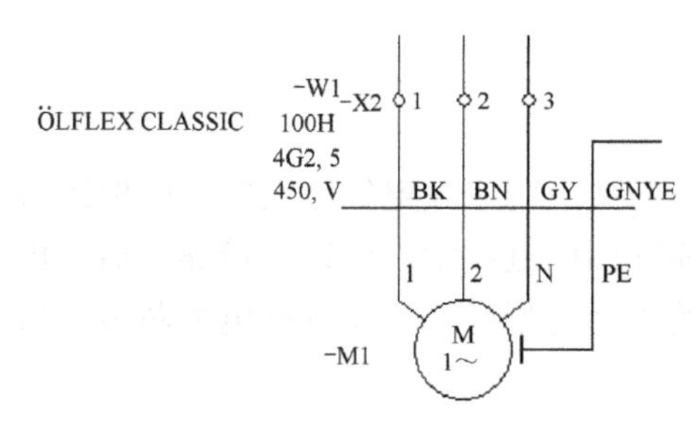

图 7-94 电缆自动选型

2. 手动选型

在应用电缆的手动选型功能之前，只有先对电缆进行编辑和调整才能正确分配电缆芯线。

❶ 在电气原理图中，选中需要选型的电缆，单击鼠标右键，在弹出的快捷菜单中选择"属性"命令，进入"属性（元件）：电缆"对话框，在"部件"选项卡中可为电缆选型。

❷ 单击"部件编号"后的[...]按钮，打开"部件选择-ESS_part001.mdb"对话框，如图 7-95 所示。浏览电缆类别中的电缆，选择一根大于 4 芯的电缆，单击"确定"按钮，将部件编号写入电缆属性。

图 7-95 "部件选择-ESS_part001.mdb"对话框

❸ 再次单击"确定"按钮，关闭"属性（元件）：电缆"对话框。在电气原理图中只显示电缆名称、电缆型号和电压等级等相关电缆参数，并没有将电缆的 4 个芯线正确指派到 4 个连接上，如图 7-96 所示。

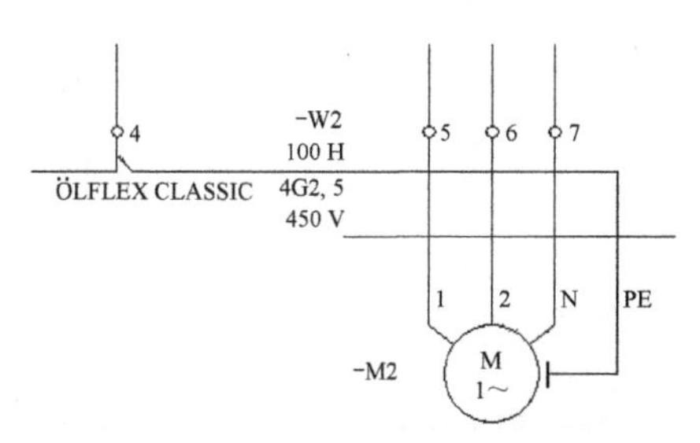

图 7-96 电缆手动选型

7.9.3 电缆的编辑

电缆编辑的作用是在不需要手动更改电气原理图中的电缆芯线的情况下达到调节电缆芯线的目的。在设计电气原理图的过程中，经过大量操作后，电缆芯线与端子不再按原有顺序接线，特别是在电缆的手动选型时，不能进行电缆芯线的自动匹配，这时就需要进行电缆编辑。

❶ 选中需要编辑的电缆，选择菜单栏中的“项目数据”→“电缆”→“编辑”命令，或者在“电缆”导航器中单击鼠标右键，在弹出的快捷菜单中选择“编辑”命令，即可打开选中电缆的编辑电缆对话框，如图 7-97 所示：左侧窗格描述了真实电缆的模板；右侧窗格描述了此电缆赋予的原理图连接情况。

❷ 单击按钮，可将电缆的连接上下移动，当电缆的连接与左侧电缆模板对应时，表示电缆芯线被正确指派，如图 7-98 所示。

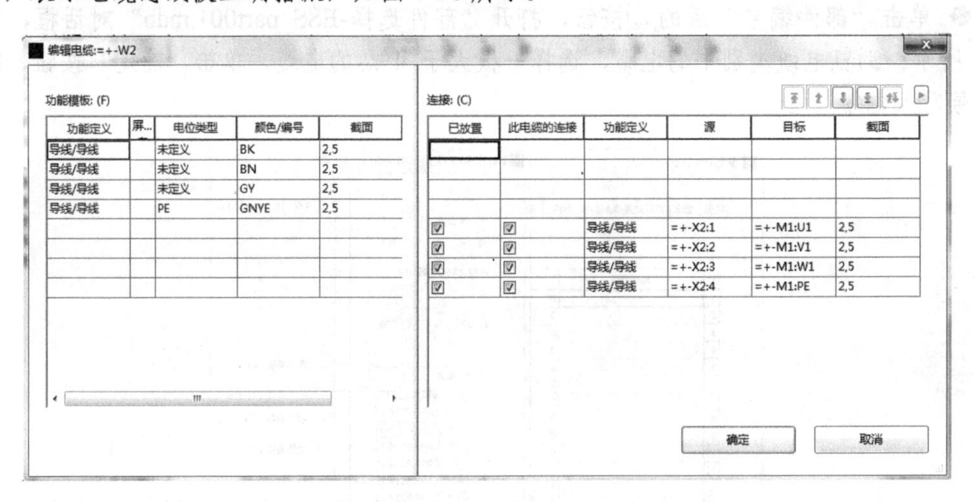

图 7-97 选中电缆的编辑电缆对话框

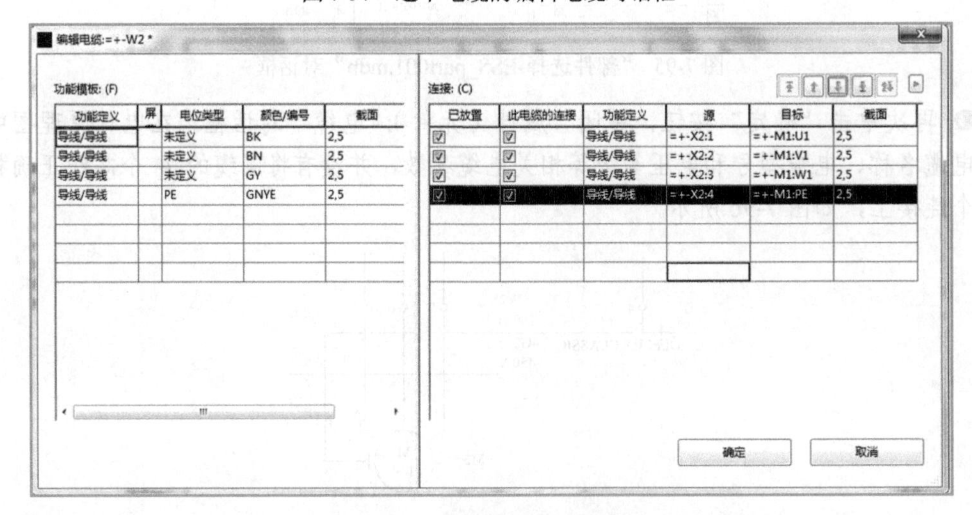

图 7-98 电缆芯线被正确指派

❸ 在电缆芯线被正确指派给相应连接后，通过交换连接方式可实现电气原理图中电缆芯线的互换，如图 7-99 所示。

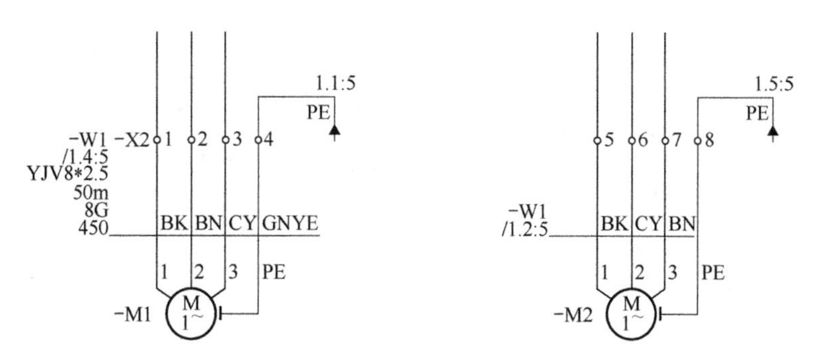

图 7-99　电缆芯线互换

7.9.4　电缆的编号

由于各项目的设备编号规则不尽相同，因此需要对电缆进行重新编号。

❶ 选定需要编号的电缆区域，选择菜单栏中的“项目数据”→“电缆”→“编号”命令，如图 7-100 所示，或在“电缆”导航器中单击鼠标右键，在弹出的快捷菜单中选择“电缆设备标识符编号”命令，弹出“对电缆编号”对话框，如图 7-101 所示。

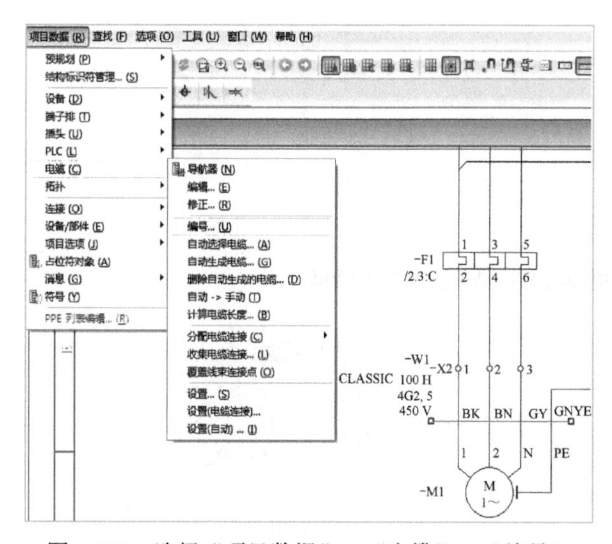

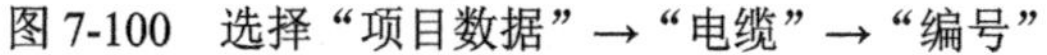

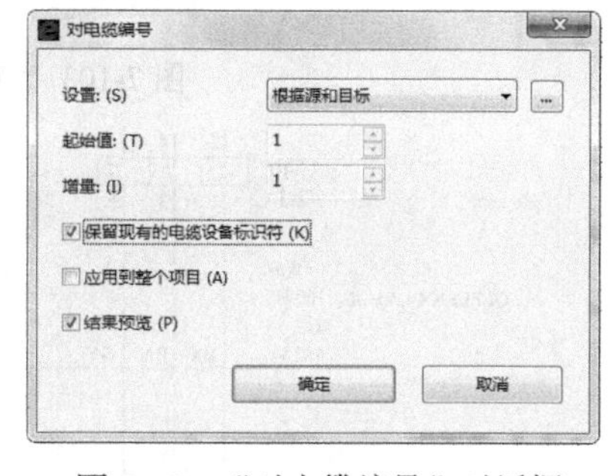

图 7-100　选择“项目数据”→“电缆”→“编号”　　图 7-101　“对电缆编号”对话框

❷ 单击“设置”下拉列表右侧的 ... 按钮，进入“设置：电缆编号”对话框，如图 7-102 所示。在“格式：（F）”下拉列表中选择“根据源和目标”选项，在“配置”下拉列表中选择“根据源和目标”选项。

❸ 单击“确定”按钮，关闭“设置：电缆编号”对话框，弹出“对电缆编号：结果预览”对话框，如图 7-103 所示。确认无误后，单击“确定”按钮。电缆编号的前后对比如图 7-104 所示。

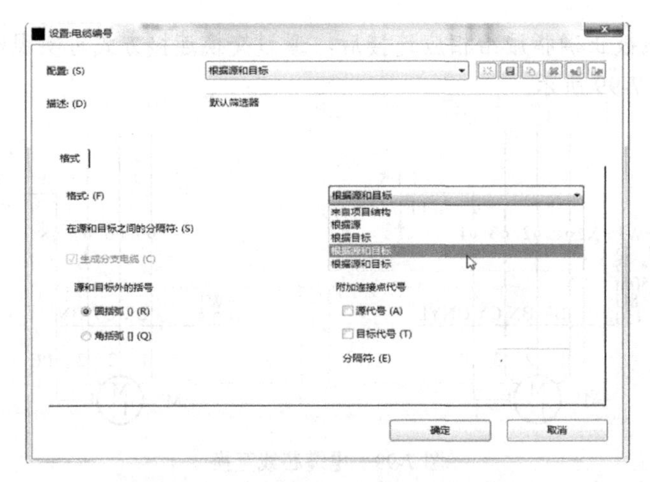

图 7-102 “设置：电缆编号”对话框

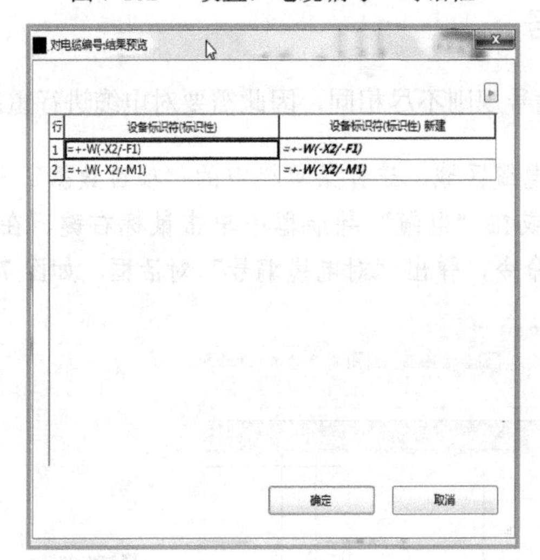

行	设备标识符(标识性)	设备标识符(标识性) 新建
1	=+-W(-X2/-F1)	=+-W(-X2/-F1)
2	=+-W(-X2/-M1)	=+-W(-X2/-M1)

图 7-103 “对电缆编号：结果预览”对话框

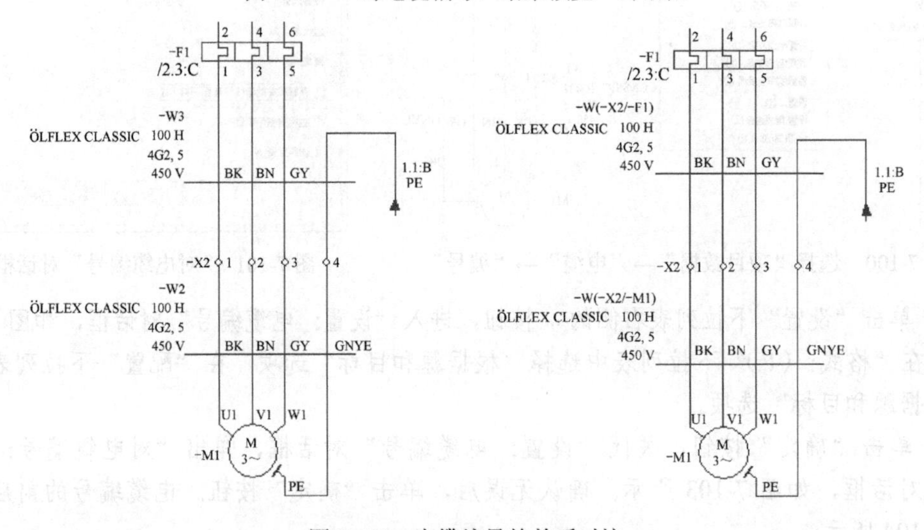

图 7-104 电缆编号的前后对比

7.9.5　电缆的屏蔽

❶ 选择菜单栏中的“插入”→“屏蔽”命令可绘制电缆的屏蔽层。在屏蔽符号附在光标上后，选择屏蔽电缆的放置位置，单击鼠标左键可定义屏蔽电缆的起点。移动光标，再次单击鼠标左键时即可定义屏蔽电缆的终点。

❷ 放置好屏蔽电缆后，单击鼠标右键，在弹出的快捷菜单中选择“屏蔽电缆”命令，弹出“属性（元件）：屏蔽”对话框。

❸ 单击“显示设备标识符”文本框后的[...]按钮，弹出“设备标识符-选择”对话框，如图 7-105 所示。选择 W2（电缆标识），单击“确定”按钮关闭所有对话框。

注意： 通常情况下，屏蔽层要有接地示意标识。在放置屏蔽线后，屏蔽线的终点旁会有一个连接点，该连接点可对外连线。屏蔽线的接地效果如图 7-106 所示。

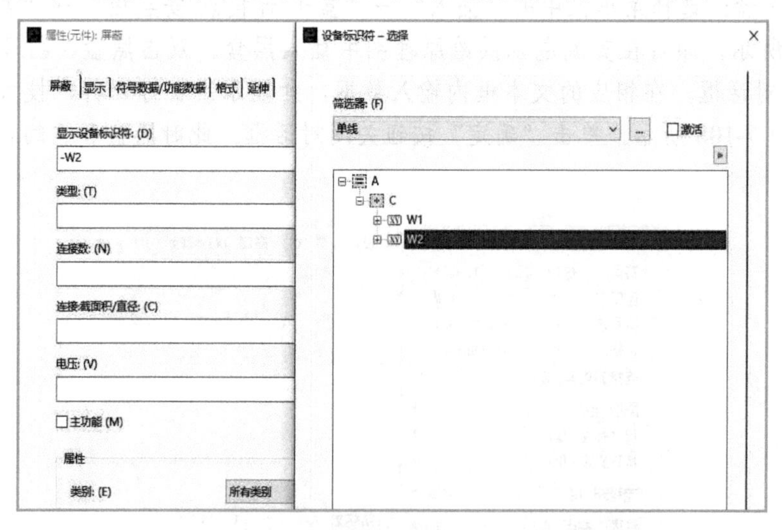

图 7-105　“设备标识符-选择”对话框

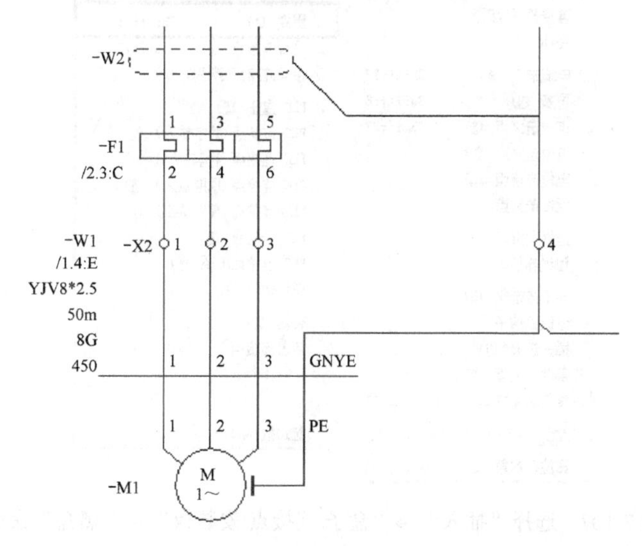

图 7-106　屏蔽线的接地效果

7.10 黑盒使用

黑盒由图形元件组成。在电气设计过程中，很多工作场景都需要利用黑盒处理，例如，描述符号库中没有的设备和配件符号；描述符号库中不完整的设备和配件等。

7.10.1 黑盒的制作

在小车送料控制系统中，使用的电源采用三相交流电源输入、双 24V 直流电源输出。在软件自带的符号库中，没有表示该电源的符号。由于这种电源只是在本项目中临时使用，因此在设计时使用黑盒进行描述。下面将举例说明黑盒的制作步骤。

❶ 插入黑盒：选择菜单栏中的“插入”→“盒子/连接点/安装板”→“黑盒”命令，如图 7-107 所示，即可在直流电源供给原理图中插入黑盒。双击黑盒，打开“属性（元件）：黑盒”对话框，在相应的文本框内输入数据，如显示设备标识符、技术参数、功能文本等，如图 7-108 所示。单击“确定”按钮关闭对话框。此时黑盒和它的属性一起被写入项目中。

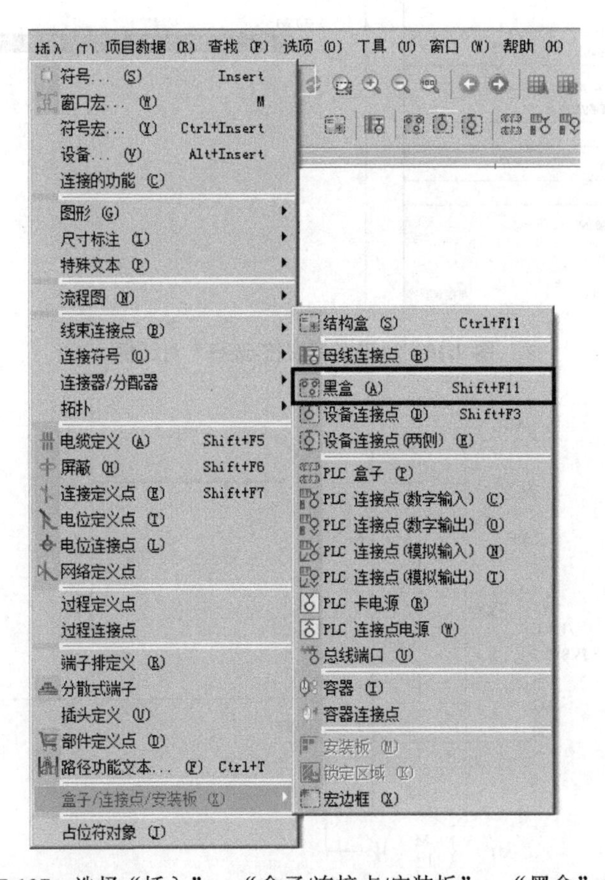

图 7-107 选择“插入”→“盒子/连接点/安装板”→“黑盒”命令

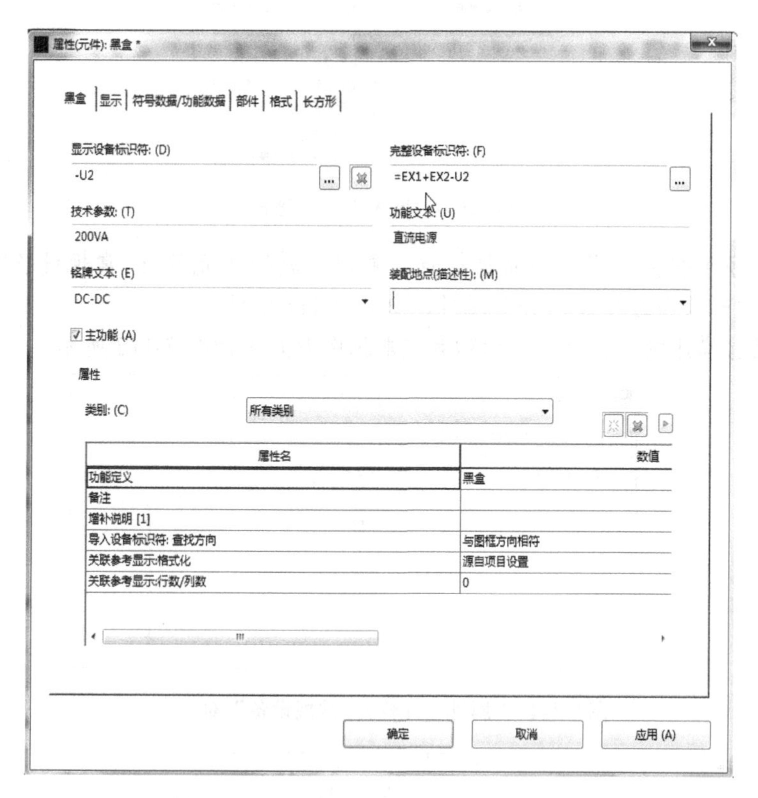

图 7-108 “属性（元件）：黑盒”对话框

注意：通常情况下，黑盒为长方形，但有些黑盒为多边形。

❷ 绘制图形：通过绘图工具在黑盒内部绘制一个三相交流电源和直流电源图形，如图 7-109 所示。

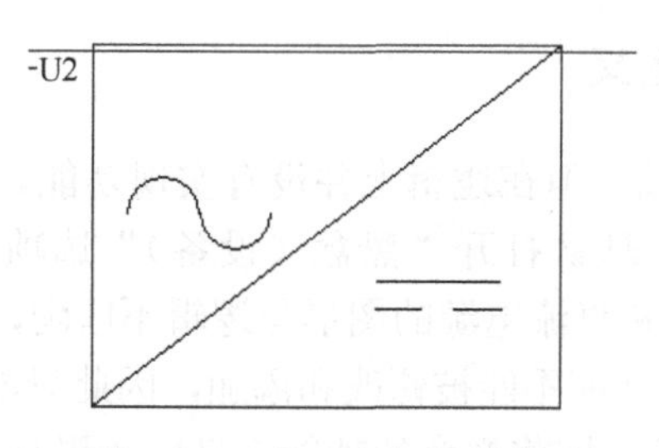

图 7-109　在黑盒中绘制图形

❸ 插入设备连接点：由于黑盒代表一个物理设备，因此对黑盒而言，重要的是对外连接，而不是内部连接。设备连接点通常用来进行黑盒的外部连接（连接点分为两种：单向连接和双向连接）。选择菜单栏中的“插入”→“盒子/连接点/安装板”→“设备连接点”命令，此时，设备连接点将系附在光标上，按 Tab 键选择想要的设备连接点变量，按住鼠标左键，移动光标，将连接点放在所要放置的位置，完成插入设备连接点操作，如图 7-110 所示。

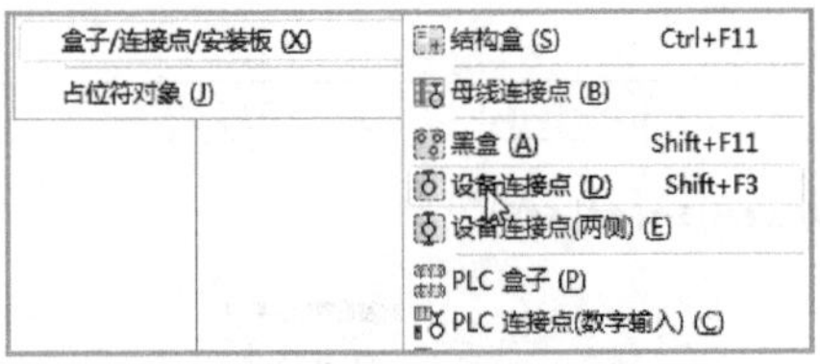

图 7-110　插入设备连接点

❹ 编辑设备连接点：双击设备连接点，弹出“属性（元件）：常规设备”对话框，即可在对话框中编辑设备连接点的相关属性，如图 7-111 所示。

❺ 利用黑盒描述的三相交流电源和直流电源图形效果如图 7-112 所示。

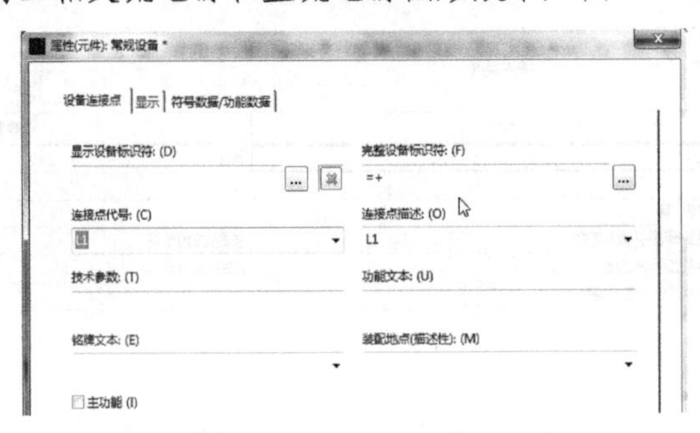

图 7-111　“属性（元件）：常规设备”对话框

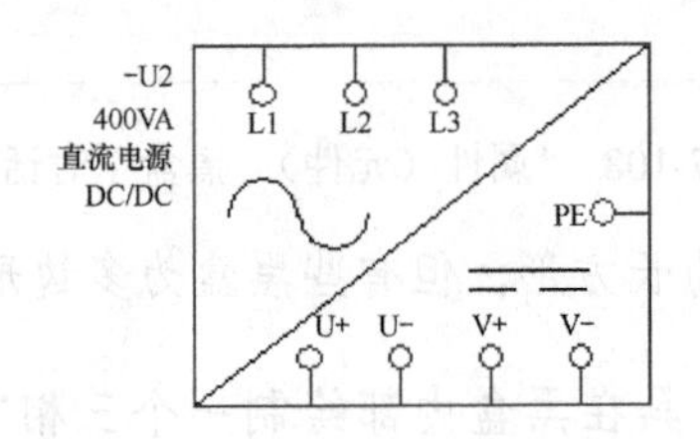

图 7-112　利用黑盒描述图形效果

7.10.2　黑盒的功能定义

至此，虽黑盒已制作完成，但在逻辑上并没有实现功能。双击制作的黑盒，弹出“属性（全局）：黑盒”对话框，默认打开“黑盒（设备）”选项卡（在选项卡中仍显示“黑盒”，这是因为三相交流电源和直流电源的图形与逻辑不匹配，需要重新为黑盒进行功能定义）。由于 EPLAN 的功能定义库不能被修改和添加，因此只能将三相交流电源和直流电源归到相似的类别中——电压源，即将黑盒的功能定义由“黑盒”改为“电压源，可变”，操作步骤如下。

❶ 在“属性（全局）：黑盒”对话框中，打开“符号数据/功能数据”选项卡。单击“功能数据（逻辑）”选项组中“定义”文本框后的…按钮，弹出“功能定义”对话框。

❷ 选中“电压源，可变”选项，连续单击“确定”按钮，即可将黑盒的功能定义由“黑盒”改为“电压源，可变”，如图 7-113 所示。

❸ 再次双击黑盒，弹出“属性（全局）：黑盒”对话框，默认打开的是“电压源（设备）”选项卡，此时三相交流电源和直流电源的图形与逻辑匹配。

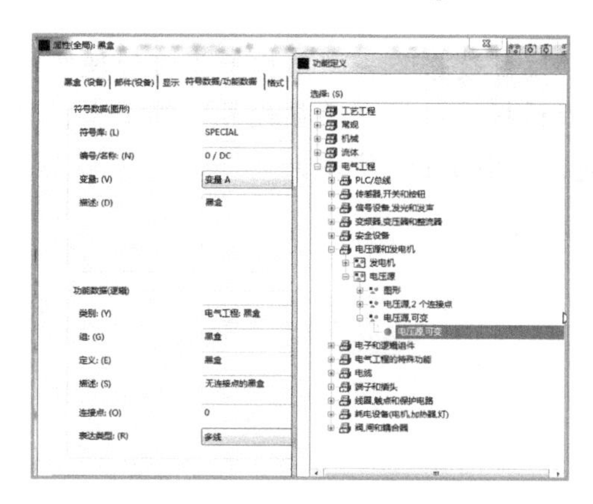

图 7-113 “功能定义”对话框

7.10.3 黑盒的组合

虽然利用绘图工具完成了黑盒、设备连接点、黑盒内部的图形要素的绘制，但它们都是分散的，在移动黑盒或设备连接点时，仅仅是对个体对象的移动，此时需要将整个黑盒的各个对象绑定在一起：选中黑盒及其中的所有对象，按下键盘中的“G”键，或选择菜单栏中的“编辑”→“其他”→“组合”命令，将它们组合在一起，组合后的黑盒可整体移动。若选择菜单栏中的“编辑”→“其他”→“取消组合”命令，则可取消黑盒中各个对象的组合。

7.11 实例：电机正反转电路设计

7.11.1 绘制电机主回路

1. 新建项目

❶ 选择菜单栏中的“项目”→“新建”命令，创建一个“电机正反转电路”项目。修改该项目的项目属性，如图 7-114 所示。

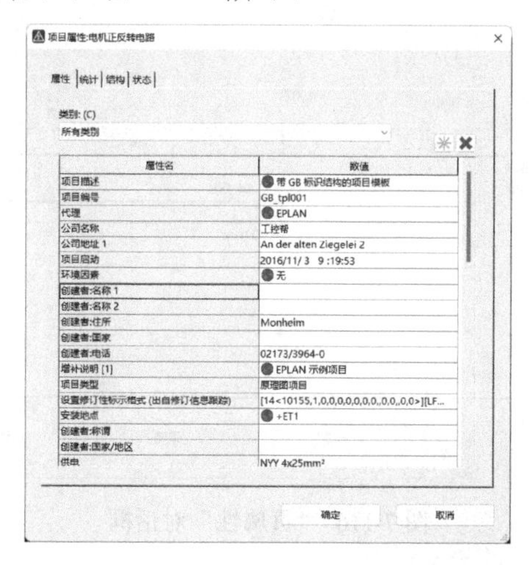

图 7-114 “项目属性：电机正反转电路”对话框

❷ 选择菜单栏中的“项目数据”→“结构标识符管理”命令，弹出“结构标识符管理-电机正反转电路”对话框，打开“高层代号”选项卡，单击右侧的按钮，添加高层代号的名称和结构描述，如图 7-115 所示。

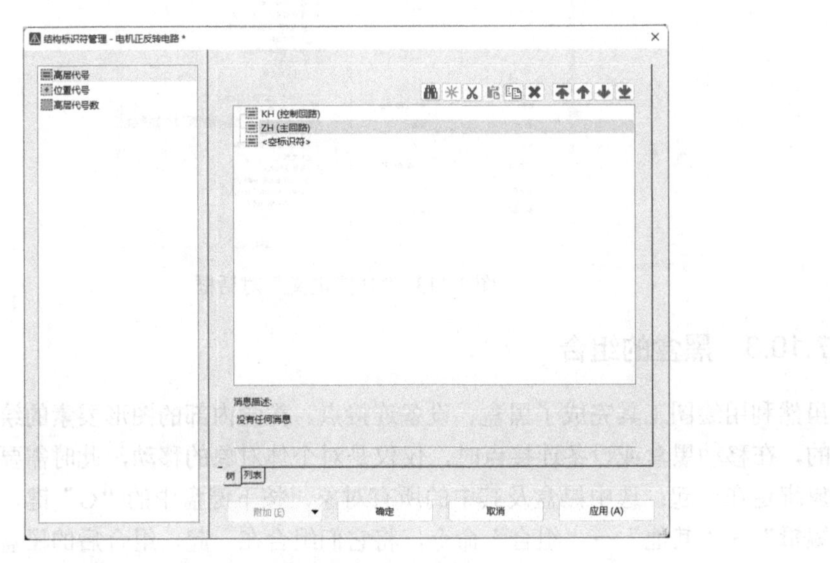

图 7-115 “结构标识符管理-电机正反转电路”对话框

❸ 选择菜单栏中的“页”→“新建”命令，或者选中“电机正反转电路”项目后，单击鼠标右键，在弹出的快捷菜单中选择“新建”命令，打开“页属性”对话框。设置“完整页名”“页类型”“图框名称”“比例”选项，如图 7-116 所示。

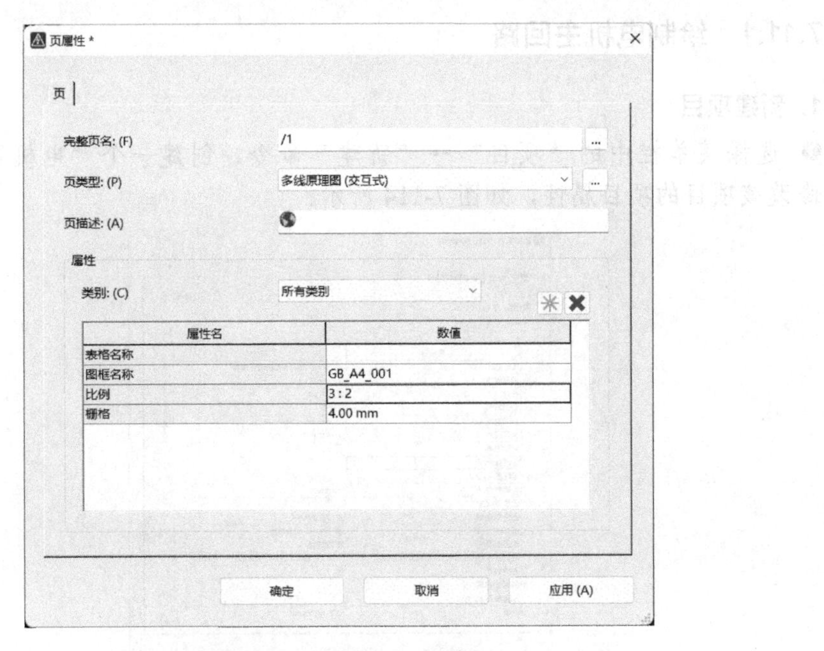

图 7-116 “页属性”对话框

至此，新建项目完成，效果如图 7-117 所示。

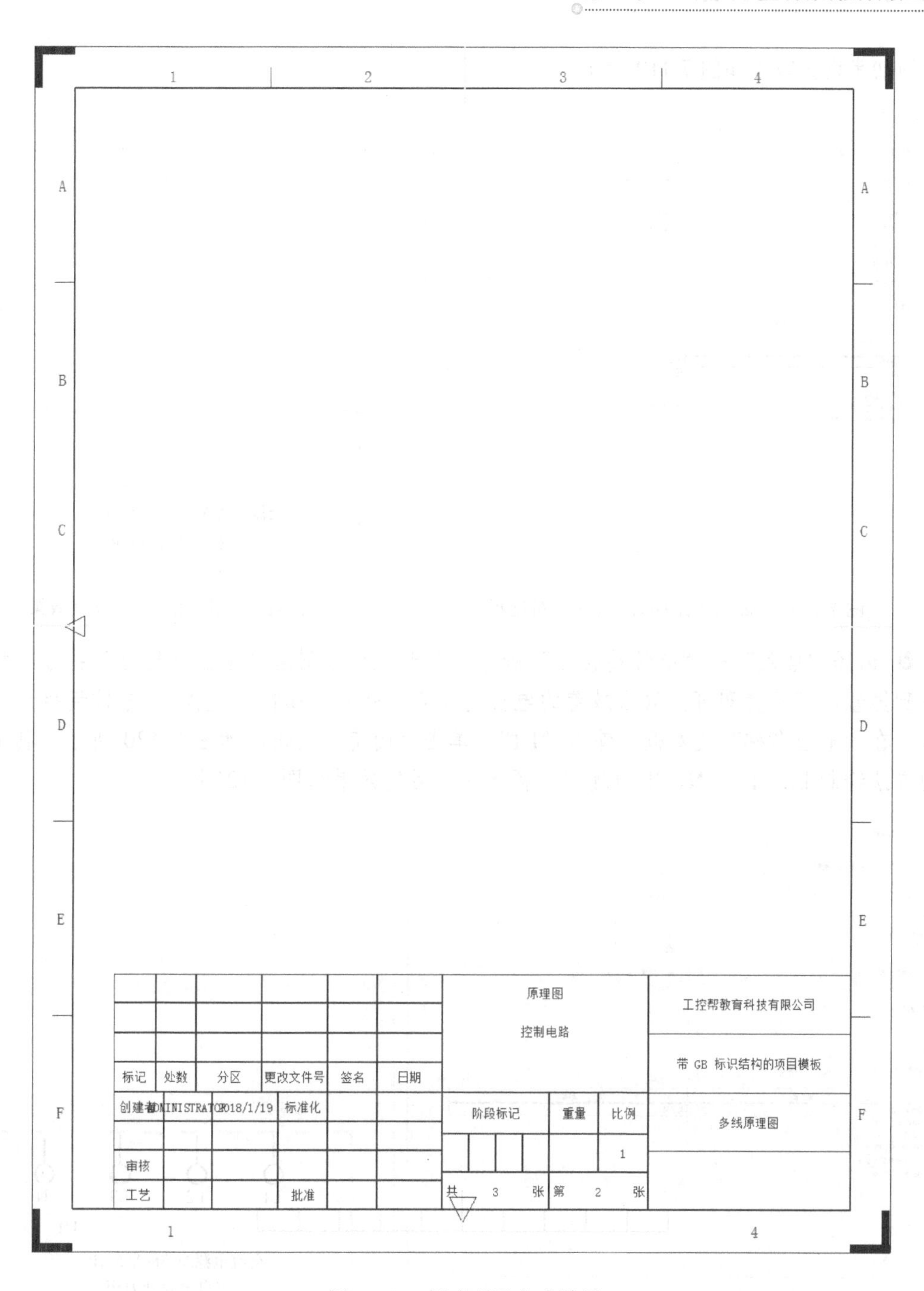

图 7-117　新建项目完成效果

2. 绘制电源

❶ 选择菜单栏中的“插入”→“盒子/连接点/安装板”→“黑盒”命令，即可在电气原理图中插入黑盒。双击黑盒，打开“属性（元件）：黑盒”对话框，在“显示设备标识符”文本框中输入“-U1”，在“技术参数”文本框中输入“交流电源 AC380V 50Hz”，在“功能文本”文本框中输入“来自电源动力柜”，如图 7-118 所示。单击“确定”按钮关闭对话框，

黑盒的初步设置效果如图 7-119 所示。

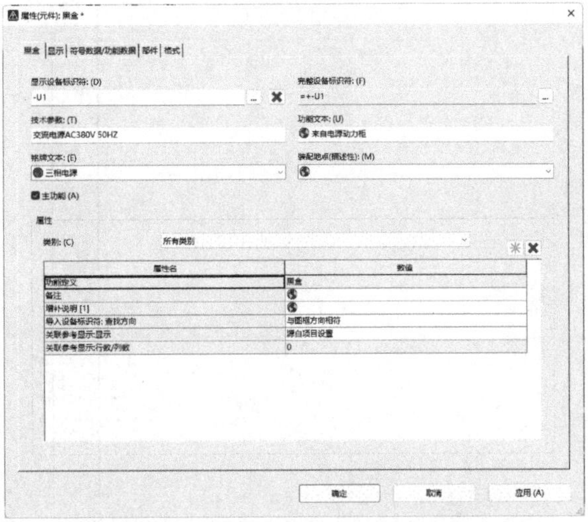

图 7-118 “属性（元件）：黑盒”对话框

图 7-119 黑盒的初步设置效果

❷ 选择“插入”→“电位连接点”命令，此时光标旁附着“电位连接点”符号，移动光标到黑盒内部放置即可。双击放置的电位连接点，弹出“属性（元件）：电位连接点”对话框，在“电位名称”文本框中输入“L1”，单击“确定”按钮，如图 7-120 所示。利用同样的方法绘制 L2、L3、N，电位连接点插入完成后的效果如图 7-121 所示。

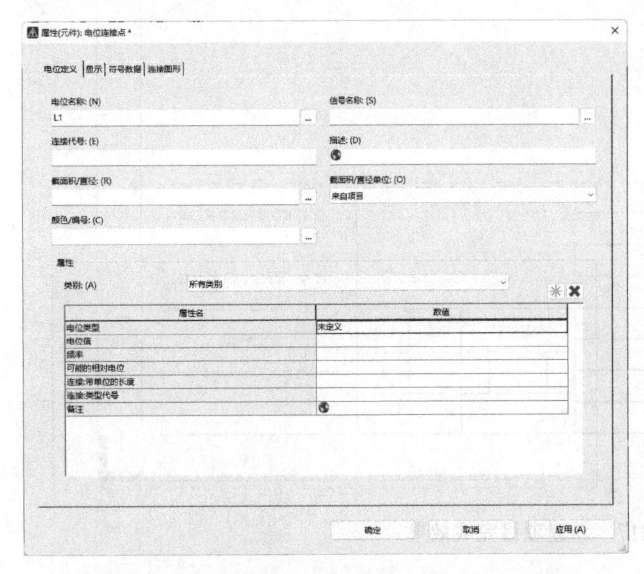

图 7-120 “属性（元件）：电位连接点”对话框

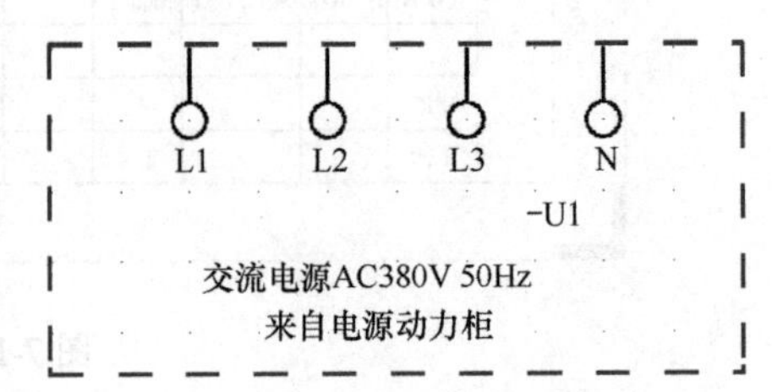

图 7-121 电位连接点插入完成后的效果

3. 插入中断点和断路器

❶ 选择菜单栏中的“插入”→“连接符号”→“中断点”命令，此时“中断点”符号将附着在光标上，可将其放置在图纸右半部分作为电源中断点，如图 7-122 所示。

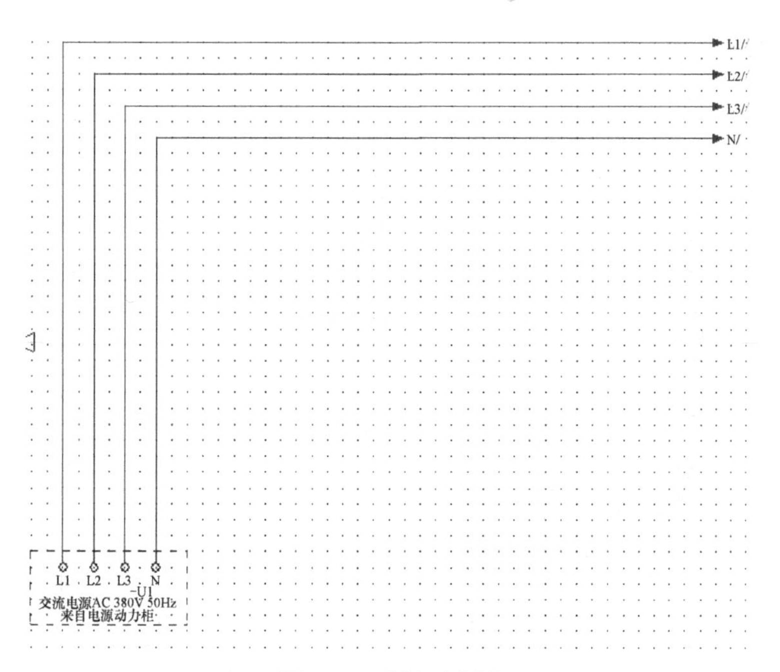

图 7-122 插入中断点

❷ 选择“插入”→“符号”命令，弹出“符号选择”对话框，选择“GB_symbol”→“电气工程”→“安全设备”→“断路器”，如图 7-123 所示。

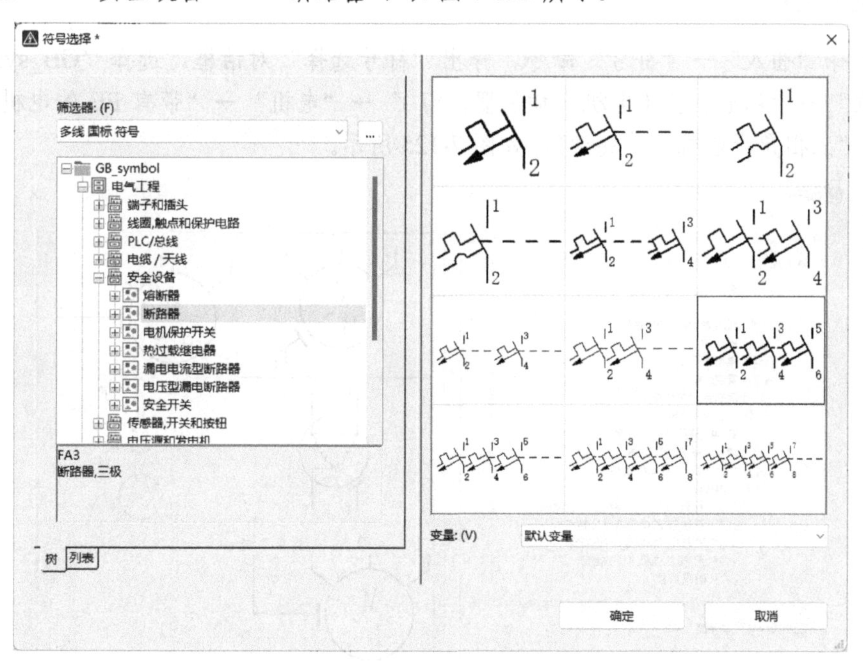

图 7-123 “符号选择”对话框

❸ 此时“断路器”符号将附着在光标上（可通过 Tab 键改变断路器的方向），选择合适的位置放置断路器即可。双击放置的断路器，弹出“属性（元件）: 常规设备”对话框，如图 7-124 所示。断路器的连接点是 1 进 2 出，3 进 4 出，5 进 6 出。单击“确定”按钮，

完成断路器的属性设置。

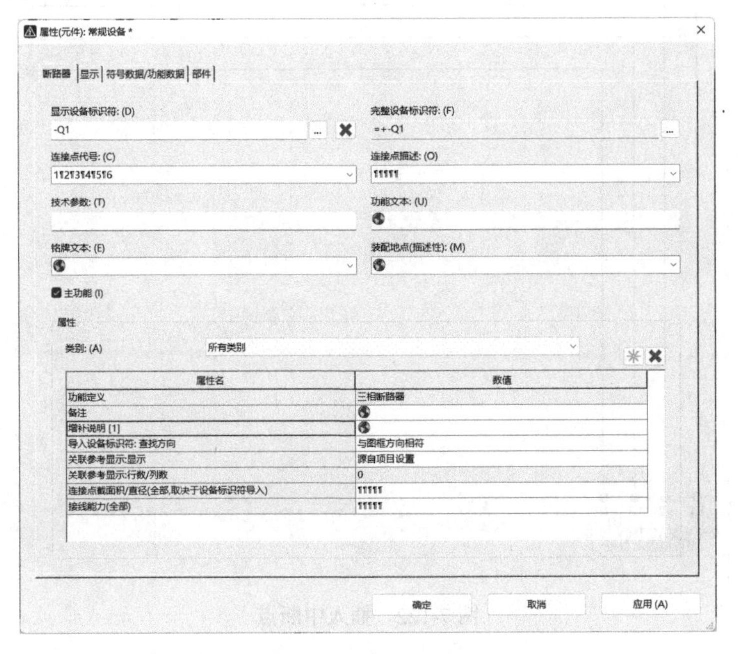

图 7-124 “属性（元件）：常规设备”对话框

4. 插入电机

❶ 选择“插入”→“符号”命令，弹出“符号选择”对话框，选择“GB_symbol”→“电气工程”→“耗电设备（电机，加热器，灯）”→“电机”→“带有 PE 的电机，4 个连接点”→“三相异步电机，单转速”，如图 7-125 所示。

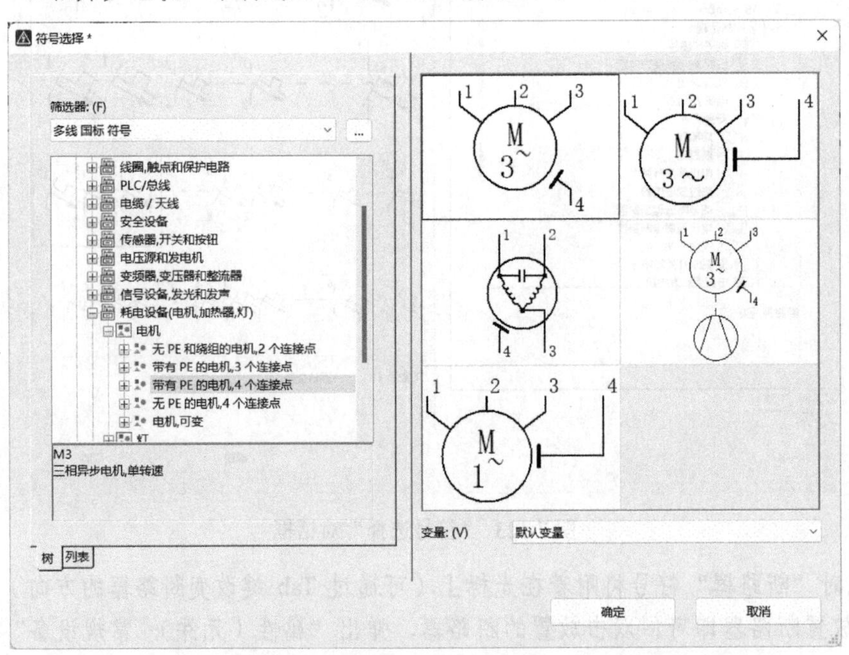

图 7-125 “符号选择”对话框

❷ 单击“确定”按钮，此时三相异步电机的符号将附着在光标上，选择合适的位置放置三相异步电机即可。双击该电机，弹出“属性（元件）：常规设备”对话框，如图 7-126 所示。进行相应的修改后，单击“确定”按钮。

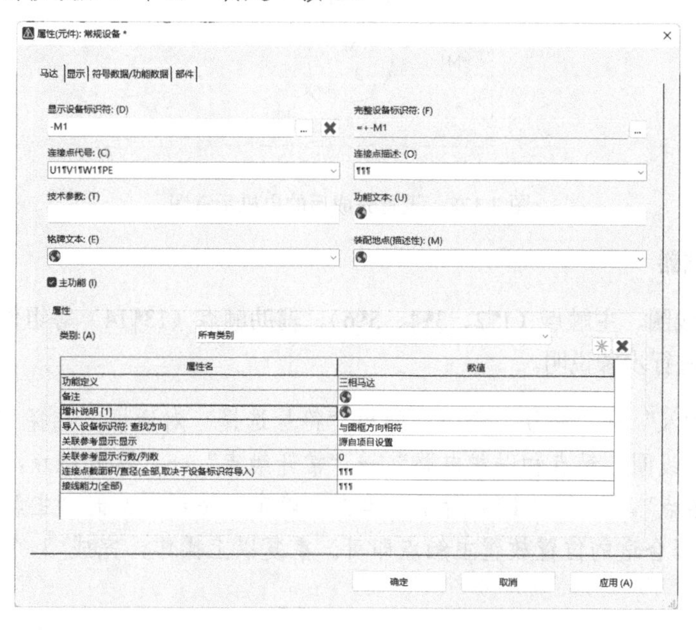

图 7-126 “属性（元件）：常规设备”对话框

❸ 单击工具栏中的“结构盒”工具按钮，此时结构盒的符号将附着在光标上，通过单击确定“结构盒”的第一点，移动光标通过矩形框围住电机“-M1”的符号，通过单击确定“结构盒”的第二点。打开“属性（元件）：结构盒”对话框，在“显示设备标识符”文本框中输入“=ZHWB1”，如图 7-127 所示。设置完成后的电机示意图如图 7-128 所示。

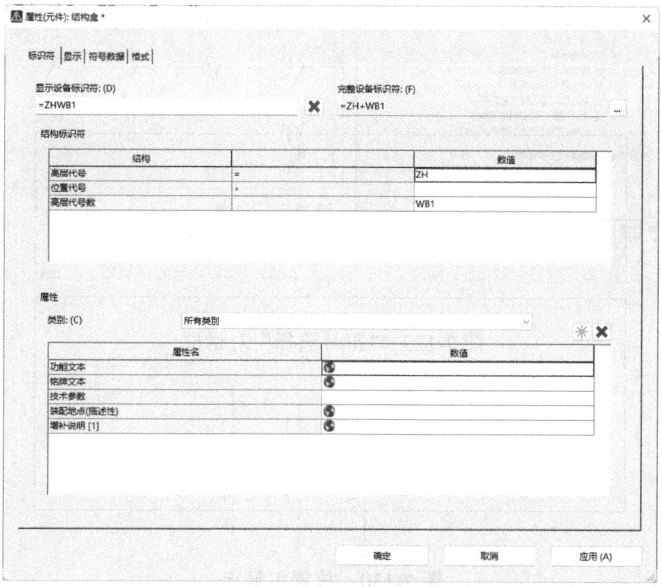

图 7-127 “属性（元件）：结构盒”对话框

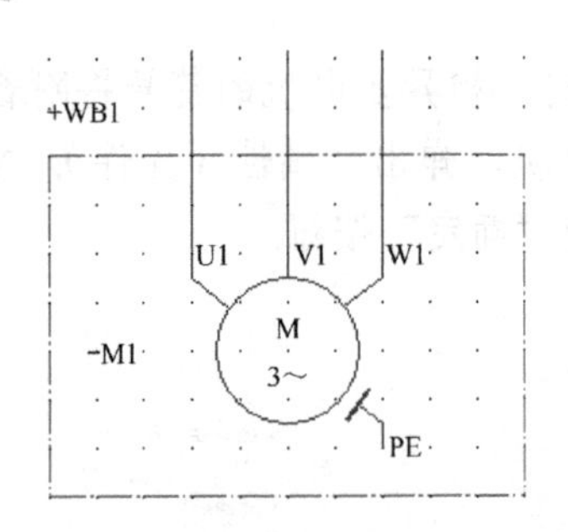

图 7-128　设置完成后的电机示意图

5．插入接触器

接触器是由线圈、主触点（1¶2、3¶4、5¶6）、辅助触点（13¶14）等组件构成的。下面以插入主触点为例进行步骤说明。

❶ 选择“插入”→“符号”命令，弹出“符号选择”对话框，选择“GB_symbol”→“电气工程”→“线圈，触点和保护电路”→“常开触点”→“常开触点，2 个连接点”→“常开触点，主触点”，如图 7-129 所示，单击“确定”按钮，此时“主触点”的符号将附着在光标上，选择合适的位置放置主触点即可。重复以上操作，完成 3 个主触点的放置，如图 7-130 所示。

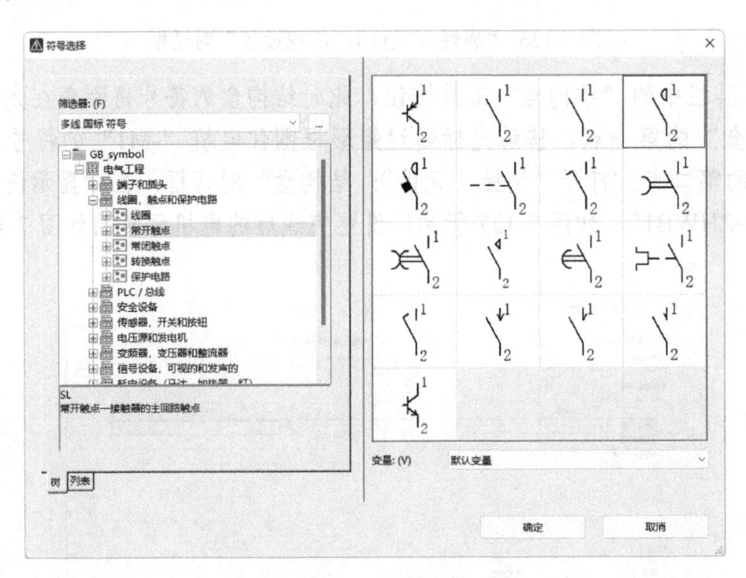

图 7-129　“符号选择”对话框

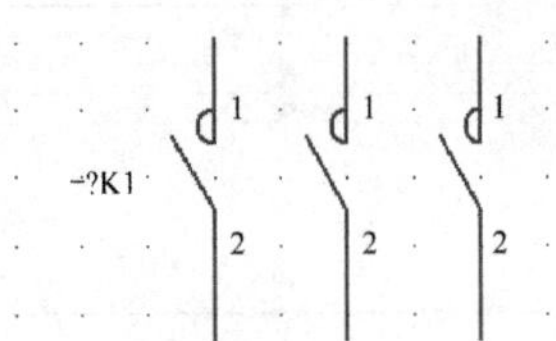

图 7-130　放置主触点

❷ 在放置主触点后，主触点旁将出现“-? K1”的设备标识符号，并且每组连接点都是“1¶2”。由于此时不能确定主触点的主功能（一般是接触器线圈），所以 EPLAN 给出“? ”的提示。用户可手动修改设备标识符和 3 个主触点的连接点代号，修改完成后的效果如图 7-131 所示。

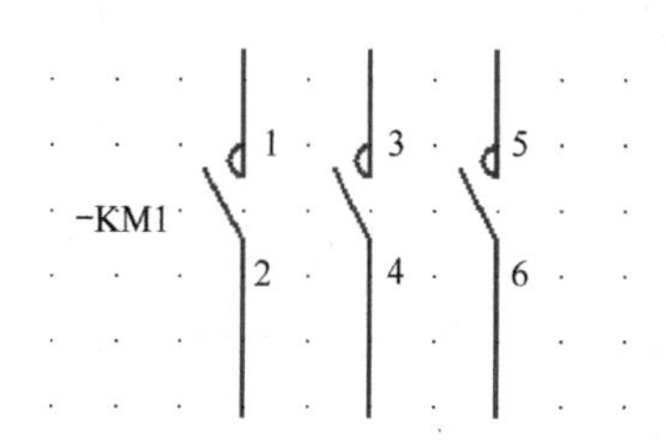

图 7-131　手动修改设备标识符和连接点代号

6．插入电机保护单元

电机保护单元包括熔断器、热过载继电器等。

❶ 选择“插入”→“符号”命令，弹出“符号选择”对话框，选择“GB_symbol”→“电气工程”→“安全设备”→“熔断器”→“三线，常规”，如图 7-132 所示。单击“确定”按钮，此时“熔断器”的符号将附着在光标上，选择合适的位置放置熔断器即可。双击该熔断器，弹出“属性（元件）：常规设备”对话框，在“显示设备标识符”文本框中输入“–FU1”，如图 7-133 所示，效果如图 7-134 所示。

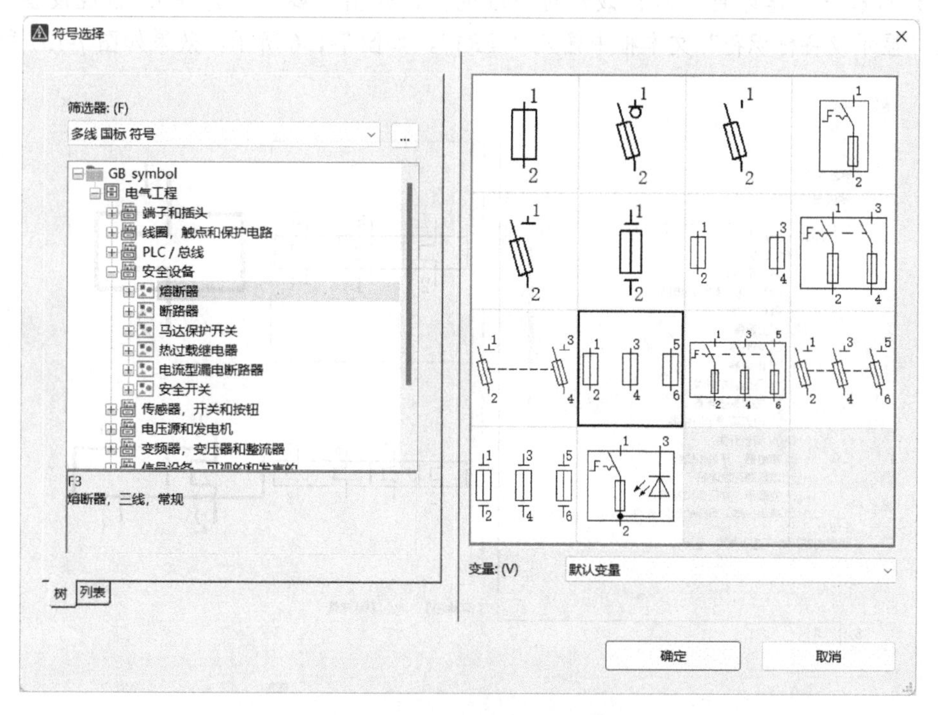

图 7-132　“符号选择”对话框

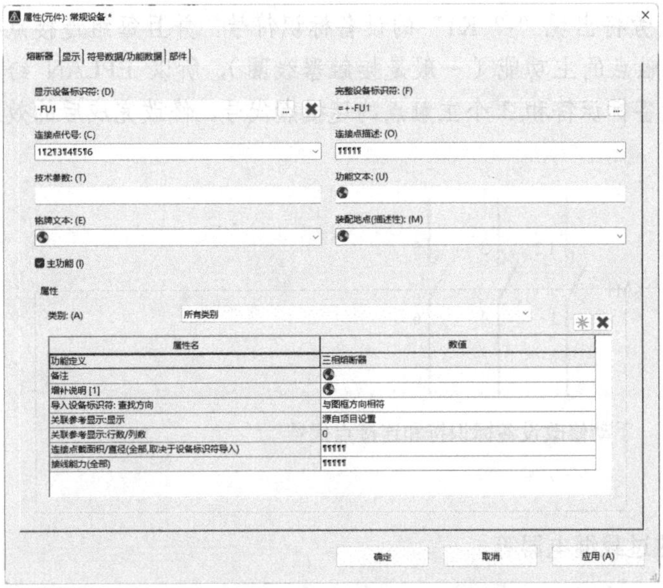

属性(元件)：常规设备 *

熔断器 | 显示 | 符号数据/功能数据 | 部件

显示设备标识符：(D) -FU1

完整设备标识符：(F) =+-FU1

连接点代号：(C) 1¶2¶3¶4¶5¶6

连接点描述：(O) ¶¶¶¶¶

技术参数：(T)

功能文本：(U)

铭牌文本：(E)

装配地点(描述性)：(M)

主功能 (I)

属性

类别：(A) 所有类别

属性名	数值
功能定义	三相熔断器
备注	
增补说明 [1]	
导入设备标识符：查找方向	与图框方向相符
关联参考显示:显示	源自项目设置
关联参考显示:行数/列数	0
连接点截面积/直径(全部,取决于设备标识符导入)	¶¶¶¶¶
接线能力(全部)	¶¶¶¶¶

确定　取消　应用 (A)

图 7-133 “属性（元件）：常规设备”对话框

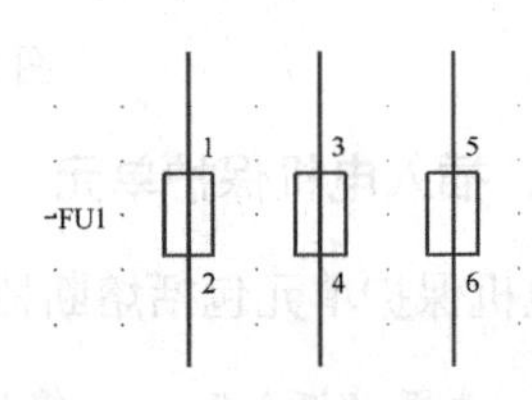

图 7-134 放置熔断器效果

❷ 选择“插入”→“符号”命令，弹出“符号选择”对话框，选择“GB_symbol”→“电气工程”→“安全设备”→“热过载继电器”→“ 热过载继电器，三线”，如图 7-135 所示。单击“确定”按钮，此时“热过载继电器”的符号将附着在光标上，选择合适的位置放置热过载继电器即可。双击该热过载继电器，弹出“属性（元件）：常规设备”对话框，在“显示设备标识符”文本框中输入“-FR1”，如图 7-136 所示，效果如图 7-137 所示。

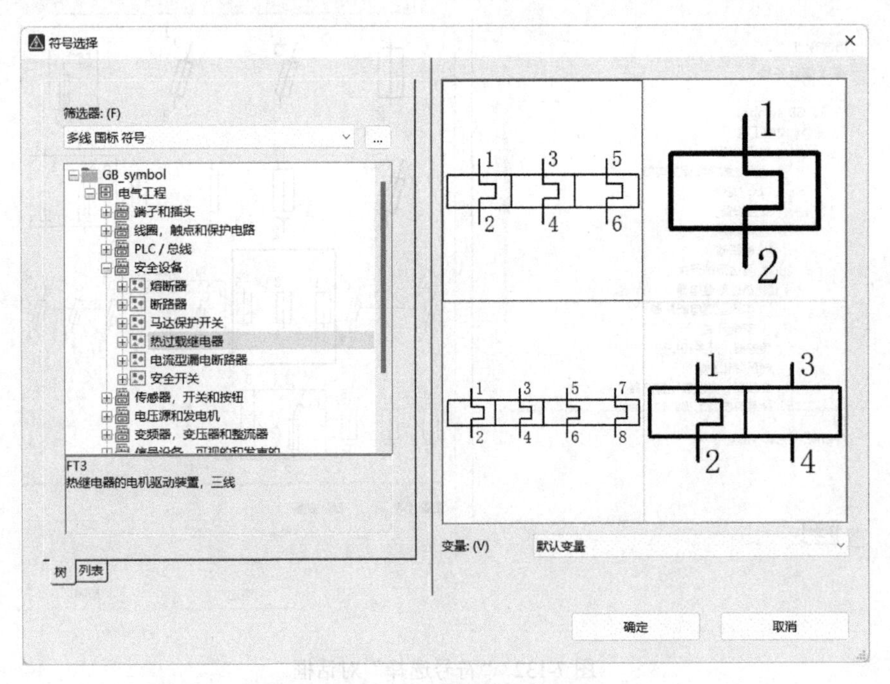

图 7-135 “符号选择”对话框

属性(元件): 常规设备 *

热过载继电器 | 显示 | 符号数据/功能数据 | 部件

显示设备标识符: (D) -FR1

完整设备标识符: (F) =+-FR1

连接点代号: (C) 1¶2¶3¶4¶5¶6

连接点描述: (O) ¶¶¶¶¶

技术参数: (T)

功能文本: (U)

铭牌文本: (E)

装配地点(描述性): (M)

主功能 (I)

属性

类别: (A) 所有类别

属性名	数值
功能定义	散热（双金属器件延时）
备注	
增补说明 [1]	
导入设备标识符: 查找方向	与图框方向相符
关联参考显示: 显示	源自项目设置
关联参考显示: 行数/列数	0
连接点截面积/直径(全部,取决于设备标识符导入)	¶¶¶¶¶
接线能力(全部)	¶¶¶¶¶

确定　取消　应用 (A)

图 7-136 “属性（元件）：常规设备”对话框

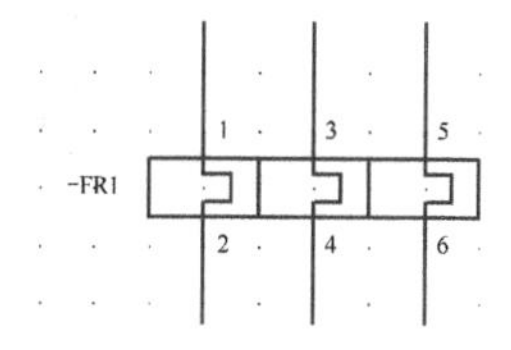

图 7-137　放置热过载继电器效果

7. 连接线路

复制一个接触器，命名为-KM2，利用 T 节点完成线路连接，如图 7-138 所示。

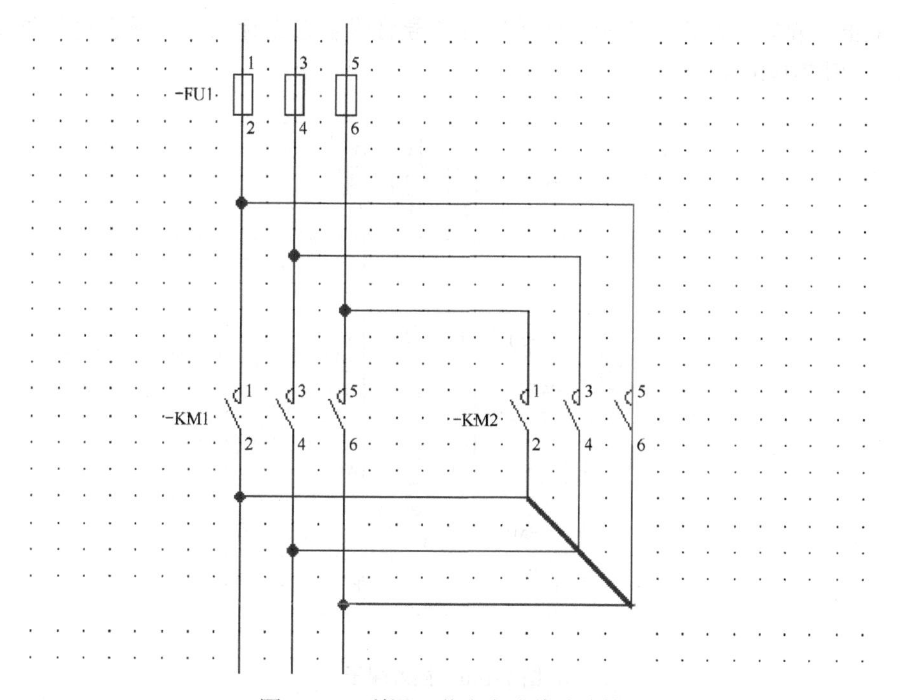

图 7-138　利用 T 节点完成线路连接

8. 插入端子

❶ 选择“插入”→“符号”命令，弹出“符号选择”对话框，选择“GB_symbol”→“电

气工程”→“端子和插头”→“端子”→“端子，2 个连接点”→“X2_NB”，如图 7-139 所示。

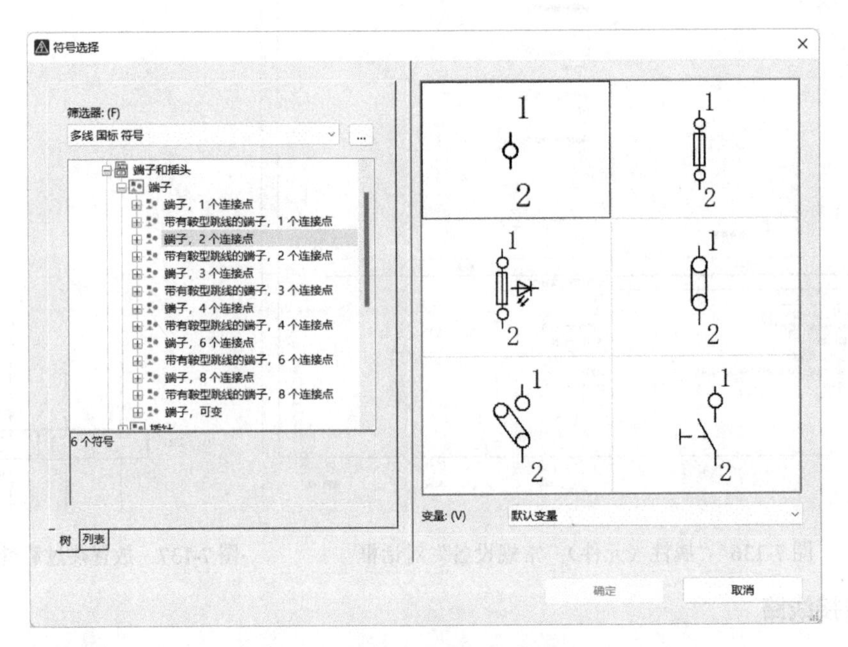

图 7-139 “符号选择”对话框

❷ 单击“确定”按钮，此时“端子”的符号将附着在光标上，选择合适的位置放置端子即可，如图 7-140 所示。

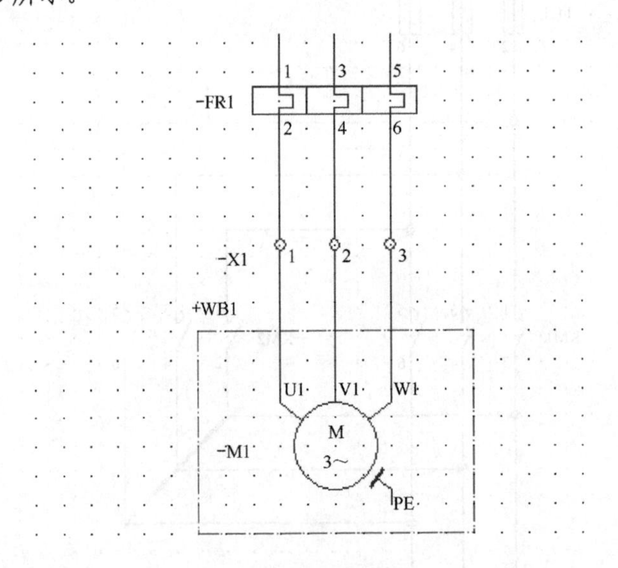

图 7-140 插入端子

至此，电机的主回路绘制完成，效果如图 7-141 所示。

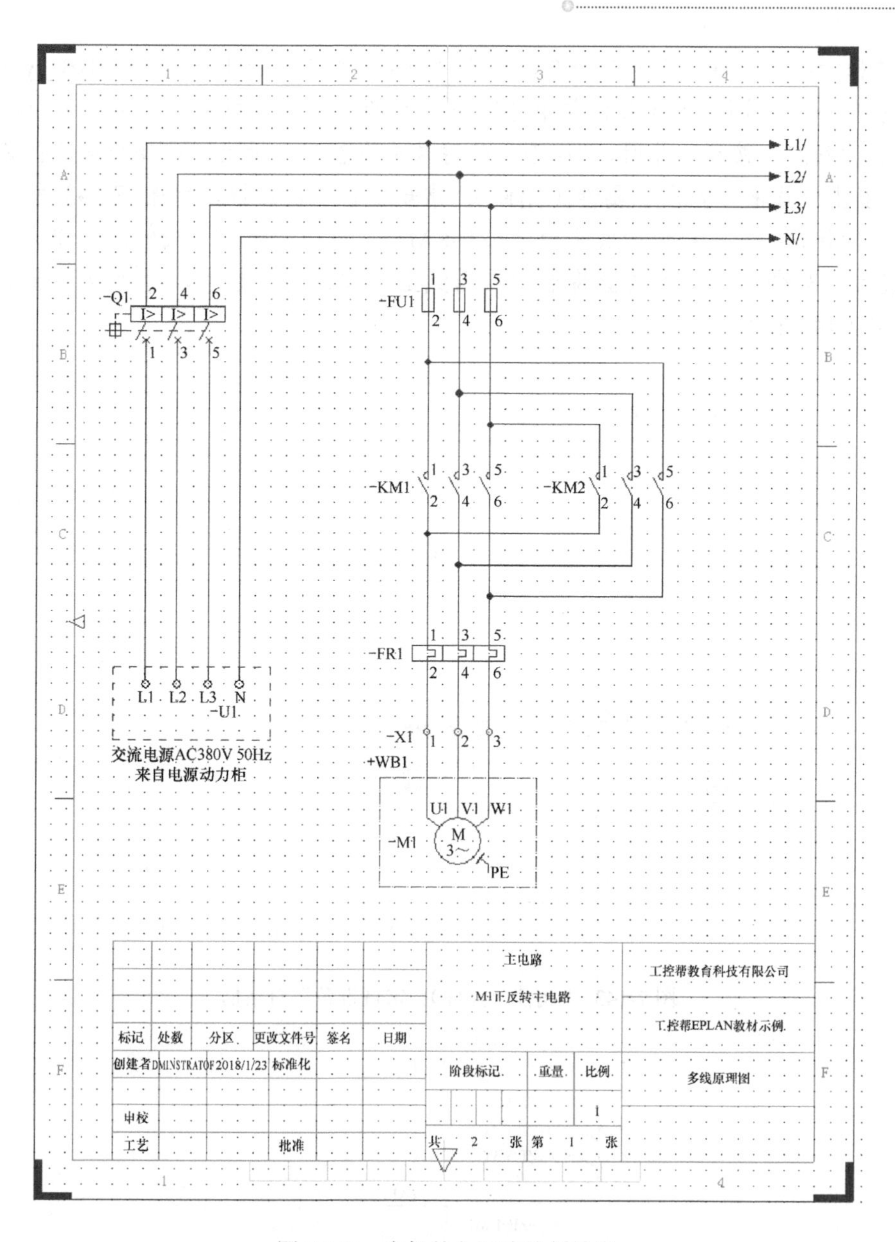

图 7-141　电机的主回路绘制效果

7.11.2　绘制电机控制回路

❶ 新建一页图纸，设定为电机控制回路。利用中断点引入电源，效果如图 7-142 所示。

图 7-142　利用中断点引入电源

❷ 选择“插入”→“符号”命令，弹出“符号选择”对话框，选择“GB_symbol”→“电气工程”→“线圈，触点和保护电路”→“线圈”→“电机驱动装置，常规继电器线圈”，单击“确定”按钮。此时，“线圈”的符号将附着在光标上，选择合适的位置放置线圈即可。双击该线圈，弹出“属性（元件）：常规设备”对话框，如图 7-143 所示。修改“显示设备标识符”文本框中的文本为“+ZF-KM1”，单击“确定”按钮。在完成接触器线圈的放置后，3 个主触点的映像将显示在图纸上（称为关联参考，也可以不显示关联参考），如图 7-144 所示。

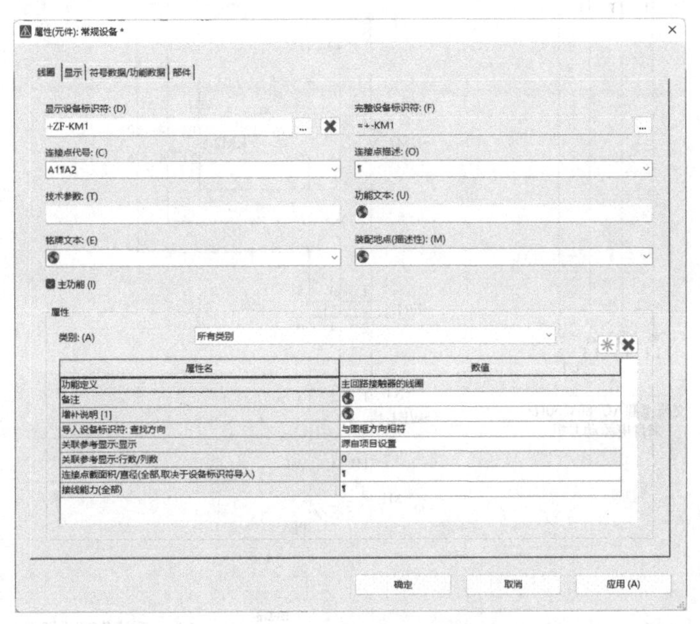

图 7-143 “属性（元件）：常规设备”对话框

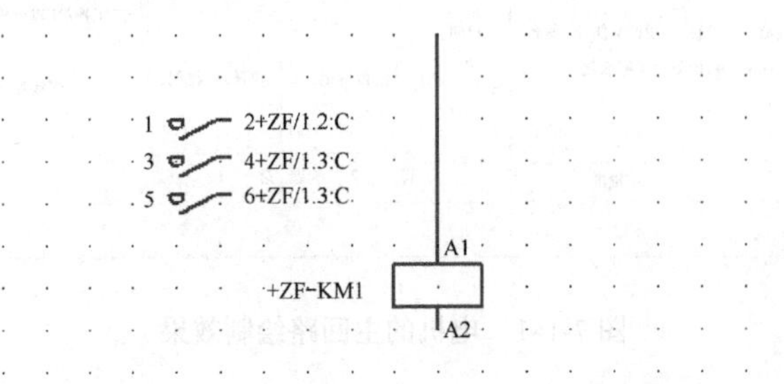

图 7-144 3 个主触点的映像显示在图纸上

❸ 在电机控制回路的上方插入用于启动的常开按钮和常闭按钮。以常开按钮为例，操作如下：选择“插入”→“符号”命令，弹出“符号选择”对话框，选择“GB_symbol”→“电气工程”→“传感器，开关和按钮”→“开关/按钮”→“开关，按压式常开触点”，如图 7-145 所示，单击“确定”按钮。此时，“常开按钮”的符号将附着在光标上，选择合适的位置放置该按钮即可。双击该按钮，弹出“属性（元件）：常规设备”对话框，如图 7-146 所示。进行相关修改后，单击“确定”按钮，完成常开按钮的插入。

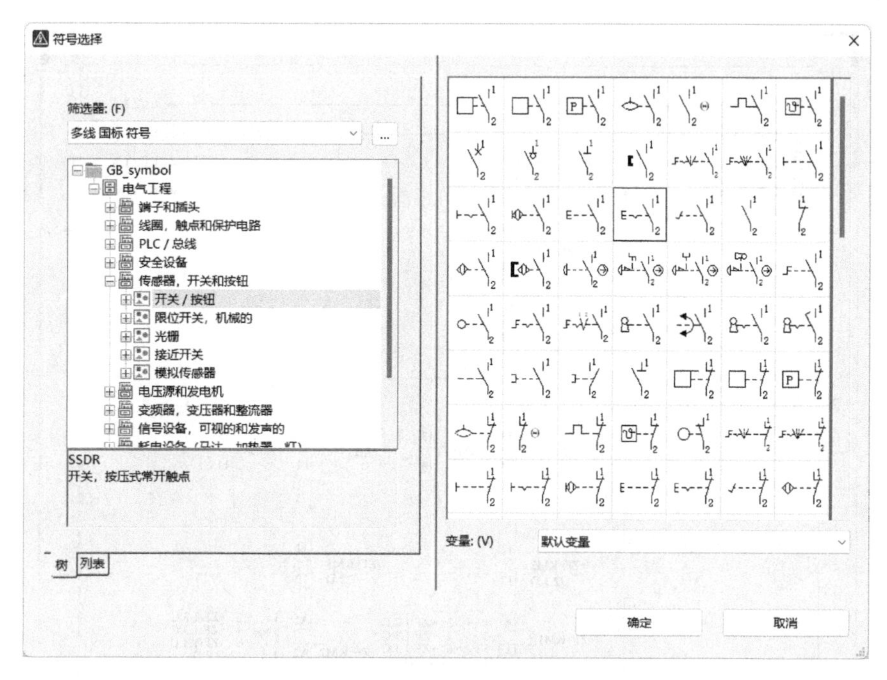

图 7-145 “符号选择”对话框

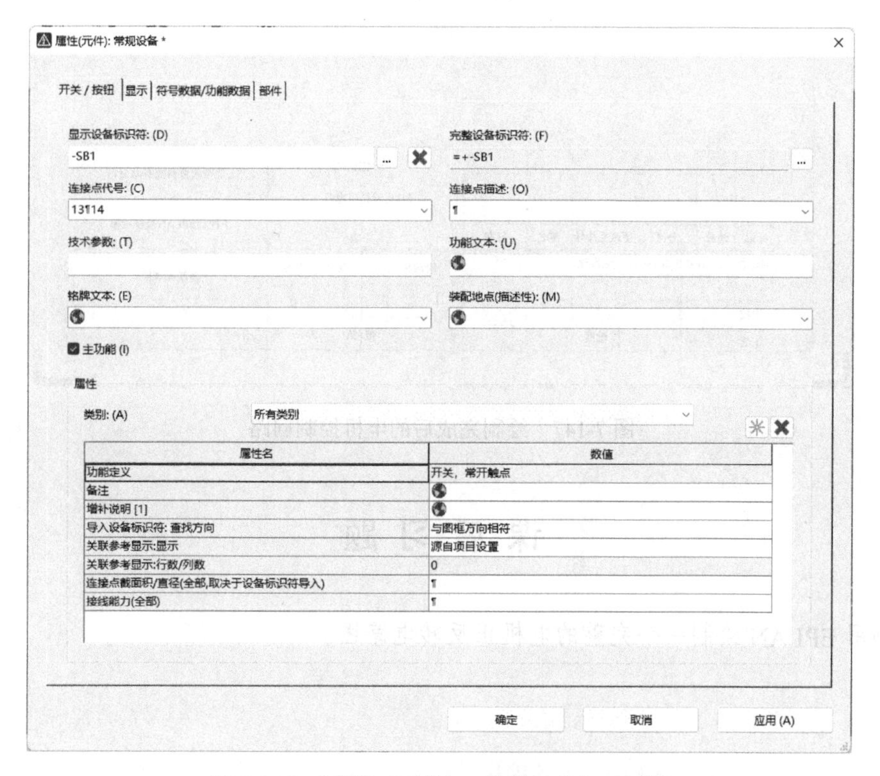

图 7-146 “属性（元件）：常规设备”对话框

❹ 利用同样的方法，插入常闭触点、停止按钮、反转按钮、反转线圈等。绘制完成后的电机控制回路如图 7-147 所示。

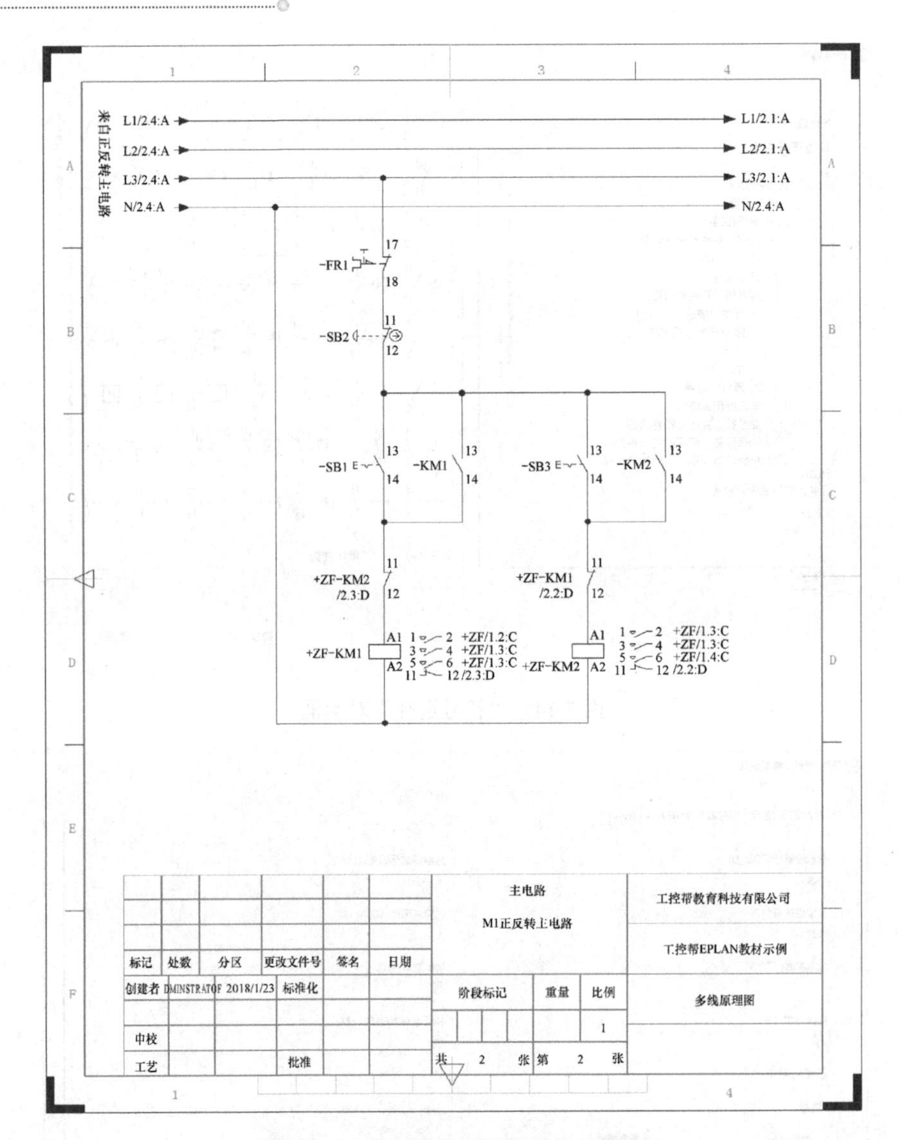

图 7-147　绘制完成后的电机控制回路

课 后 习 题

请利用 EPLAN 绘制一个完整的电机正反转电路图。

第 8 章

PLC 周边电气自动化控制设备

学习目标

本章旨在简要介绍 PLC 的周边设备，使读者对 PLC、触摸屏、变频器、伺服系统、伺服电机有初步了解，从而为读者未来学习 PLC 编程奠定基础。

8.1 PLC

8.1.1 什么是 PLC

PLC 是 Programmable Logic Controller 的缩写，即可编程逻辑控制器。1987 年 2 月，国际电工委员会（IEC）对 PLC 进行了定义，将其描述为一种数字运算操作的电子系统，专为在工业环境中应用而设计，并规定 PLC 及其相关外围设备，都应按易于与工业控制系统形成一个整体、易于扩充功能的原则来设计。它通过数字式和模拟式的输入/输出接口，控制各种类型的机械或其生产过程。

简单来说，PLC 和个人电脑上的 CPU 类似，都是用于数据采集和处理的核心部件，但它们的使用范围和作用不同。PLC 是一种专用于工业控制的系统，相比个人电脑上的 CPU，它配置了各种功能面板和 I/O 接口，可以采集和处理模拟量、开关量等信号。此外，PLC 具有强大的可编程能力，可以通过编程实现复杂的逻辑控制，而不需要传统的硬件继电器接线，从而节省了成本和空间。几种常见的 PLC 如图 8-1 所示。

（a）西门子 PLC

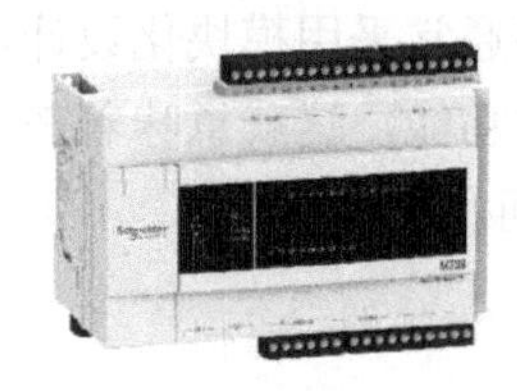

（b）施耐德 PLC

（c）三菱 PLC

（d） 台达 PLC

图 8-1　几种常见的 PLC

PLC 是微型计算机技术与传统的继电器-接触器控制技术相结合的产物。它克服了传统的继电器-接触器控制系统中接线复杂、可靠性低、功耗高、通用性和灵活性差等缺点。PLC 充分利用了微处理器的优点，同时考虑到现场电气操作和维修人员的技能与习惯，特别是在编程方面，PLC 不需要专门的计算机编程语言知识，而是采用了一套以软继电器为基础的简单指令形式，使得编程更为形象、直观、易学，同时调试与查错也更为便捷。用户只需按照说明书的提示，进行少量接线和用户程序的编写工作，就可灵活、方便地将 PLC 应用于生产实践中。

8.1.2 PLC 的特点

1．使用灵活、通用性强

PLC 具有硬件标准化、产品系列化、品种多样化的特点，可以灵活地组成各种大小和功能不同的控制系统。在已构成的控制系统中，只需要连接相应的输入输出信号线到 PLC 的端子上即可实现不同的功能。当需要变更控制系统的功能时，可以使用编程器在线或离线修改程序。即便是同一个 PLC 装置，若更换输入输出组件和应用软件，也可用于不同的控制对象。

2．可靠性高、抗干扰能力强

虽然微型计算机的功能强大，但其抗干扰能力较差，容易受到工业现场的电磁干扰、电源波动、机械振动、温度和湿度变化等因素的影响，导致其不能正常工作。虽然传统的继电器-接触器控制系统的抗干扰能力强，但由于其存在大量的机械触点，易受磨损和烧蚀，因此系统的寿命较短，可靠性较差。

PLC 采用了微电子技术，大部分开关动作由无触点的电子存储器件完成，继电器和繁杂连线被软件程序所取代，从而提高了使用寿命和可靠性，正如实际使用情况显示，PLC 的平均无故障时间可达 4～5 万小时。此外，PLC 还采取了一系列的抗干扰措施，能够适应工业现场各种强烈的干扰，并具有故障自诊断能力。例如，一般的 PLC 能够抵抗电压 1000V、时长为 1ms 脉冲的干扰，其工作环境的温度范围为 0～60℃，无需配备额外的风冷系统。

3．接口简单、维护方便

PLC 的接口设计符合工业控制的要求，具有较强的带负载能力，可以直接与交流 220V、直流 24V 等强电相连。PLC 的接口电路通常采用模块化设计，便于维修和更换。一些 PLC 甚至可以实现带电插拔输入输出模块的功能，这就意味着在不需要停电的情况下可以直接更换故障模块，大大缩短了故障修复时间。

4．体积小、功耗小、性价比高

以小型 PLC（例如 TSX21）为例，它具有 128 个 I/O 接口，其功能与由 400～800 个继电器组成的系统相当，但其尺寸仅为 216×127×110mm³，重量为 2.3kg，且空载功耗为 1.2W，非常有利于用户对系统进行监控。

相比同等功能的由 400～800 个继电器组成的系统，这种小型 PLC 的成本仅为其成本的 10%～20%，具有更高的性价比。PLC 的输入输出系统能够直观地反映现场信号的变化状态，并通过各种方式直观地反映控制系统的运行状态（均有醒目的指示），如内部工作状态、通信状态、I/O 点状态、异常状态和电源状态等，使得运行或维护更加方便和高效。

5. 编程简单、容易掌握

PLC 是面向用户的设备，其设计者充分考虑到了现场工程技术人员的技能和习惯，故采用梯形图方式和面向工业控制的简单指令方式进行编程。PLC 的编程语言直观形象，指令少、语法简便，不需要专门的计算机知识和语言，具有一定电工和工艺知识的人员可以在短时间内掌握。利用专用的编程器，用户可以方便地查看、编辑、修改程序，使得操作更加便捷和高效。

6. 设计、施工周期短

在完成工程设计时，使用继电器-接触器控制系统的流程包括绘制电气原理图、绘制继电器屏（柜）的布置和接线图，最后进行安装调试。这一过程繁琐且不太方便修改。相比之下，PLC 的硬件线路简洁，且采用模块化设计，用户只需按性能和容量购买相应的模块并进行组装即可，程序编写工作也可在模块到货前进行，从而缩短了设计周期，使得设计和施工可以同时进行。

8.1.3 PLC 的分类

1. 按输入输出点数分类

（1）小型 PLC

小型 PLC 的主要功能通常以开关量控制为主。其输入输出点数一般在 256 点以下，而用户程序存储器的容量约为 4KB。现代高性能的小型 PLC 还具备一定的通信能力和少量的模拟量处理能力。这类 PLC 的显著特点是价格低廉、体积小巧，适合控制单台设备和开发机电一体化的产品。

（2）中型 PLC

中型 PLC 的输入输出点数通常为 256~2048 点，而用户程序存储器的容量可达 8KB。相比于小型 PLC，中型 PLC 不仅具备开关量和模拟量的控制功能，还拥有更强大的数字计算能力、通信功能和模拟量处理功能，适合控制更为复杂的逻辑控制系统及过程控制系统。

（3）大型 PLC

大型 PLC 的输入输出点数通常在 2048 点以上，用户程序存储器的容量达到 16KB 以上。其性能已经与大型工业控制计算机相当，具有强大的计算、控制和调节能力。此外，大型 PLC 还具备强大的网络结构和通信联网能力，有些甚至具备冗余能力。

大型 PLC 通常配备监控系统，采用 CRT 显示，能够动态演示执行流程，记录各种曲线，以及 PID 调节参数等信息。它还配备多种智能板，可与其他类型的控制器互联，并与上位机相连。

大型 PLC 适用于设备控制系统、过程控制系统以及过程监控系统等场景中。其强大的性能和灵活的功能使其能够满足复杂控制系统的大部分需求，并为工业生产的自动化和智能化提供支持。

2．按结构形式分类

（1）整体式结构

整体式结构的 PLC 具有将基本组件集成在一个标准机壳内的特点。这种结构将 CPU 板、输入板、输出板、电源板等紧密地安装在一起，形成一个整体作为 PLC 的基本单元（主机）或扩展单元。在基本单元上通常设有扩展端口，通过扩展电缆与扩展单元相连。此外，整体式 PLC 还配备了许多专用的特殊功能模块，例如，模拟量输入/输出模块、热电偶模块、热电阻模块、通信模块等。这些模块可以根据需求来配置 PLC，并为其提供不同的功能。

（2）模块式结构

模块式结构的 PLC 由多个模块单元构成，包括 CPU 模块、输入模块、输出模块、电源模块及各种功能模块等。这些模块可以通过插入框架和基板来组装。每个模块的功能是独立的，它们的外形尺寸是统一的，可以根据需要进行灵活配置。目前，大型 PLC、中型 PLC 普遍采用这种模块式结构。

3．按功能分类

（1）低档 PLC

低档 PLC 的基本功能包括逻辑运算、定时、计数、移位、自诊断和监控等，可具备少量的模拟量输入/输出、算术运算、数据传送和比较、通信等功能，主要用在逻辑控制、顺序控制或少量模拟量控制的单机控制系统中。

（2）中档 PLC

中档 PLC 包含低档 PLC 的功能，并具备更强的模拟量输入/输出、算术运算、数据传送和比较、数制转换、远程 I/O、子程序、通信联网等功能。有些中档 PLC 还可以增加中断控制、PID 控制等功能，主要用在较为复杂的控制系统中。

（3）高档 PLC

高档 PLC 包含中档 PLC 的功能，并增加了带符号算术运算、矩阵运算、位逻辑运算、平方根运算等特殊的功能函数，具有更强的通信联网功能，可用在大规模过程控制系统或分布式网络控制系统中。

总之，高档 PLC 用于处理更加复杂的任务和大规模系统中，而低档 PLC 和中档 PLC 则适用于相对简单的控制系统。

4．按地域分类

可以按照地域将 PLC 产品分成三个主要流派：

- 美国产品：具有代表性的厂商包括 A-B 公司、通用电气（GE）公司、莫迪康（MODICON）公司、德州仪器（TI）公司和西屋公司等。这些公司的 PLC 技术在大型 PLC、中型 PLC 方面有着显著优势。
- 欧洲产品：具有代表性的厂商有西门子（SIEMENS）公司、AEG 公司、TE 公司等。虽然其与美国的 PLC 产品都以大型 PLC 和中型 PLC 为主，但两者存在一些差异，这些差异可能涉及硬件设计、软件编程环境、通信协议、行业标准等方面。
- 日本产品：具有代表性的厂商包括三菱、欧姆龙、松下、富士、日立、东芝等。日本的 PLC 技术最初从美国引进，但在发展过程中形成了自己的特色，主要聚焦于小型 PLC 产品。

8.1.4　PLC 的发展历程

1．PLC 的起源

PLC 的起源可以追溯到 20 世纪 60 年代末和 70 年代初。美国通用汽车公司提出了取代继电器控制装置的需求。1969 年，美国数字设备公司研制出了 PDP-14，并在通用汽车公司的生产线上成功试用。这是第一代 PLC，也是世界上公认的第一台 PLC。在随后的发展中，日本于 1971 年研制出了该国第一台 DCS-8，德国于 1973 年研制出了欧洲第一台 PLC，型号为 SIMATIC S4。中国于 1974 年研制出了我国第一台 PLC，并从 1977 年开始在工业中应用。这些事件标志着 PLC 技术的诞生和发展，为自动化控制领域带来了革命性的变革。

2．PLC 的发展

PLC 的发展历程可以追溯到 20 世纪 70 年代初，当时微处理器的出现为工业控制领域带来了革命性的变化，人们将微处理器技术引入 PLC，使其具备运算、数据传输和处理等功能，从而设计出了真正具有计算机特征的工业控制装置。这一时期的 PLC 是微型计算机技术和传统继电器控制概念相结合的产物。

到了 20 世纪 70 年代中期至末期，PLC 进入了实用化发展阶段。计算机技术被广泛引入 PLC，使其功能得到了显著提升。高速运算、超小型体积、可靠的工业抗干扰设计、极高的性价比等特点奠定了 PLC 在现代工业中的地位。

到了 20 世纪 80 年代初，PLC 已被广泛应用，全球各国也开始生产 PLC，并且其产量得到持续增长，这标志着 PLC 进入成熟阶段。

20 世纪 80 年代至 90 年代中期是 PLC 发展最快的时期，其使用率得到持续增长（每年增长 30%～40%）。在这一时期，PLC 的处理模拟量能力、数字运算能力、人机接口能力等都得到了大幅度提高。PLC 逐渐进入过程控制领域，并在某些应用中取代了原本处于统治地位的 DCS 系统。

到了 20 世纪末期，PLC 的发展更加贴合现代工业的需求。在这一时期，出现了各种规模的 PLC、特殊功能单元、人机界面单元、通信单元，使得应用 PLC 的工业控制设备变得更加便捷和高效。

8.1.5 PLC的组成结构

PLC 的本质是专为工业控制而设计的计算机，其硬件结构与微型计算机基本相似，主要包括中央处理器（CPU）、电源部件、存储器，以及专门设计的输入单元、输出单元等。这些组件协同工作，以实现对工业过程的自动控制和监测。PLC 的结构框图如图 8-2 所示，展示了这些组件之间的关系和连接方式，有助于理解其工作原理和功能。

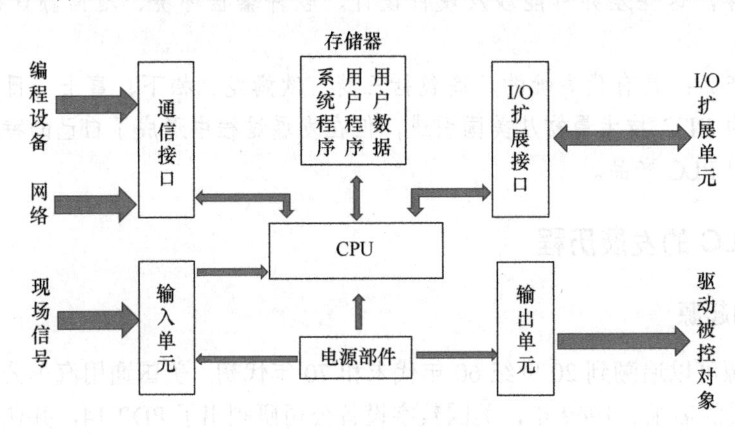

图 8-2 PLC的结构框图

1. 中央处理器（CPU）

中央处理器（CPU）是 PLC 的核心组件，通常由控制器、运算器和寄存器组成。CPU 通过数据总线、地址总线、控制总线与存储单元、输入单元、输出单元相连。与一般的计算机类似，CPU 负责执行 PLC 中的系统程序，以指挥 PLC 有条不紊地工作。通常情况下，用户程序会事先存入存储器中，当 PLC 处于运行状态时，CPU 按照循环扫描的方式执行用户程序，从而实现对工业过程的控制和监测。

2. 电源

PLC 的电源在整个系统中起着十分重要的作用。如果没有一个良好的、可靠的电源系统，PLC 将无法正常工作。因此，PLC 的制造商对电源的设计和制造十分重视。

3. 存储器

PLC 的存储器分为系统程序存储器和用户程序存储器两部分。

- 系统程序存储器类似于个人计算机的操作系统，可赋予 PLC 基本的智能，使其能够执行设计者预先规定的各种任务。这些系统程序由 PLC 生产厂家设计并固化在只读存储器（ROM）内，用户无法直接读取或修改。
- 用户程序存储器由用户设计，它决定了 PLC 输入信号与输出信号之间的具体关系。通过用户程序存储器，用户可以定义和控制 PLC 的行为，根据特定的逻辑和条件实现所需的功能。因此，用户程序存储器的大小直接影响了 PLC 能够执行的任务和逻辑复杂度。用户程序存储器的容量通常以字为单位，每个字由 16 位二进制组成。例如，小型 PLC 的用户程序存储器容量通常为 1KB，而大型 PLC 的用户程序存储器容量可达兆级别（MB）。

4. 输入单元

PLC 的输入单元通常包括两部分：与被控设备相连的接口电路和输入映像寄存器。

接口电路接收来自用户设备的各种输入信号（输入信号类型包括开关量、模拟量和数字量），如限位开关信号、操作按钮信号和传感器信号，在将其转换成中央处理器可识别和处理的信号后，存储到输入映像寄存器中。

5. 输出单元

PLC 的输出单元通常包含两部分：与被控设备连接的接口电路和输出映像寄存器。

在 PLC 运行时，中央处理器（CPU）从输入映像寄存器中读取输入的信号，并进行相应的处理。处理完成后，CPU 将结果存储到输出映像寄存器中。这些输出映像寄存器由输出信号对应的触发器组成，输出信号类型同样可以是开关量、模拟量和数字量。接口电路会将这些输出信号（弱电控制信号）转换成所需的强电控制信号，并将其输出，用以驱动电磁阀、接触器、指示灯等被控设备的执行元件。这样一来，PLC 能够根据输入信号的处理结果，控制输出设备的运行状态，从而实现自动化控制的功能。

8.1.6 PLC 的工作原理

1. PLC 的等效工作电路

PLC 的等效工作电路可分为三部分：输入部分、内部控制电路和输出部分，如图 8-3 所示。

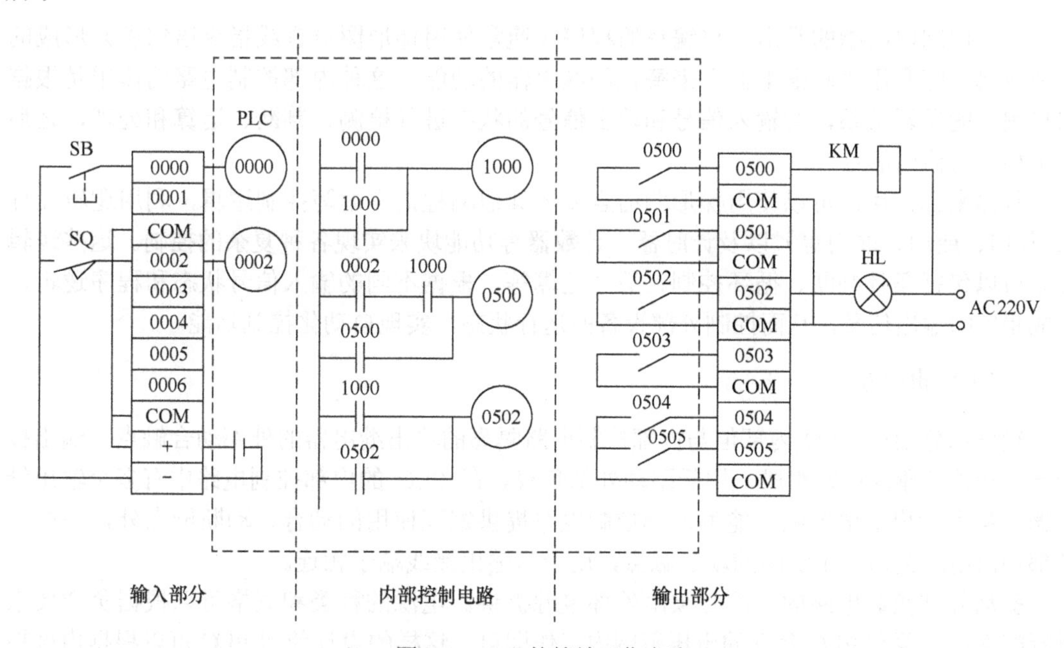

图 8-3　PLC 的等效工作电路

- 输入部分负责采集外部输入信号，类似于继电器控制电路中的输入端。

- 输出部分则是系统的执行部件，负责控制外部设备的运行状态，类似于继电器控制电路中的输出端。
- 内部控制电路通过编程的方法实现控制逻辑，即用软件编程代替传统继电器电路的功能。这意味着控制逻辑可以通过软件程序来实现，不再需要通过继电器和接线来搭建控制电路。这种软件编程的方法使得控制系统更加灵活、可靠，并且可以轻松地修改和更新控制逻辑，以适应不同的控制需求。

（1）输入部分

输入部分由外部输入电路、PLC 输入接线端子和输入继电器组成。外部输入信号通过 PLC 输入接线端子传输到对应的输入继电器的线圈。每个输入端子与相同编号的输入继电器有着唯一确定的对应关系。当外部的输入元件处于接通状态时，对应的输入继电器线圈会被激活。这里的输入继电器是指 PLC 内部的“软继电器”，它实际上是存储器中的某一位，可以提供任意多个动合触点或动断触点，以供 PLC 内部控制电路使用。

为了让输入继电器的线圈得电，即将外部输入元件的接通状态写入与其对应的基本单元中，输入回路需要有电源。这个电源可以是由 PLC 内部提供的 24V 直流电源（但其负载能力有限），也可以是由 PLC 外部提供的交流或直流电源。

需要强调的是，输入继电器的线圈只能由来自现场的输入元件（如控制按钮、行程开关的触点、晶体管的基极-发射极电压、各种检测及保护器件的触点或动作信号等）驱动，而不能通过编程的方式去控制。因此，在梯形图程序中，只能使用输入继电器的触点，而不能使用输入继电器的线圈。

（2）内部控制电路

内部控制电路指的是由用户编写的程序（通常使用梯形图语言或指令语句表）形成的控制逻辑，即利用“软继电器”来替代硬继电器的功能。这种内部控制电路的作用是根据用户编写的逻辑关系，对输入信号和输出信号的状态进行检测、判断、运算和处理，之后产生相应的输出信号。

具体来说，用户可以使用梯形图语言或者其他编程语言编写控制逻辑，利用逻辑元件（如与门、或门、非门等）以及计时器、计数器等功能块来实现各种复杂的控制。这些逻辑关系可以包括条件判断、循环控制、数学运算等，根据不同的输入信号状态和程序逻辑，生成相应的输出信号，从而控制外部设备的运行状态，实现自动化控制功能。

（3）输出部分

输出部分由在 PLC 内部但与内部控制电路隔离的输出继电器的外部动合触点、输出接线端子和外部驱动电路组成，用于驱动外部负载。在 PLC 的内部控制电路中有多个输出继电器，每个输出继电器除了能为内部控制电路提供编程使用的动合、动断触点外，还能为外部输出电路提供一个实际的动合触点，用于与输出接线端子相连。

驱动外部负载电路的电源必须由外部电源提供。电源的种类和规格可以根据负载要求进行配备，只要在 PLC 允许的电压范围内工作即可。这样的设计使得 PLC 可以根据内部控制逻辑产生的信号，以及输出继电器来控制外部设备的运行状态。

2. PLC 的扫描方式

PLC 是一种工业控制计算机，其工作原理建立在计算机工作原理的基础上。它通过执行能反映控制要求的用户程序来实现自动化控制。当 PLC 运行时，需要执行的操作被编写成用户程序。尽管其 CPU 不能同时执行多个操作，只能按照分时操作的原理每一时刻执行一个操作，但从外部看来似乎是同时完成的，这是因为其 CPU 的运算速度很高，远快于人类感知的速度。

这种分时操作的过程被称为 CPU 对程序的顺序扫描。顺序扫描是从存储地址中的 0000 开始逐条扫描用户程序，直到程序结束。每扫描完一次程序就构成一个扫描周期，之后再从头开始扫描，并周而复始地重复上述过程。顺序扫描的工作方式简单直观，简化了程序的设计，为 PLC 的可靠运行提供了保证。

顺序扫描的优点之一是，扫描到的指令被执行后，其结果可以立即被将要扫描到的指令所利用。此外，通过 CPU 设置的定时器可以监视每次扫描是否超过规定的时间，从而避免因 CPU 内部故障而使程序进入死循环。

3. PLC 的工作过程

PLC 的工作过程就是程序执行过程，可分为三个阶段：输入采样阶段、程序执行阶段和输出刷新阶段，如图 8-4 所示。

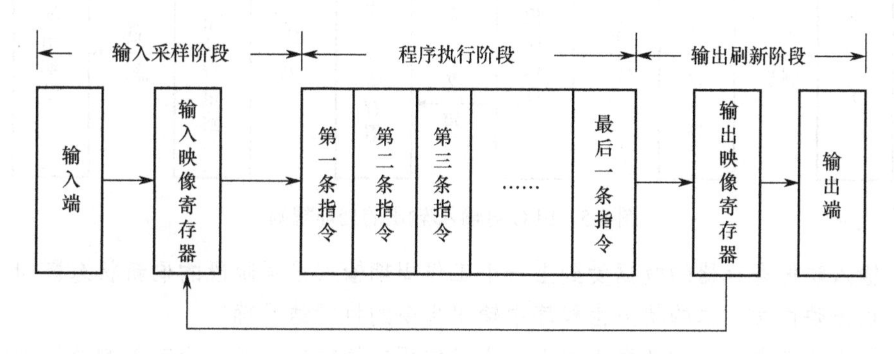

图 8-4　PLC 的工作过程

（1）输入采样阶段

在输入采样阶段，PLC 按照预定的扫描顺序逐一读取所有输入端的状态（如开或关、ON 或 OFF、1 或 0），并将这些状态存储到输入映像寄存器中。这一过程称为输入采样或输入处理。

一旦输入信号的状态被采样到输入映像寄存器中，即使在程序执行期间输入状态发生变化，输入映像寄存器中的内容也不会改变。输入状态的变化只有在下一个工作周期的输入采样阶段才会被重新读入。

（2）程序执行阶段

在程序执行阶段，PLC 按照指定的扫描顺序逐步执行用户编写的控制程序。如果使用梯形图来表示程序，则通常按照从上到下、从左到右的顺序扫描。

每当 PLC 扫描到一个指令时，它会从输入映像寄存器中读取所需的输入状态或其他元素的状态，并根据程序执行的结果将输出写入输出映像寄存器。换句话说，输出映像寄存器中存储的内容会随着程序执行的进程而变化。

（3）输出刷新阶段

当程序执行完毕后，PLC 进入输出刷新阶段。在这个阶段，输出映像寄存器中存储的所有输出继电器的状态都会被转移到输出锁存电路中。

这些输出继电器的状态最终会驱动用户的输出设备（如电机、阀门等），以便完成实际的控制任务。

PLC 会持续地重复执行以上三个阶段，每个周期的长度通常由 PLC 程序的复杂程度决定，一般为几十毫秒。在每次扫描的过程中，PLC 会执行一次输入采样和一次输出刷新操作，以确保在程序执行期间，稳定、可靠的控制。

4. PLC 对输入/输出的处理规则

PLC 对输入/输出的处理规则如图 8-5 所示。

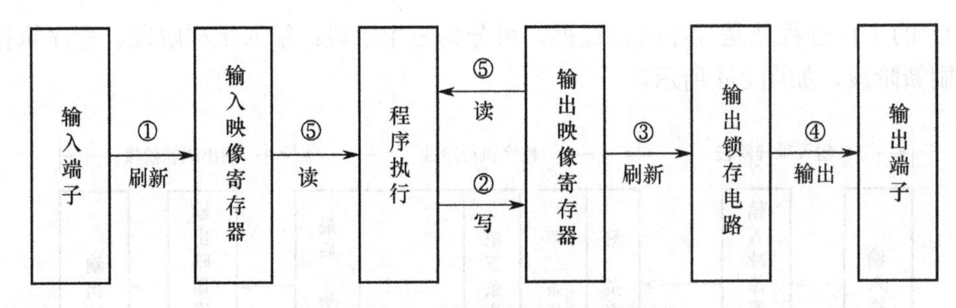

图 8-5　PLC 对输入/输出的处理规则

- 输入映像寄存器的数据受到上一个工作周期输入采样阶段的刷新状态影响。
- 输出映像寄存器的状态由程序中输出指令的执行结果确定。
- 输出锁存电路中的数据由在上一个工作周期的输出刷新阶段存入的数据确定。
- 输出端子的输出状态取决于输出锁存电路中的数据。
- 程序在执行过程中所需的输入和输出状态（数据），通过读取输入映像寄存器和输出映像寄存器来确定。

8.1.7　PLC 的适用场合

目前，PLC 已广泛应用于钢铁、石油、化工、电力、建材、机械制造、汽车、轻纺、交通运输、环保及文化娱乐等各个行业，使用场景大致可归纳为如下几类。

1. 开关量的逻辑控制

开关量的逻辑控制是 PLC 最基本，也是最广泛应用的领域之一。它替代了传统的继电器电路，实现了逻辑控制和顺序控制的功能。这种控制方式不仅适用于单台设备的控制，还适用于多机群控制和自动化流水线的控制。举例来说，PLC 可用于注塑机、印刷机、组合机床、磨床、包装生产线、电镀流水线等工业设备的控制。通过灵活的程序设计，PLC 可以根据需要执行各种逻辑操作，从而实现对设备运行状态的精确控制，提高生产效率和品质。

2．模拟量控制

在工业生产过程中，许多连续变化的量，如温度、压力、流量、液位和速度等，属于模拟量。为了让 PLC 能够处理这些模拟量，需要实现模拟量（Analog）和数字量（Digital）之间的 A/D 转换（从模拟量到数字量）及 D/A 转换（从数字量到模拟量）。PLC 厂商通常提供配套的 A/D 和 D/A 转换模块，用于模拟量的采集和控制。这些模块允许 PLC 读取模拟信号，并将其转换为数字信号进行处理，或者将数字信号转换为模拟量输出。通过这种方式，PLC 可以实现对模拟量的精确控制和监测，从而更好地满足在工业生产过程中对各种参数的要求。

3．运动控制

PLC 在圆周运动或直线运动的控制方面具有广泛的应用。在早期，控制机构通常直接使用开关量的 I/O 模块连接位置传感器和执行机构，然而，现在通常会采用专用的运动控制模块来驱动步进电机或伺服电机，以实现单轴或多轴的位置控制。全球主要的 PLC 产品几乎都具备运动控制功能，这些功能被广泛应用于各种机械、机床、机器人、电梯等场合。通过 PLC 的运动控制功能，可以实现对运动设备的精确控制，提高生产效率和产品质量。

4．过程控制

过程控制是对温度、压力、流量等模拟量的闭环控制，在冶金、化工、热处理、锅炉控制等领域有着广泛应用。作为工业控制计算机，PLC 能通过编写各种控制算法实现过程控制。PID 调节是一种常用的调节方法，广泛应用于过程控制中。通常情况下，大中型 PLC 都具备 PID 模块，甚至许多小型 PLC 也已经具备了此模块。

5．数据处理

PLC 具备丰富的数据处理功能，包括数学运算（如矩阵运算、函数运算、逻辑运算）、数据传送、数据转换、排序、查表、位操作等。PLC 可以完成对数据的采集、分析和处理，并通过将数据与存储在存储器中的参考值进行比较，执行相应的控制操作。与此同时，PLC 也可以利用通信功能将数据传送到其他智能设备，或者将数据打印制表。数据处理功能通常应用于大型控制系统中，如无人控制的柔性制造系统，以及如造纸、冶金、食品工业的过程控制系统。

6．通信功能

PLC 的通信功能涵盖了 PLC 间的通信，以及 PLC 与其他智能设备间的通信。随着计算机控制技术的不断发展，工厂自动化网络也在迅速发展，各 PLC 厂商对 PLC 的通信功能十分重视，纷纷推出各自的网络系统。现今生产的 PLC 通常都配备了通信接口，使通信变得非常方便。

8.2 触摸屏

8.2.1 什么是触摸屏

触摸屏，又称“触控屏”或“触控面板”，是一种感应式液晶显示装置，能够接收输入信号。通过接触屏幕上的图形、按钮，触摸屏能够提供触觉反馈，并根据预先编写的程序驱动各种连接设备，取代了传统的机械按钮和面板。作为一种全新的输入设备和输出设备，触摸屏提供了简单、方便、自然的人机交互方式，赋予了多媒体以全新的面貌，是极具吸引力的多媒体交互设备。触摸屏主要应用于公共信息查询、工业控制、军事指挥、电子游戏、点歌点菜、多媒体教学、房地产预售等领域。

8.2.2 触摸屏的发展历程

触摸屏的概念可以追溯到约翰逊等科学家在上世纪 60 年代的研究。早期的触摸屏虽然能够实现基本的位置检测，但是在多点触控和力度感应方面还存在局限性。这种触摸屏（又被称为电容式触摸屏）只能识别单个触摸点，并且无法感知手指的压力，这限制了其在实际应用中的灵活性和功能性。然而，正是这些早期的研究和技术探索为后来触摸屏技术的发展奠定了基础，促使了诸如多点触控和压力感应等功能的实现。

约翰逊的电容式触摸屏是触摸屏技术发展的重要里程碑之一，但由于其功能受限，后来被电阻式触摸屏所取代。电阻式触摸屏的出现丰富了触摸屏的类型，为不同应用场景提供了更多选择。

8.2.3 触摸屏的组成

触摸屏通常由触摸检测部件、触摸屏控制器两部分组成。

- 触摸检测部件位于显示器屏幕前面，负责检测用户触摸的位置，并将这些信息传输给触摸屏控制器。
- 触摸屏控制器负责接收来自触摸检测部件的触摸信息，将其转换成相应的触点坐标，并将这些坐标信息传输给 CPU。与此同时，触摸屏控制器也能够接收来自 CPU 的控制信息，并执行相应的操作。

触摸屏的组成如图 8-6 所示。这种分工协作的设计使得触摸屏能够实现准确的触摸检测和响应，为用户提供良好的操作体验。

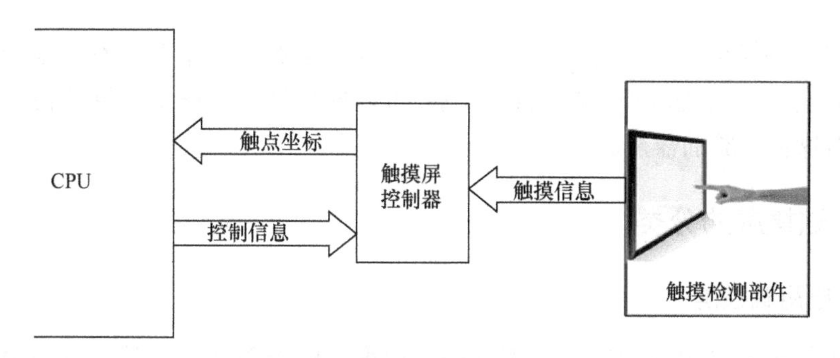

图 8-6　触摸屏的组成

触摸屏的透明性和绝对定位特性是其核心特点之一。

- 透明性：透明材料的使用使得触摸屏能够放置在各种设备上而不影响其外观，同时确保用户可以直接与屏幕进行交互而无需额外的操作。
- 绝对定位特性：通过绝对坐标系统确保用户的操作能直接映射到屏幕上，而不需要进行额外的转换或者移动，从而带来更加自然和高效的操作体验。

触摸屏技术的发展主要集中在如何有效地检测用户的触摸动作，以及如何准确地确定手指的位置。这些技术的不断演进使得触摸屏能够在各种场景下得到广泛应用，并且不断提升用户体验。

8.2.4　触摸屏的优缺点

1. 优点

触摸屏为用户提供了直观、便捷的操作体验，实现了“所触即所得”的操作方式，大大简化了用户与设备的交互过程。在诸如图像处理、绘图等应用场景中，触摸屏的涂鸦和作图功能使得用户可以更加自由地创作及编辑，仿佛在纸上作画一般。触摸屏技术的广泛应用不仅提升了办公和生产效率，而且使得医疗、公共事业等领域能够更好地配置和应用计算机及互联网技术，为各行各业带来了更多的可能性，成为现代生活中不可或缺的使用工具。

2. 缺点

相比于键盘和鼠标等传统输入设备，触摸屏在操作上确实缺少真实的触感反馈，使得用户无法获得与物理按键或鼠标操作相同的踏实感。手机可通过震动和声音反馈的方式来弥补这一问题，但对于大尺寸的触摸屏，这样的解决方案并不适用，因为它们无法像手机那样小巧轻便，也无法完全符合手掌的握持习惯。

然而，随着触控技术的不断发展和优化，改进触摸屏的操作手感已经成为设计人员的关注重点。一些新的技术和创新正在被引入，旨在提供更接近真实操作的体验。例如，触觉反馈技术可以模拟物理按键的触感，通过触摸屏本身或配备的定制设备提供触觉反馈，使用户在操作触摸屏时能够更好地感知和掌控。

总体而言，触摸屏已经成为现代生活的一部分。虽然其操作手感不佳是一个仍然存在的问题，但随着技术的进步和不断创新，我们可以期待触摸屏在未来继续得以改进，更好地满足人们对操作体验的需求。

8.2.5 触摸屏的分类

1. 四线电阻触摸屏

四线电阻触摸屏是电阻式触摸屏家族中应用最广的类型之一，具有抗灰尘、抗油污和抗光电干扰的特点。

- 四线电阻触摸屏的工作原理：它采用模拟量技术，由两层透明金属层组成，其中一层位于竖直方向，另一层位于水平方向。四线电阻触摸屏在工作时，每层透明金属层平均增加5V的恒定电压，共需要连接4条引出线。
- 四线电阻触摸屏的特性：四线电阻触摸屏具有一次校正、稳定性高、永不漂移等优良特性，适用于公共场所的自助终端等场景。

2. 五线电阻触摸屏

- 五线电阻触摸屏的工作原理：可以将五线电阻触摸屏理解为两个电压场同时作用于同一工作面。它的外层导电层仅充当纯导体使用，当触摸发生时，会通过分别检测内层的接触点及外层的电压值来确定触摸点的位置。它的内层需要连接4条引出线，而外层只需要连接1条引出线。因此，五线电阻触摸屏共需要连接5条引出线。
- 五线电阻触摸屏的特性：五线电阻触摸屏不怕灰尘和水汽，使用寿命远比四线电阻触摸屏长，能够被大部分物体触摸，并且可以用来书写和绘画。因此，比较适合工业控制领域和办公室内的特定人员使用。

3. 八线电阻触摸屏

- 八线电阻触摸屏的工作原理：八线电阻触摸屏是在四线电阻触摸屏的基础上改进而来的。它在每条四线电阻触摸屏引出线的基础上增加1条参考引出线，也被称为辅助引出线，它们的功能是读取由驱动电压产生的实际电压。因此，八线电阻触摸屏共需要连接8条引出线。
- 八线电阻触摸屏的特性：八线电阻触摸屏能够有效避免因用户长时间使用或外界环境因素而导致的漂移现象。

4. 表面声波触摸屏

表面声波触摸屏是反应速度最快的触摸屏之一，能够准确区分尘土、水滴和手指，并能够精确检测到触摸次数。

- 表面声波触摸屏的工作原理：表面声波触摸屏是为解决电阻式触摸屏透光率低的问题而设计的。它的表面覆盖着一层看不见、不易损坏的声波能量。当屏幕被触摸时，超声波因被手指或其他物体吸收而产生衰减，通过检测到超声波的变化即可确定触摸位置。

- 表面声波触摸屏的特性：表面声波触摸屏具有高易用性、高可视度、高亮度和抗暴特性，比较适用于相对干净的环境，但需要定期清洁。

5. 红外线触摸屏

- 红外线触摸屏的工作原理：在红外线触摸屏的四周布满红外线接收管和红外线发射管，并排列在触摸屏表面，形成一张红外线光网。当因有物体（手指、触屏笔、铅笔等）进入红外线光网而阻挡住某处的红外线发射和接收时，此点横竖两个方向的接收管收到的红外线强度会发生变化，从而判断何处被触摸。在使用红外线触摸屏时，只需轻轻触摸即可实现操作，不需要施加过大的力量。
- 红外线触摸屏的特性：红外线触摸屏具有很高的自适应性、稳定性和透光性，不会发生类似电容式触摸屏的漂移现象，也不会因用户长时间使用或环境影响而产生漂移现象，可在静电、电流、风沙、大雾等天气条件下稳定使用。此外，红外线触摸屏的使用寿命较长，不易被刮伤，可长时间使用，无需担心触摸效果下降。

8.2.6　触摸屏的系列产品

1. 三菱触摸屏

三菱触摸屏在中国已有 20 多年的使用历史。目前，市面上主要使用的三菱触摸屏包括：GT1150 系列、GT1155 系列、GT1175 系列、GT1575 系列、GT1585 系列、GT1595 系列、A970GOT 系列、A975GOT 系列、A985GOT 系列、F930GOT 系列、F940GOT 系列等。在使用三菱触摸屏时需要注意以下几点：

- 三菱触摸屏的产品正面为触摸面，即膜面；三菱触摸屏的产品背面为非触摸面，即玻璃面。
- 由于三菱触摸屏的产品背面为玻璃制品，玻璃边角较锋利，因此在装配时请佩戴手套或指套，并且，玻璃易碎，应避免对触摸屏的产品背面施加过大力量。
- 避免直接通过抓取引出线的方式拿取触摸屏，避免拉扯引出线。
- 不允许对引出线的加强板部位执行弯折动作。
- 不允许对引出线的任何部位进行对折。
- 在装配引出线时，应水平插入，不可在加强板的根部进行对折插入。
- 取放触摸屏时要轻拿轻放，避免划伤触摸屏的膜面。
- 在清洁触摸屏的膜面时，应使用柔软的布料（如鹿皮）蘸取石油醚擦拭。
- 不可使用带有腐蚀性的有机溶剂（如工业酒精等）擦拭触摸屏的膜面。
- 勿将多个触摸屏叠放。
- 建议与膜面接触的部分垫有软性材料。

2．西门子触摸屏

目前，市面上主要使用的西门子触摸屏包括：微型面板（TD200、TD400C、OP73micro、TP177micro）；移动面板（MOBILE 177DP、MOBILE 177PN、MOBILE 227DP、MOBILE 277PN）；多功能面板（TP177A、TP177B、OP177B、TP277、OP277、MP177、MP277、MP377）等。在使用西门子触摸屏时需要注意以下几点：

- 如果重新改变了西门子触摸屏的显示器分辨率、显示模式或调整了控制器的刷新频率，造成光标与触摸点不能对应，则必须重新对西门子触摸屏进行校准。
- 为了确保西门子触摸屏能够正常工作，除了要正确安装系统软件外，还应避免在一台主机上安装两种或更多种的驱动程序，以防因驱动程序间发生冲突而影响西门子触摸屏的正常使用。
- 西门子触摸屏的表面不应有水滴或其他软物粘附，否则可能会因西门子触摸屏认为有手指触摸而造成误操作。
- 在清洁西门子触摸屏表面时，可以使用柔软的干布或清洁剂，并从屏幕中心向外轻柔擦拭，也可使用蘸取工业酒精或玻璃清洗液的软布进行擦拭。
- 若触摸表面的反应迟钝，则可能是因为触摸屏老化、内部时钟频率低，或表面有水珠所致，需要更换、升级系统，或者擦干表面水珠以恢复响应。
- 若在操作西门子触摸屏时，触摸的移动方向与系统光标的移动方向相反，则可能是由于控制盒与西门子触摸屏连接的接头接反或西门子触摸屏的左右位置安装错误导致的，重新调换方向或位置即可。

3．威纶通触摸屏

目前，市面上主要使用的威纶通触摸屏包括：TK 系列、MT（iP）系列、eMT 系列、MT（iE）系列等。在使用威纶通触摸屏时需要注意以下几点：

- 确保威纶通触摸屏表面清洁干净，避免灰尘或污渍影响触摸效果。
- 避免使用尖锐物品（如钥匙、刀具等）直接触摸威纶通触摸屏，以免划伤或损坏屏幕。
- 避免长时间按压屏幕，因为长时间的按压可能导致屏幕老化或损坏。
- 避免将威纶通触摸屏暴露在强光下，以免影响屏幕的显示效果或导致眩光问题。
- 避免将威纶通触摸屏放置在极端温度环境下使用，以免影响屏幕性能和寿命。
- 应定期对威纶通触摸屏进行维护检查，如清理内部灰尘、检查连接线路等，以确保屏幕的正常运行和稳定性。

8.2.7 触摸屏与 PLC 的连接

1．通信原理

在实际控制项目中，PLC 能够与多种品牌的触摸屏连接，以实现控制效果，如西门子、三菱、富士、松下、欧姆龙等。尽管与不同品牌触摸屏连接时的操作稍有不同，但通信原理大致相同。大多数情况下，以 PLC 为核心的控制项目都需要触摸屏或上位机的配合。这是因为 PLC 主要负责处理模拟量，如设备上的压力、温度、流量等数值。通过这些检测到的数值，并根据一定的条件，控制设备上的电动阀、风机、水泵等。然而，直接从 PLC 上无法直接读取这些数值，需要使用触摸屏或工控机（即电脑）来显示和监控这些数值。此外，通过触摸屏还可以对现场设备上的各种被控对象进行控制。例如，在触摸屏上设置一个“启动”按钮和一个“停止”按钮，单击“启动”按钮，即可启动现场设备中的电机；单击“停止”按钮即可停止现场设备中的电机，如图 8-7 所示。

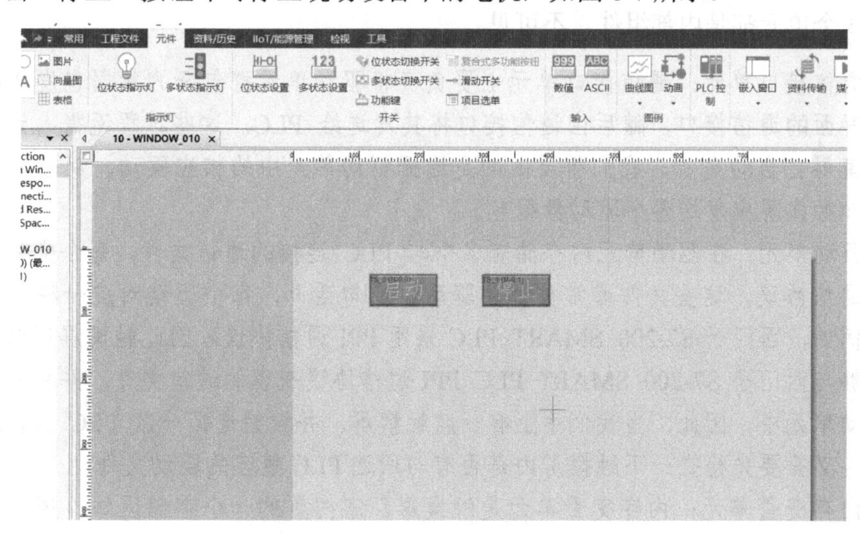

图 8-7　在触摸屏上设置两个按钮

（1）触摸屏的外部接口

触摸屏与 PLC 之间的通信通常通过触摸屏背视图的接口来实现，这些接口包括电源接口、组态下载接口和通信接口，如图 8-8 所示。

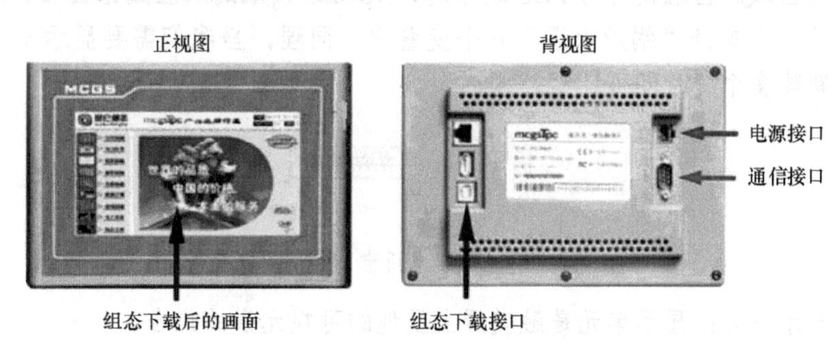

图 8-8　触摸屏的正视图及背视图

- 电源接口：用于提供触摸屏所需的电源，通常是 DC 24V。一般情况下，在触摸屏的参数标签中会标明电压信息。
- 组态下载接口：用于将通过触摸屏厂家提供的组态软件设计完成的画面和功能从电脑端下载到触摸屏中。虽然各个厂家的组态软件不通用，但使用方法基本相同，只需熟悉一种组态软件即可。

- 通信接口：用于与 PLC 进行通信，主要有 RS232、RS485 和以太网三种形式。需要注意的是，触摸屏的通信接口必须与 PLC 的通信接口相匹配。例如，如果触摸屏的通信接口是 RS485，那么连接的PLC也必须具有RS485接口。

（2）触摸屏的内部单元

在介绍完了触摸屏的外部接口后，下面介绍一下触摸屏的内部单元。触摸屏的内部单元大致可分为 4 个：通信接口单元、驱动单元、内存变量单元和显示单元。除了显示单元外，其他3个单元都是内部组件，不可见。

- 通信接口单元：通信接口单元主要负责将驱动单元打包好的数据包发送到触摸屏背面的通信接口，随后由通信接口将其发送给 PLC。这些过程无需人为干预，触摸屏会自动完成。我们需要做的是选择驱动单元中的相应驱动，简言之，就是告知触摸屏应发送哪个驱动数据包。
- 驱动单元：在驱动单元内存储着多个与 PLC 连接的通信文件，每个文件对应一种通信协议，这些文件通常被称为驱动。换句话说，每个驱动对应一种通信协议。例如，西门子 S7-200 SMART PLC 采用 PPI 通信协议，因此触摸屏厂商会编写能够与西门子 S7-200 SMART PLC PPI 通信协议兼容的通信文件，并将其存放在驱动单元中。因此，当我们手上有一款触摸屏，并希望选择一款 PLC 进行通信时，务必需要先检查一下触摸屏内是否有与所选 PLC 兼容的驱动文件。
- 内存变量单元：内存变量单元是触摸屏厂家内置的一个存储区域，用于存放各种类型的数据。常见的数据类型包括数值型、开关型、字符型和特殊型。举例来说，如果我们想在触摸屏上显示锅炉的水温，则可在内存变量单元中新建一个变量，如命名为“锅炉水温”（实际名称可根据需要进行自定义），并设置数据类型为数值型，如图 8-9 所示。触摸屏将会自动为“锅炉水温”这个变量分配一块存储区域。当触摸屏与 PLC 通信时，从PLC读取的水温数据会被存储到这块存储区域，也就是“锅炉水温”这个变量中。同理，当我们需要显示多个数据时，只需新建多个变量即可。

图 8-9　新建一个变量

- 显示单元：显示单元是触摸屏上呈现的可视元素的集合。

2. 实例：西门子 S7-200 SMART PLC 与威纶通触摸屏的连接

西门子 S7-200 SMART PLC 可以通过以太网口和 PPI（485 接口）两种方式与威纶通触摸屏进行通信连接。

（1）通过以太网口连接

通过将西门子 S7-200 SMART PLC 和威纶通触摸屏各自的以太网口相连，可以实现它们之间的数据交换和通信，如图 8-10 所示。这种连接方式提供了高速、稳定的通信，并且在现场选择时具有一定的灵活性。

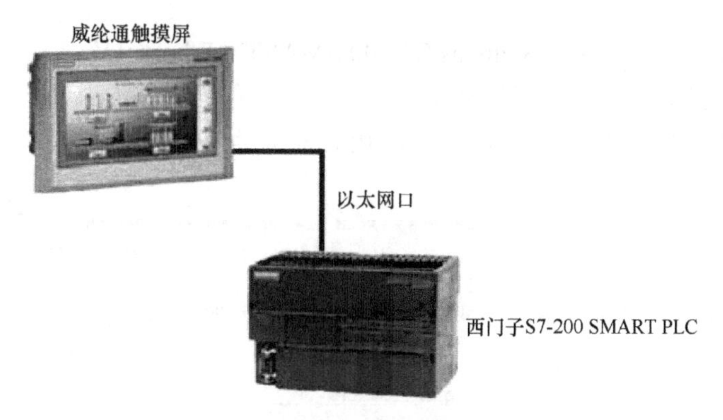

图 8-10　通过以太网口连接

在威纶通触摸屏与 PLC 连接后，需要利用程序软件在 PLC 中编写程序，并将其下载到威纶通触摸屏中，以便通过威纶通触摸屏直接控制系统的运行。下面通过一个简单的示例来说明如何通过威纶通触摸屏控制电机的正反转。

① 控制要求

应为威纶通触摸屏设计两个界面：一个主界面和一个工作界面。

- 主界面设计：主界面应包括控制电机正反转的“启动”按钮和“停止”按钮；添加两个指示灯，分别表示电机的正转状态和反转状态；提供清晰的标识和指示，以便操作员了解每个按钮的功能。
- 工作界面设计：工作界面应包含更详细的电机运行信息，如当前运行状态、电机转速等。

② 编写 PLC 程序

在 PLC 中编写通过威纶通触摸屏控制电机正反转的梯形图，如图 8-11 所示，并将其下载到威纶通触摸屏中。

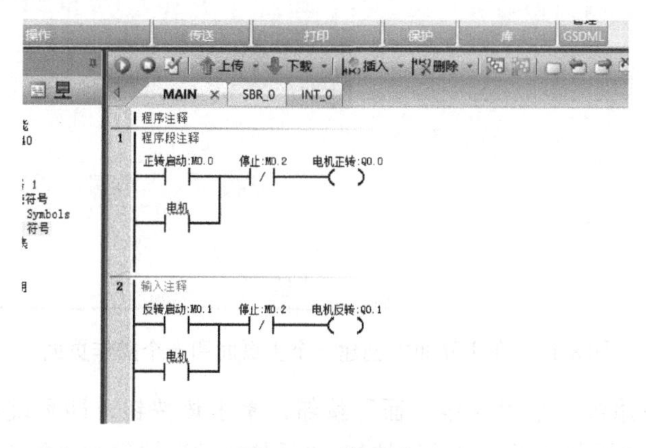

图 8-11　梯形图

③ 设置威纶通触摸屏的参数

设置威纶通触摸屏的参数，如图8-12所示。

- 设置“设备类型”为“Siemens S7-200 SMART（Ethernet）”。
- 在“接口类型”中选择“以太网”。
- 将威纶通触摸屏的IP地址设置成与PLC相同的IP地址。

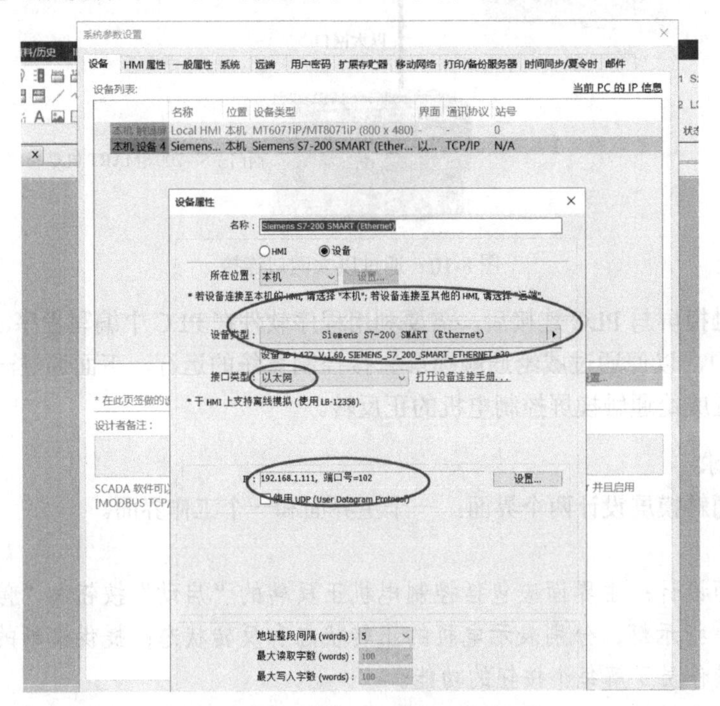

图8-12 设置威纶通触摸屏的参数

④ 设计威纶通触摸屏的主界面

在主界面中创建一个主页面和一个操作页面，如图8-13所示。

图8-13 在主界面中创建一个主页面和一个操作页面

- 在主页面中添加一个“操作页面”按钮，单击该按钮，即可跳转到操作页面。
- 在操作页面中添加“正转启动”按钮、“反转启动”按钮和“停止”按钮。为了方便观察电机的运行状态，还需要添加一个“电机正转”指示灯和一个“电机反转”指示灯。

将编写好的程序下载到威纶通触摸屏，即可实现控制电机的目的。

⑤ 验证效果

进入威纶通触摸屏后，先显示主页面。单击主页面左下角的“操作页面”按钮，即可跳转到操作页面。通过操作页面上的按钮可控制系统，通过观察指示灯可以了解电机的工作状态，即当按下“正转启动”按钮时，“电机正转”指示灯变为红色；按下“反转启动”按钮时，“电机反转”指示灯变为红色；按下“停止”按钮时，“电机正转”指示灯和“电机反转”指示灯均不亮，如图 8-14、图 8-15、图 8-16 所示，分别为电机正转、电机反转和电机停止时触摸屏的显示。

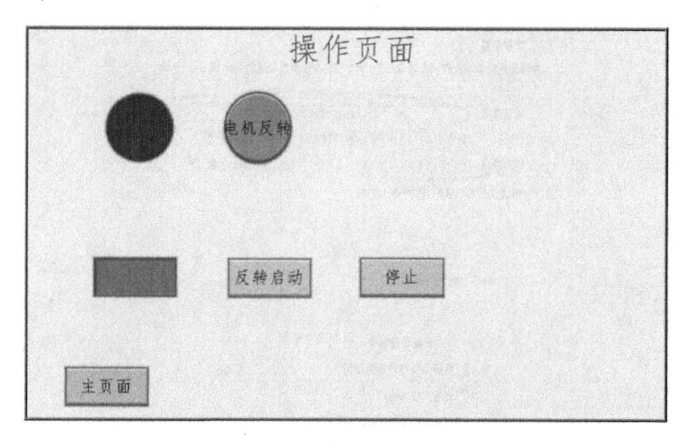

图 8-14　电机正转时触摸屏的显示

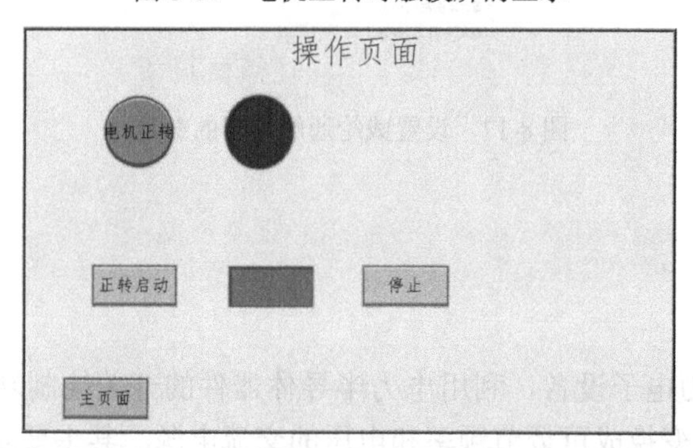

图 8-15　电机反转时触摸屏的显示

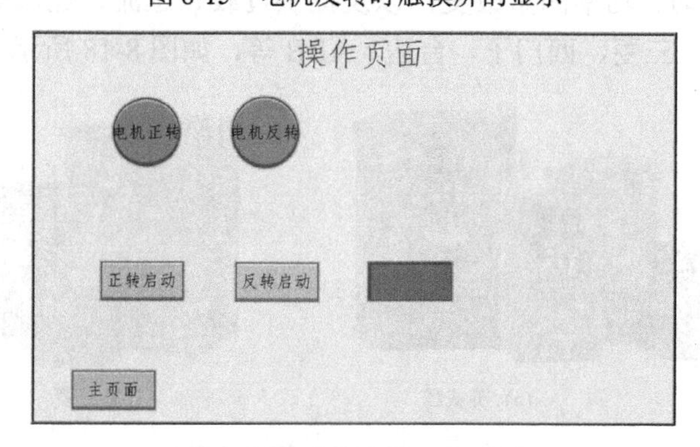

图 8-16　电机停止时触摸屏的显示

（2）通过 PPI 连接

如果通过 PPI 将威纶通触摸屏与 PLC 连接，以控制电机的正反转，则其操作大体与上述操作相同，只需修改威纶通触摸屏的参数，如图 8-17 所示：

- 设置“设备类型”为“Siemens S7-200 SMART PPI”。
- 设置“接口类型”为“RS-485 2W”。

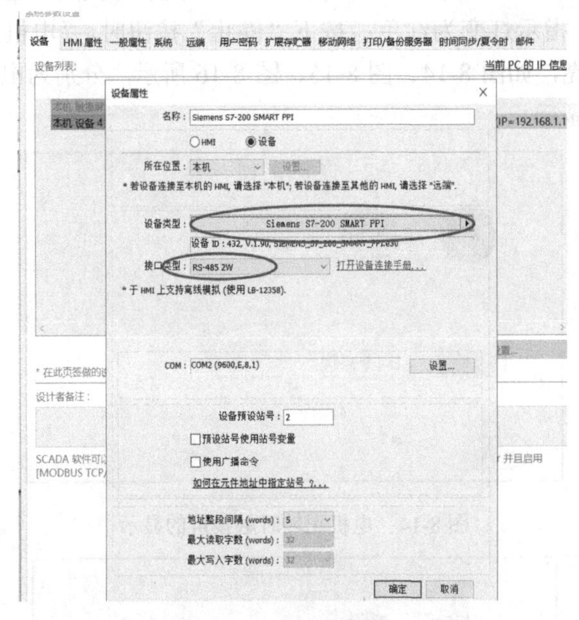

图 8-17　设置威纶通触摸屏的参数

8.3 变频器

变频器是一种电力电子设备，利用电力半导体器件的开关控制功能，将工频电源（通常是 50Hz 或 60Hz）变换成可调节频率和电压的交流电源。其主要功能包括实现对交流电机的调速控制、软启动、功率因素改变，以及提供过载、过流、过压等保护功能。常见的变频器品牌有英威腾、三菱、西门子、台达、ABB 等，如图 8-18 所示。

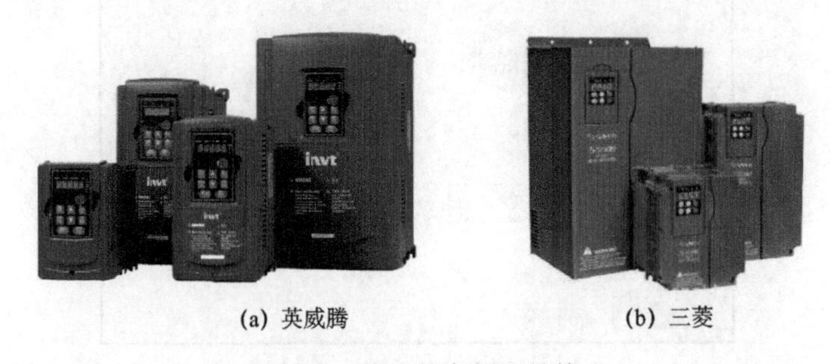

(a) 英威腾　　(b) 三菱

图 8-18　常见的变频器品牌

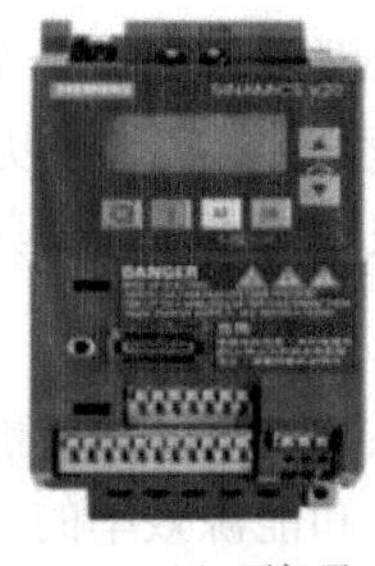

(c) 西门子

(d) 台达

(e) ABB

图 8-18　常见的变频器品牌（续）

8.3.1　变频器的发展

1．早期发展

20 世纪 60 年代，变频器技术开始应用于电车和电梯系统。当时的变频器主要采用了电力电子器件，如晶闸管等进行控制，形式上较为庞大和复杂，且有很大的局限性，仅能满足一些基本需求。

1963 年，美国的戴维 • 加夫柏（David G. F. Garbe）提交了与变频器相关的专利申请，描述了一种可变频率电源电路，这份专利于 1965 年获得授权，成为了历史上第一份与变频器相关的专利。

2．技术进步与简化

20 世纪 70 年代，随着半导体技术的不断发展，变频器的技术基础得以确立，电子电路逐渐简化，控制方式也更加灵活可靠，实现了全电子的控制方案。但变频器仍然面临着体积庞大等问题。在这个阶段，德国人 F.Blaschke 最先提出了矢量控制模型，为后续的变频器控制技术发展奠定了基础。

3．革命性变革与广泛应用

20 世纪 80 年代，随着大尺寸集成电路的引入，变频器技术发生了革命性变革，体积大幅度缩小。与此同时，数字控制技术的应用也使得变频器的性能得到进一步提高。在这一时期，日本开发出电压空间矢量控制技术，并引入了频率补偿控制机制，提高了变频器的动态精度和稳定度。

至此，变频器开始在工业控制领域得到广泛应用，成为工业自动化的重要组成部分。

4．多样化与功能提升

20 世纪 90 年代，变频器技术发展迅猛，国内外各类变频器制造商的数量迅速增加。变频器开始分为多种类型，如高、中、低压变频器，低压电机驱动变频器，逆变器等，性能和功能也有了很大提高，以满足不同用户的需求。

5. 智能化与数字化发展

进入 21 世纪以来，随着信息科技、通信技术的发展，变频器技术进入一个新的发展阶段。通过引入先进的控制算法、通信技术和人机交互界面，变频器实现了更高的控制精度、更低的能耗和更便捷的操作方式。随着云计算和物联网技术的应用，变频器可以实现远程监控和诊断，提供更高的可靠性和适应性。

综上所述，变频器的发展历程经历了从早期的庞大复杂系统到现代的智能化、数字化设备的演变过程，其技术进步和应用领域的拓展为工业自动化和能源效率的提升作出了重要贡献。

8.3.2 变频器的结构

变频器在工业领域的广泛应用得益于其变频调速的功能，该功能通过改变电源频率来实现对电机转速的控制，从而为企业节约了资源，降低了成本，并大幅推动了工业自动化的进步。变频器的主要组成部分如图 8-19 所示。

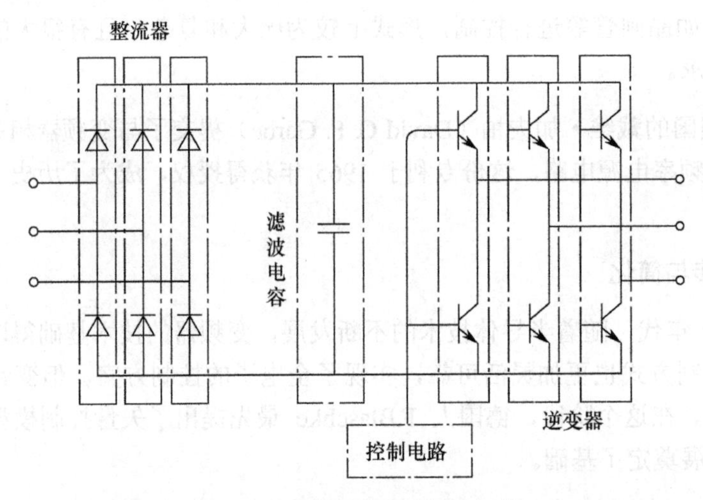

图 8-19 变频器的主要组成部分

1. 整流器

（1）定义

整流器，作为变频器的一个重要组成部分，通常位于变频器的输入端。它主要由半导体器件（如二极管、晶闸管等）组成，这些器件具有单向导电性，使得整流器能够将交流电转换为直流电。

（2）作用

- 将交流电转换为直流电：整流器的主要功能是将输入的交流电转换为直流电。这是利用半导体器件的单向导电性实现的，以确保电流只能在一个方向上流动。
- 提供稳定的直流电源：经过整流器转换后的直流电，其电压和电流都变得相对稳定。这种稳定的直流电源为后续电路（如逆变器、控制电路等）提供了可靠的工作基础，确保变频器能够正常运行。

- 提高能源利用效率：通过整流器的转换，可以有效减少能源浪费。这是因为直流电比交流电更容易控制和调节，从而实现更高效的能源利用。
- 保护后续电路：由于整流器将交流电转换为直流电，因此可以避免后续电路受到交流电中可能存在的电压波动、频率变化等不利因素的影响，从而延长了设备的使用寿命，对后续电路起到了一定的保护作用。

2. 滤波电容

（1）定义

滤波电容是一种用于直流电路或交流电路中的电容器，它的主要功能是通过对电路中所需信号的频率进行通断处理来降低噪声、干扰和波形不纯等问题。在变频器中，滤波电容通常具有相对较大的容量和较小的电阻值，能够对高频信号实现良好的通断性，从而起到滤波作用。

（2）作用

- 降低电压的波动程度：由变频器内部的开关元件产生的脉冲电压存在一定程度的电压波动，可能导致电机在工作过程中出现停转或运行不平稳的情况。滤波电容的作用是将这些波动滤除，使得变频器输出的电压更加平滑稳定，有助于确保电机在工作时能够保持稳定的运行状态，提高系统的可靠性和稳定性。
- 提高系统的功率因数：滤波电容能够补偿电源电压的谐波成分，减小电源电压的畸变，提高电源的质量。通过使用滤波电容，可以减小系统中的无功功率，提高有功功率的占比，降低系统的运行成本。
- 减少对其他设备的干扰：变频器内部的开关元件会产生较高频率的脉冲电流，这种脉冲电流会对变频器本身及周围的其他设备产生干扰。滤波电容能够对变频器内部的脉冲电流进行滤波处理，减小对其他设备的干扰，保证设备的正常运行。
- 延长设备的使用寿命：由于滤波电容能够降低电压的波动程度，减小电机的振动和冲击，因此可以减少电机和其他设备的机械磨损，从而延长设备的使用寿命。

3. 逆变器

（1）定义

逆变器，作为变频器的一个重要构成部分，主要由半导体开关器件（如 IGBT 等）组成。通过控制这些开关器件的开通和关断，逆变器能将直流电压变换成一定频率和幅值的交流电压。

（2）作用

- 将直流电转换为交流电：这是逆变器最基本的功能。在变频器中，整流器先将交流电转换为直流电，逆变器再将这个直流电转换为交流电，以供电机等负载使用。

- 调节输出电压和频率：逆变器不仅可以简单地将直流电转换为交流电，还能根据需要调节输出电压和频率，使得变频器能够实现对电机的调速控制，满足不同的运行要求。
- 提高设备效率和节能效果：通过逆变器的精确控制，电机可以在最优状态下运行，从而提高设备的整体效率，并达到节能的目的。
- 保护电机和变频器：逆变器可以监测电机电流、电压、温度等参数，一旦发现异常，就会采取相应的保护措施，以确保设备和系统的安全运行。

4．控制电路

变频器中的控制电路是负责控制变频器输出频率和功率的电路，它由多个关键部分组成，共同实现对电机的精确控制。

（1）运算电路

运算电路是控制电路的“大脑”，它负责接收外部的速度、转矩等指令，并与检测电路提供的电流、电压信号进行运算。基于这些运算结果，运算电路可决定逆变器应该输出的电压和频率，以满足对电机的精确控制需求。

（2）电压、电流检测电路

电压、电流检测电路负责实时监测主电路的电压和电流。它们与主电路电位隔离，以确保测量的准确性和安全性。检测到的电压信号和电流信号被送回运算电路，供其进行运算和决策。

（3）驱动电路

驱动电路可直接控制主电路中的开关器件（如 IGBT 等），使其按照控制电路的要求进行导通或关断。驱动电路与控制电路隔离，以确保控制电路的安全，并防止潜在的干扰。

（4）速度检测电路

速度检测电路通过接收安装在异步电机轴上的速度检测器（如编码器、测速发电机等）的信号，实时监测电机的转速。这个速度检测器的信号被送入运算回路，与设定的速度指令进行比较，从而实现对电机速度的闭环控制。

（5）保护电路

保护电路可持续监测主电路的电压和电流，以确保它们在安全范围内。一旦发生过载、过电压或其他异常情况，保护电路会立即触发保护措施，如停止逆变器的工作或降低电压值、电流值，以防止逆变器和异步电机受到损坏。

变频器控制电路的控制原理示意图如图 8-20 所示，其中，上半部分为主电路，下半部分为控制电路。

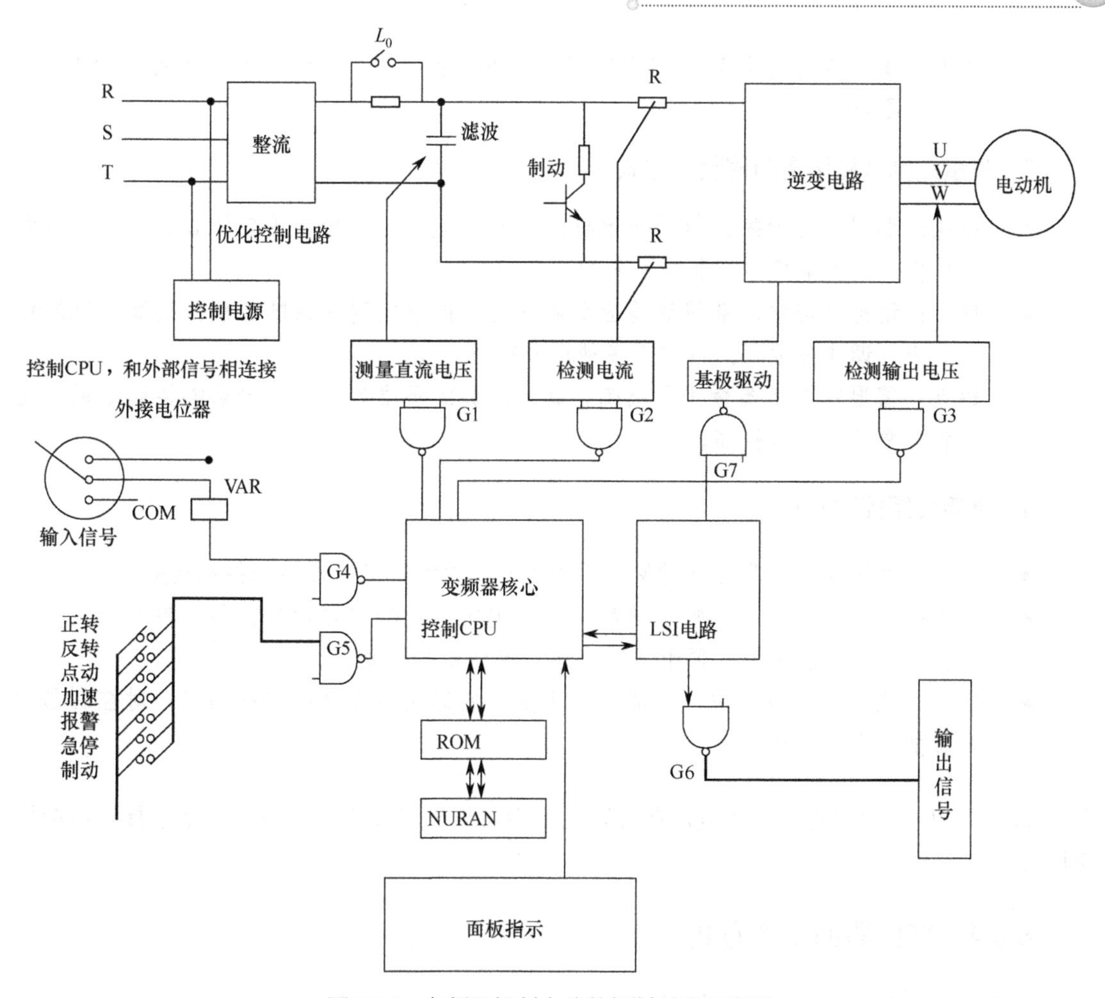

图 8-20　变频器控制电路的控制原理示意图

8.3.3　变频器的控制方式

1. U/f 恒定控制方式

- 原理：通过同时改变电机的电源频率和电压，保持电机的磁通量恒定。这样做可以在较宽的调速范围内保持电机的效率和功率因数。
- 优点：实现简单，成本较低，适用于对速度精度要求不高的场合。
- 缺点：低速时性能较差，电磁转矩可能无法克服较大的静摩擦力；无法准确控制电机的实际转速（因为这种控制方式属于开环控制），存在稳定误差。

2. 转差频率控制方式

- 原理：通过控制电机的转差频率来控制转矩和电流，需要检测电机的实际转速以形成速度闭环控制。
- 优点：相较于 U/f 恒定控制方式，具有更好的加减速特性和更强的过电流限制能力；速度误差小，提高了控制精度。

- 缺点：虽然控制效果相对 U/f 恒定控制方式有所改善，但仍难以达到非常高的动态性能要求。

3. 矢量控制（磁场定向控制）方式

- 原理：利用坐标变换，将异步电机的定子交流电流转换为等效的直流电流，从而通过模仿直流电机的控制方法来控制异步电机。
- 优点：动态响应快，能迅速适应负载变化；能够实现高效的控制，提高电机的运行效率；调速范围宽，适用于多种功率需求。
- 缺点：需要对电机参数进行准确估算，参数的不准确性可能会影响控制效果；实现相对复杂，成本较高。

4. 直接转矩控制方式

- 原理：直接以转矩为控制对象，不通过间接控制电流或磁链来控制转矩。
- 优点：直接控制转矩，响应速度快；对电机参数的鲁棒性好，即使参数变化也能保持良好的控制效果；便于实现无速度传感器的控制，简化系统结构。
- 缺点：在高性能应用中，可能需要更复杂的算法和更高的采样频率；对控制器的计算能力有一定要求。

以上 4 种控制方式各有特点，在实际应用中可根据具体需求和电机类型选择合适的控制方式。

8.3.4 变频器的工作方式

变频器的工作方式有两种：恒转矩工作方式、恒功率工作方式。

1. 恒转矩工作方式

- 原理：通过保持电压与频率（U/f）的比值为常数，来确保电机输出的转矩恒定，即当频率改变时，输出电压也会相应调整，从而在不同的频率下提供恒定的转矩输出。
- 应用：通过这种方式，无论电机运行频率如何变化，都能提供稳定且恒定的转矩，以满足特定负载的要求，适用于需要恒定转矩输出的应用，如起重机和物料输送机等。
- 缺点：由于在恒转矩工作方式下，随着频率的降低，输出电压也必须相应降低，以保持 U/f 比值的恒定，因此在低频运行时，电机的输入电压会显著降低，可能会影响电机的性能和效率。

2. 恒功率工作方式

- 原理：通过调整电机的输入电压和频率，以保持电机的输出功率恒定。具体来说，随着电机转速的变化，变频器会按照 U^2/f 为常数的原则调整电机的输入电压，以确保电机在不同转速下都能提供恒定的功率输出。

- 应用：恒功率工作方式适用于那些需要在不同转速下保持恒定功率输出的应用，如风机、泵类等。
- 缺点：随着电机转速的提升，转矩会相应下降，可能影响设备在高转速下的工作能力；由于在此种工作方式下，变频器的输出电压有限制，因此变频器的调速范围和性能受限；该工作方式对负载的变化较为敏感，稳定性有待提高。

综上所述，恒转矩工作方式、恒功率工作方式分别适用于不同的应用场景和需求。在选择适当的工作方式时，需要考虑负载特性、转速范围，以及所需的转矩或功率输出等多重因素。

8.3.5 变频器的运行特性

1. 额定频率以上调速特性

在电机控制领域，额定频率通常指的是电机设计时确定的运行频率，通常与供电电网的标准频率（如 50Hz 或 60Hz）相对应。额定频率以上调速特性，意味着试图让电机以高于其设计频率的速度运行。在这种情况下，电机的电压已经达到其额定电压，因此不能继续增加。此时，可通过提高频率来改变电机的运行速度。由此可以得出如下结论：

- 输出功率应与频率成反比，即功率将随着频率的上升而降低，这是因为在电压保持不变的情况下，增加频率会导致电机的阻抗增加，从而减小电流。由于功率是电压与电流的乘积，因此电流的减小会导致输出功率的降低。
- 电机转矩将与频率的平方成反比且快速下降，这是因为电机的转矩与电流和磁通量的乘积成正比。在电压恒定的情况下，随着频率的增加，电机的磁通量会降低（因为电压与频率的比值决定了磁通量），而电流也会因为阻抗的增加而减小。因此，转矩会随着频率的增加而快速下降，这是一个非线性的快速下降过程。

以上两个结论强调了在额定频率以上调速时的挑战。由于功率和转矩都会随着频率的增加而显著下降，因此在实际应用中，如果需要在额定频率以上运行电机，必须确保电机和变频器都有足够的余量来应对这种性能下降。这意味着在选择电机和变频器时，应该考虑到它们的额定功率和转矩要大于实际运行中可能需要的最大功率和转矩，以确保系统的可靠性和稳定性。

2. 变频启动特性

变频启动是通过变频器调整电机的供电频率和电压，以实现对电机的平稳启动。这种启动方式与传统的直接启动方式相比，具有显著的优点。变频启动特性包括变频启动的电流特性和变频启动的转矩特性。

- 变频启动的电流特性：当使用变频器进行启动时，电机在加速过程中，频率和电压会相应地逐步提高。这种逐步增加的方式可以有效地限制启动电流的大小。通常情况下，变频启动时的启动电流可以被限制在额定电流的 150%以下，这个范围根据不同的电机种类而有所变化，但变化范围大体为 125%～200%。这样的限制大大减小了对电网和电机的冲击。相比之下，如果使用工频电源直接启动电机，则启动电流会达到额定电流的 5～7 倍，这样的高电流可能会对电网造成较大冲击，同时也可能对电机的绝缘性能和使用寿命产生不利影响。

- 变频启动的转矩特性：在采用变频器传动时，启动转矩通常为额定转矩的 70%～120%。这就意味着电机在启动过程中能够保持相对较高的转矩输出，有助于电机更快地达到正常运行状态。

3. 低频转矩补偿特性

低频转矩补偿特性是针对电机在低频运行时转矩减小的问题而采取的一种补偿措施。在电机运转过程中，当运行频率下降时，交流阻抗会随之变小，而直流电阻保持不变。这就导致在低频、低速运行时，电机的内阻压降占比增加，进而造成转矩减小的趋势。为了解决这个问题，需要采取一些补偿措施来提升低频时的转矩。

低频转矩补偿的常见方法是通过调整电压与频率（V/f）的比值来增加输出电压，从而在低速时获得足够的启动转矩。这种方法被称为“增强启动”或“低频转矩补偿”。

一些现代的变频器具有自动进行低频转矩补偿的功能，它们能够根据电机的运行状态自动调整输出电压，以保持转矩的稳定。此外，还可以手动选择 V/f 模式，即根据实际需要设定合适的电压提升量，以达到预期的转矩输出。

4. 再生制动特性

再生制动特性是电机控制中的一个重要概念，主要应用在需要频繁制动或减速的场景中。当电机在运转过程中降低指令频率时，电机的运行速度可能会高于新的指令频率所对应的同步转速。在这种情况下，电机实际上变成了一个异步发电机，开始产生电能而不是消耗电能。这个过程就是所谓的再生（电气）制动。

在再生制动过程中，电机产生的电能可以被回馈到电网中，但需要特定的设备来实现，如整流器。如果整流器采用的是晶体管桥（如可控硅整流器或 IGBT 等），那么电机产生的电能就可以通过整流器回馈到电网中，从而实现能量的回收和再利用。

然而，需要注意的是，再生制动并不是在所有情况下都适用。例如，在某些电网条件下，回馈的电能可能会对电网造成干扰或影响。此外，再生制动也需要特定的设备和控制系统来实现，这可能会增加系统的复杂性和成本。

5. 变频器辅助制动特性

变频器辅助制动特性是指在电机减速或制动过程中，变频器如何辅助处理由电机再生出来的能量（电机在减速或制动时，会进入再生发电状态，产生电能。如果对这部分电能不加以处理，则会对变频器及电机本身造成损害）。通常情况下，这部分再生能量会储存在变频器的滤波电容中，但滤波电容能够提供约为额定转矩 10%～20%的再生制动力。这就意味着在电机减速或制动时，变频器能够吸收并处理这部分再生能量的能力相对有限。

为了增强变频器的制动能力，需要选用专门的制动单元作为选用件。这些制动单元通常具有更大的容量和更高的耐压能力，因此能够吸收并处理更多的再生能量。通过使用制动单元，变频器的再生制动力可以提升到额定转矩的 50%～100%，从而大大提高电机的制动效果和安全性。

6．挖土机特性

挖土机特性，也被称为“挖掘机特性”或“恒转矩特性”，主要是为了确保电机在极限负荷或堵转情况下能够持续输出最大转矩，而变频器不会因为过流而跳闸。这种特性在某些高转矩或堵转的工况下非常重要，主要作用如下。

- 电机负荷在极限状态下的电流限制：当电机负荷增加到极限，接近或达到堵转状态时，电机的电流会急剧上升。为了保护电机和变频器，需要自动进行电流限制。
- 持续维持最大转矩：通过电流限制，电机可以在不跳闸的情况下持续输出其最大转矩。这对于需要连续高转矩输出的应用非常关键。
- 堵转时变频器不跳闸：在传统的电机控制中，如果电机发生堵转，则电流会迅速增加，可能导致变频器跳闸以保护电路。但在挖土机特性下，即使电机堵转，变频器也不会跳闸，而是限制电流以保持最大转矩输出。
- 专用电路实现：为了实现这一特性，通常需要专用的电路来控制电流和转矩。这些电路能够实时监测电机的电流和转速，当检测到异常情况时，会迅速调整电流以保护电机和变频器。

7．加减速特性

加减速特性描述了变频器控制电机从静止或某一速度平稳过渡到另一速度的过程。这一过程在工业自动化应用中非常重要，因为它将影响到机械的稳定性、效率和寿命。加减速特性主要包括两种：直线加减速和S曲线加减速，示意图如图8-21所示。

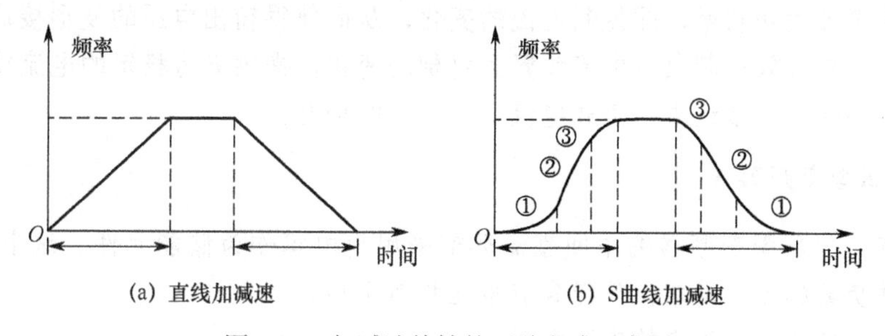

图8-21　加减速特性的两种方式示意图

（1）直线加减速

- 特点：变频器的输出频率按照恒定斜率递增或递减，即频率随时间线性变化。
- 应用：适用于大多数负载，特别是那些对加速度变化不敏感的负载。

（2）S曲线加减速

- 特点：变频器的输出频率按照S曲线递增或递减。
- 应用：适合需要平稳改变速度的场合，如输送易碎物品的传送机、电梯等。它提供了更平滑的加速和减速过程，从而减少了机械应力和冲击。

8.3.6 变频器的分类

1. 按变换的环节分类

变频器按变换的环节分类主要分为两类：交-交变频器、交-直-交变频器。

（1）交-交变频器

- 定义：交-交变频器是一种直接将电网的交流电变换为电压和频率都可调的交流电的变频器，又称直接式变频器。
- 特点：交-交变频器的变换效率较高，且具有过载能力强的优点，但连续可调的频率范围相对较窄，主要应用于低速、大容量的拖动系统中。

（2）交-直-交变频器

- 定义：交-直-交变频器是一种先将工频交流电整流成直流电，再将直流电逆变成频率和电压均可调的交流电的变频器。
- 特点：交-直-交变频器在频率调节范围及改善变频后电机的特性等方面具有明显优势，是目前应用最为广泛的变频器之一，适用于各种需要调速的电机系统。

2. 按直流电源性质分类

按照直流电源性质，变频器可以分为电流型变频器和电压型变频器。

（1）电流型变频器

- 特点：电流型变频器的中间直流环节采用大电感作为储能元件。这个大电感主要用于缓冲无功功率，即扼制电流的变化，从而使得输出电压的波形接近正弦波。
- 优点：能有效扼制负载电流频繁且急剧的变化，提供更为稳定的电流输出。
- 应用场合：通常适用于负载电流变化较大的场合。

（2）电压型变频器

- 特点：电压型变频器的中间直流环节采用大电容作为储能元件。这个大电容用于缓冲负载的无功功率，使得直流电压相对平稳。
- 优点：能够提供稳定的直流电压。
- 应用场合：通常适用于负载电压变化较大的场合。

3. 按照开关方式分类

按照开关方式分类，变频器可分为PAM控制变频器、PWM控制变频器和高载频PWM控制变频器。

（1）PAM控制变频器

- 定义：PAM控制变频器是一种在整流电路部分对输出电压（电流）的幅值进行控

制，在逆变电路部分对输出频率进行控制的变频器。

- 特点：电机运转噪声小、效率高，但控制电路相对复杂。

（2）PWM 控制变频器

- 定义：PWM 控制变频器是通过调整脉冲的宽度来控制输出电压的大小，从而实现对电机精确控制的变频器。
- 特点：具有精确控制、节能及可靠性强等优点，广泛应用于电机变频驱动系统中，如空调、洗衣机，以及能源管理和电力电子领域。

（3）高载频 PWM 控制变频器

- 定义：高载频 PWM 控制变频器是对 PWM 控制变频器的改进，其主要目的是降低电机运转时的噪声。在这种控制方式中，载波频率被提高到超出人耳可听频率范围（通常高于人耳可听频率范围 10～20kHz），从而实现降低电机运转噪声的目的。
- 特点：显著降低了电机运转时产生的噪声，提高了使用环境的舒适度，但对换流器件的开关速度有较高要求。

4. 按照工作原理分类

按照工作原理分类，变频器可分为 V/f 控制变频器、转差频率控制变频器和矢量控制变频器等。

（1）V/f 控制变频器

V/f 控制变频器通过调整变频器的输出电压和输出频率之比来改变电机在调速过程中的机械特性，适用于对调速精度要求不是特别高的场合。

（2）转差频率控制变频器

转差频率控制是在 V/f 控制变频器的基础上，根据异步电机的实际转速对应的电源频率，通过调节变频器的输出频率来得到期望的转矩。

（3）矢量控制变频器

矢量控制变频器通过坐标变换，将三相系统等效变换为两相系统，再将交流电机定子电流矢量分解成两个直流分量（磁通量分量和转矩分量），从而实现对交流电机的磁通量和转矩的独立控制，具有高精度的速度控制和良好的动态性能，是现代变频器的重要发展方向。

5. 按电压等级分类

按电压等级分类，变频器可分为高压变频器、中压变频器、低压变频器。

（1）高压变频器

- 电压等级：通常情况下，额定电压为 35kV 及以上。
- 应用领域：主要用于电力输配电、大型水泵、风机等领域。

（2）中压变频器

- 电压等级：通常情况下，额定电压为3kV、6kV、10kV等。
- 应用领域：适用于中小型工厂、机房、大型商场等领域的设备控制。

（3）低压变频器

- 电压等级：通常情况下，额定电压为380V或400V，也有厂商将额定电压低于690V的变频器定义为低压变频器。
- 应用领域：适用于家庭、商业、工业等领域的小型电动设备。

8.3.7 变频器的参数表

变频器的参数表是维修人员必须深入了解和掌握的重要工具。尽管大部分参数在出厂时已经设置好了，但在实际应用中，为了优化性能和满足特定需求，可能需要对某些参数进行调整。下面列举一些经常需要修改的参数及说明。

1．参数保护开关

参数保护开关用于锁定变频器的关键设置，防止发生误操作或未经授权的修改。在编辑参数时，需要打开此开关；编辑完成后，应将其关闭以锁定参数。

2．自动目标速度

通过外部开关输入，可以选择不同的预设速度（高速、中速、低速等）。这些速度的具体值需要在参数表中设置，非常适合需要根据不同工作场景快速切换运行速度的应用。

3．点动速度

点动速度是指变频器在点动模式下的运行速度。点动模式通常用于设备的微调或定位。

4．U/F控制

U/F控制是变频器的一种控制方式，用于保持电机的磁通量恒定，从而确保电机的平稳运行。选择合适的控制方式对于电机的性能和效率至关重要。

5．加速时间、减速时间

加速时间、减速时间的设置对于电机的启动和停止过程非常重要。若设置不当，则可能会导致过电流报警或设备损坏。因此，需要根据电机的实际负载和特性来合理设置参数。

6．启动电压

在低频启动时，适当提升启动电压可以提高电机的启动扭矩。这个参数的设置需要根据电机的具体规格和应用场景来确定。

7. 电子热继电器

电子热继电器用于设置变频器的过载保护电流，应根据电机的负荷来设置电子热继电器的参数，以确保在电机过载时能够及时切断电源，防止设备损坏。

8. 输入方式

输入方式的选择决定了如何向变频器提供速度指令。常见的输入方式包括模拟量输入、数字量输入等。

9. 最大频率

最大频率是变频器允许输出的最高频率。这个参数的设置需要考虑到电机的额定频率及实际应用中的需求，超过电机的额定频率可能会导致电机损坏或性能下降。

8.3.8 变频器的维护和检查

1. 检查输入电压

在维修变频器之前，检查输入电压是非常关键的环节。若将不匹配的电压接入变频器，如将 380V 的电源接入设计为 220V 的变频器中，会导致设备损坏，甚至发生危险。因此，在进行任何维修操作之前，务必确认输入电压与变频器的额定电压相匹配。

2. 关闭电源后的等待时间

在关闭变频器的输入电源后，需要等待一段时间以确保变频器内部的电容器已经放电完毕。通常情况下，当充电发光二极管熄灭后，还应至少等待 5 分钟，以确保安全，从而避免在检查或维修过程中发生触电事故。

3. 避免擅自改装

变频器是精密的电子设备，非专业人员不应擅自进行改装或调整。不当的改装可能导致设备损坏、性能下降，甚至引发安全问题。所有对变频器的改动都应在专业人员的指导下进行。

4. 维修前的准备工作

在进行维修、检查或更换部件之前，应取下所有的金属物品，以防发生短路或触电。与此同时，应使用带有绝缘保护的工具进行操作，并且这些工作必须由具备相关技能和经验的人员来执行，以确保安全和质量。

5. 检查变频器的地线连接

如果变频器在运行过程中无法停止，且停止按钮失效，则可能是由于地线连接不当导致的。在这种情况下，应检查变频器的地线连接。如果发现变频器的地线只与变压器的中性线相连，而变压器的中性线没有正确接地，那么应将变压器的中性线可靠接地，以恢复变频器的正常运行。

8.4 伺服系统

8.4.1 伺服系统的发展

1. 起源与定义

伺服系统，源自英文单词“Servo”，意为按照指令执行动作。它是一种反馈控制系统，用于精确控制机械的位移、位移速度、加速度等，也称随动系统。最初，伺服系统主要应用于船舶的自动驾驶、火炮控制及指挥仪等领域，现在，通常用于具有高精度、高稳定性需求的控制应用中，例如，伺服系统在自动车床、天线位置控制、导弹和飞船的制导等方面得到了广泛应用。伺服系统的外观结构和铭牌如图 8-22 所示。

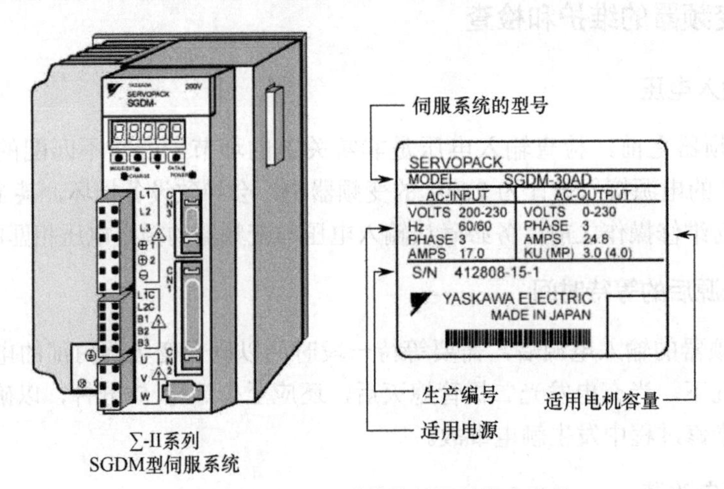

图 8-22 伺服系统的外观结构和铭牌

2. 发展历程

随着技术的进步，伺服系统经历了从液压、气动到电气化系统的发展过程。这一演变历经了近 50 年。

3. 国内市场发展

伺服系统在国内的发展起步较晚，最初主要应用于军事领域，如军事船舶的自动驾驶、火炮的控制发射等。自 2000 年以后，随着国内中高端制造业的不断发展，伺服系统在民用市场的应用逐渐扩大。根据前瞻产业研究院的报告，未来 5 年，受益于产业升级的影响，我国伺服系统行业将保持 20%以上的市场规模增长速度。

4. 主要作用

- 以小功率指令信号去控制大功率负载：这意味着操作者可以使用较小的力量或能量来对大型、重型的设备进行精确操控。

- 在没有机械连接的情况下，可由输入轴控制位于远处的输出轴，以实现远距离的同步传动：伺服系统可通过电气信号或其他非机械方式，远距离精确地同步传动输出轴，这对于复杂的机械系统或不易直接接触的操作环境极为重要。
- 使输出机械位移精确地跟踪电信号：这在需要高精度控制和监测的场合尤为重要，如科学实验、精密加工或自动化生产线中的精确定位等。此外，伺服系统也常用于各种记录和指示仪表中，以确保测量的准确性和可靠性。

5. 发展趋势

- 市场竞争加剧与国产替代：伺服系统的国产品牌与外资品牌的竞争加剧，尤其是在争夺高端市场自主权方面，尤为明显。
- 技术创新与集成度提升：伺服系统的集成度会越来越高，未来可能会出现更多的“控制+驱动”“驱动+执行”的集成产品，甚至会朝着“控制+驱动+执行”的集成产品方向发展。
- 注重绿色环保：伺服系统将通过采用先进的电力电子技术和高效的控制算法，有效降低能耗，减少对环境的影响。
- 性能不断提升：伺服系统通过提高系统的响应速度、降低运行噪声等方式，有效提升伺服系统的整体性能。

8.4.2　伺服系统的分类

伺服系统可以根据不同的特性和组成元件进行多重分类。

1. 按照系统组成元件的性质分类

- 电气伺服系统：以电机为核心驱动，通过电气信号来精确操控。
- 液压伺服系统：依靠液压动力元件来执行动作，通过液压信号实施控制。
- 电液伺服系统：结合电气与液压技术，同时依靠电气信号和液压信号进行控制。

2. 按照系统输出量的物理性质分类

- 速度或加速度伺服系统：专注于调控输出的速度或加速度参数。
- 位置伺服系统：其核心是对输出位置进行高精度控制。

3. 按照包含的元件特性和信号作用分类

- 模拟式伺服系统：采用模拟电路技术处理信号。
- 数字式伺服系统：采用数字电路技术处理信号，以确保更高的控制精度和系统稳定性。

4. 按照系统的结构特点分类

- 单回伺服系统：在系统设计中仅包含一个反馈控制回路。
- 多回伺服系统：由多个反馈回路组成的更复杂的控制系统。

5．按照驱动元件分类

- 步进式伺服系统：使用步进电机作为驱动元件。
- 直流电机伺服系统：采用直流电机作为驱动元件。
- 交流电机伺服系统：采用交流电机作为驱动元件。

6．按照控制方式分类

- 开环伺服系统：其控制不依赖于系统的反馈信号。
- 闭环伺服系统：通过反馈信号来实现系统的闭环控制。
- 半闭环伺服系统：在控制过程中部分依赖于反馈信号。

8.4.3 伺服系统的性能要求

伺服系统的性能指标主要包括稳定性、精度、快速响应性和节能性。

1．稳定性

稳定性是伺服系统的基础要求之一。它指的是在受到外部扰动后，系统能够迅速恢复到原来的稳定状态，或者在接收到新的输入指令信号时，系统能够平稳地过渡到新的稳定运行状态。这种稳定性确保了伺服系统在各种工作条件下都能保持可靠的性能。

2．精度

伺服系统的精度主要表现在其输出量能否精确地响应输入量的变化，是衡量伺服系统性能的重要指标，这一点在需要精密加工的场合尤为显著。以数控机床等精密加工设备为例，它们对于定位精度和轮廓加工精度有着极高的要求，其中允许的偏差范围相当小，通常仅为 0.001～0.01mm。这样的高精度标准，正是为了保证加工出的零部件具有卓越的准确性和高品质。

3．快速响应性

快速响应性是评价伺服系统是否优质的重要指标之一。它包含两方面的含义：一是在动态响应过程中，输出量能否迅速跟随输入指令进行变化；二是动态响应过程能否迅速结束，以达到稳定状态。为了满足以上要求，伺服系统需要具有较短的过渡时间，通常在 200ms 以内，甚至更短。与此同时，为了满足超调的需求，过渡过程的初期变化应迅速，也就是说，需要较大的上升率，从而使得过渡曲线的前沿部分陡峭。

4．节能性

伺服系统还有一个性能要求——节能性，其重要性正日益凸显。由于伺服系统具有快速响应的特性，因此可以根据实际需要迅速调整供给，显著提高设备的能效，从而达到高效节能的目的。这不仅有助于降低运行成本，还符合当前绿色环保、可持续发展的趋势。

综上所述，稳定性、精度、快速响应性和节能性是伺服系统的关键性能要求。这些要求共同确保了伺服系统在各种应用场景中的可靠性、准确性和高效性。

8.4.4　伺服系统的结构

伺服系统主要由三部分组成：控制器、驱动装置、伺服电机。每个部分都有其独特的功能，它们共同协作以确保伺服系统的准确和高效运行。

1．控制器

控制器是伺服系统的核心部分，负责接收伺服系统的给定值，通过反馈装置检测到的实际运行值来计算偏差，并根据这个偏差调节控制量，以实现精确控制。

2．驱动装置

驱动装置是伺服系统的重要组成部分，它作为系统的主回路，起着电能转换和电机转矩调节的作用。

根据控制器输出的控制量，驱动装置可将电网中的电能适当地作用于伺服电机上，从而调节电机的转矩大小。与此同时，驱动装置还可根据电机的要求，将恒压恒频的电网供电转换为伺服电机所需的特定形式的交流电或直流电。

3．伺服电机

伺服电机是伺服系统的执行机构，根据从驱动装置接收到的电能大小来拖动机械传动机构进行运转。伺服电机的性能对伺服系统的整体性能和精度有着直接影响。

下面以开环伺服系统、半闭环伺服系统、闭环伺服系统为例，其结构示意图如图 8-23 所示。

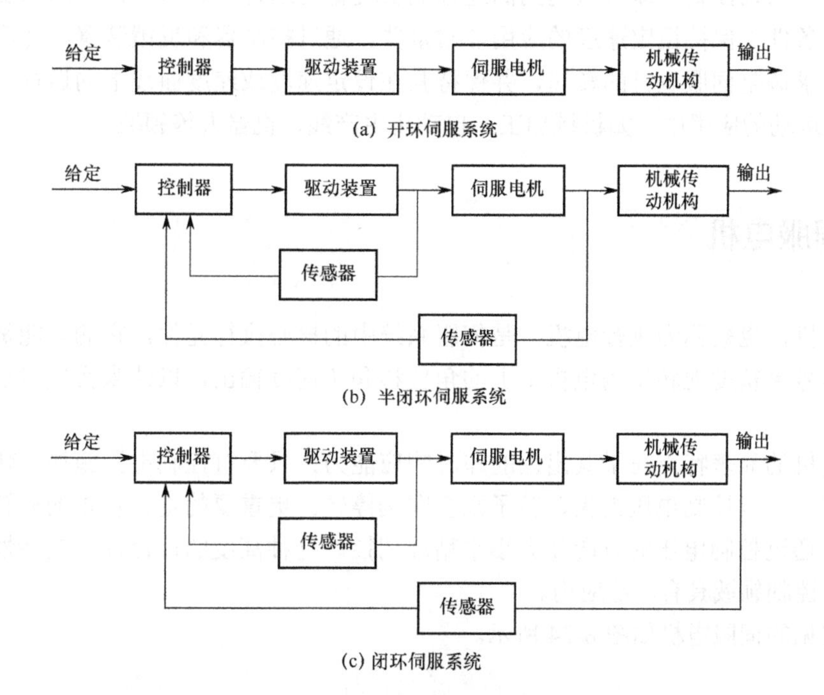

图 8-23　伺服系统的结构示意图

8.4.5 伺服系统的优势

伺服系统作为一种高精度、高效率的控制系统，在工业自动化领域发挥着重要作用。其主要优势可以概括为以下几个方面。

1. 具有精确的检测装置

伺服系统配备了高精度的检测装置，能够准确地测量和反馈执行机构的位置、速度等关键参数，从而实现对执行机构的精确控制。

2. 具有多种反馈比较方法

伺服系统根据检测装置实现信息反馈的原理不同，具有多种反馈比较方法。常用的方法包括脉冲比较法、相位比较法和幅值比较法。这些方法各有特点，可适应不同的控制需求，并能提高伺服系统的控制精度和响应速度。

3. 具有高性能的伺服电机

伺服系统通常采用高性能的伺服电机作为执行机构。这些伺服电机具有输出力矩大、转动惯量小、加速和制动力矩大等特点。此外，为了减少机械传动机构的中间环节，伺服电机还具备直接与机械部分连接的能力。

4. 具有宽调速范围的速度调节系统

宽调速范围的速度调节系统也称速度伺服系统。这种系统能够在广泛的速度范围内对伺服电机进行精确控制，即从低速到高速都能实现稳定运行。这对于需要频繁变速或需要在不同负载条件下保持恒定速度的应用非常重要。通过控制器和反馈装置，速度伺服系统可以根据需求调整伺服电机的转速，并保持其在设定速度或速度曲线下的运行，常见于需要精确控制运动的应用中，如机械加工、自动化生产线、机器人等领域。

8.5 伺服电机

伺服电机，也被称为执行电机，是伺服系统中的核心执行元件，它的功能是将输入的电压控制信号高精度地转换为电机轴上的角位移和角速度输出，以此来实现对控制对象的精确驱动。

这种电机的显著特点在于其出色的即时响应能力：只要有控制电压施加，转子就会立刻开始旋转；一旦控制电压消失，转子则会即刻停转。更重要的是，转轴的旋转方向、速度完全可以通过控制电压的方向和大小来精准调控。这种高度的可控性和灵活性使得伺服电机在自动控制领域具有广泛应用。

几种常见的伺服电机如图 8-24 所示。

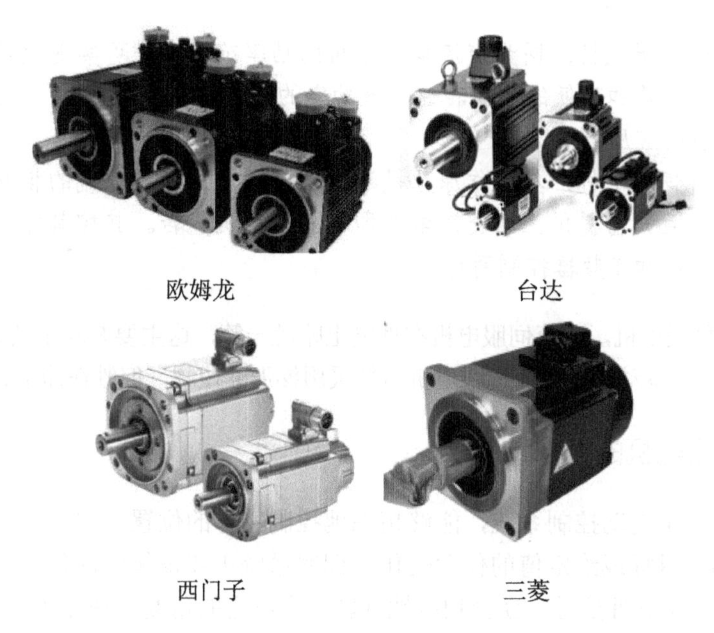

图 8-24　几种常见的伺服电机

8.5.1　伺服电机的基本分类

伺服电机主要分为直流伺服电机和交流伺服电机两大类。在控制领域的多样化应用场景中，为了优化系统性能，选择恰当的伺服电机类型显得尤为重要。在自动控制应用领域，通常偏向于选择交流伺服电机（因其稳定性与可靠性备受认可），但在对调速或控制精度有极高要求的场合，直流伺服电机则因其出色的精细调节能力和高精度特性而备受青睐。为了确保在各种需求下系统均能达到最佳性能，选择合适的伺服电机类型是不可或缺的一环。

1. 直流伺服电机

直流伺服电机可细分为有刷直流伺服电机和无刷直流伺服电机两类。

- 有刷直流伺服电机：这类电机的成本较低，构造简洁，具备较大的启动转矩和宽泛的调速范围，控制简便。然而，它需要定期维护（如更换碳刷），且维护过程较为繁琐。此外，有刷直流伺服电机在运行中会产生电磁干扰，并对运行环境有一定要求。尽管如此，它依然适用于大多数对成本敏感的普通工业和民用领域。
- 无刷直流伺服电机：无刷直流伺服电机以体积小、重量轻、出力大、响应迅速著称，还具有无需维护、效率高、速度快、惯量小、可低温度运行、电磁辐射低、寿命长、转动平滑和力矩稳定等特点，因此适用于各种环境。尽管其控制较为复杂，但易于实现智能化操作。其电子换相方式灵活多样，如可采用方波换相或正弦波换相。

2. 交流伺服电机

交流伺服电机，可进一步细分为同步和异步两种类型。

- 同步交流伺服电机：同步交流伺服电机的功率范围广，可实现大功率输出。由于其具有大惯量和较低的最高转速（随功率的增大而迅速下降），因此特别适合低速平稳运行的应用场景。
- 异步交流伺服电机：其工作原理是通过旋转磁场与感应电流的相互作用产生电磁转矩，并且只需提供三相交流电源即可驱动电机旋转。其控制方式主要分为直接接触器控制和变频器控制两种。

相较于直流伺服电机，交流伺服电机在性能上略胜一筹，这主要归功于其正弦波的控制方式，有效减小了转矩脉动。而直流伺服电机虽然采用梯形波控制，但胜在简单且成本低廉。

8.5.2 伺服电机的内部结构

伺服系统是一个自动控制系统，能够精确地控制物体的位置、方位和状态等输出，使其能紧密跟随输入目标或给定值的任意变化。伺服系统主要依靠脉冲信号进行定位，即伺服电机每接收到一个脉冲信号，就会相应地旋转一个特定的角度，从而实现精确的位移。

值得一提的是，伺服电机本身也具备发出脉冲信号的功能。每当电机旋转一个角度，它都会发出与旋转角度相对应的脉冲信号，也就是说，伺服电机接收和发出的脉冲信号形成了一种闭环反馈机制。通过这种机制，伺服系统能够精确地记录和监控发送给伺服电机的脉冲数量，并同时接收电机发出的回应脉冲。这种双向的脉冲通信方式，使得伺服系统能够实现对电机转动的精细控制，从而达到极高的定位精度，甚至可以达到 0.001mm 的级别。

伺服电机的内部由输入轴、滚珠轴承、光电晶体管、编码圆盘、分度尺、发光二极管等多个精密部件组成，这些部件共同协作，确保了电机的高效稳定运行。

- 输入轴是伺服电机的动力输入部分，它与外部设备相连接，负责传递转动力矩。
- 滚珠轴承则承载着输入轴，保证了其平稳旋转，同时减小了摩擦和磨损，延长了伺服电机的使用寿命。
- 在伺服电机的运行过程中，编码圆盘起到了至关重要的作用。它固定在输入轴上，随着输入轴的转动而旋转。编码圆盘上的图案或刻度被精心设计，以便能够准确反映输入轴的旋转角度和速度。
- 光电晶体管和发光二极管则构成了一个光电编码器，用于检测编码圆盘的旋转情况。发光二极管发出光线，当编码圆盘旋转时，其上的图案会遮挡或透过光线，光电晶体管则负责接收这些变化的光线信号，并将其转换为电信号。
- 分度尺与编码圆盘相配合，为系统提供了更精确的旋转度量。通过测量编码圆盘转过的刻度数量，系统可以准确地计算出输入轴的旋转角度，从而实现对伺服电机的精确控制。

这些内部部件的精密协作，使得伺服电机能够快速、准确地响应控制指令，实现高精度的位置控制和速度调节。无论是在工业自动化、机器人领域，还是航空航天领域，伺服电机都发挥着举足轻重的作用，为现代科技的发展提供了强有力的支持。

伺服电机的内部结构图如图 8-25 所示。

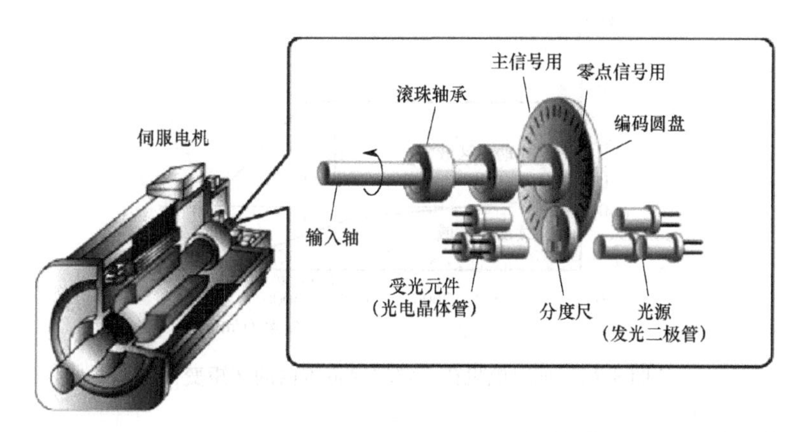

图 8-25　伺服电机的内部结构图

8.5.3　伺服电机的特点

伺服电机与其他类型的电机，如步进电机相比，展现出了显著的优势。

- 精度高：伺服电机通过闭环控制系统，能够精确地实现对位置、速度和力矩的控制。这一特性有效解决了步进电机可能出现的失步问题，大大提高了运动控制的准确性。
- 转速高：在转速方面，伺服电机也表现出色。其高速性能优越，额定转速通常能达到 2000～3000 转，从而满足各种高速应用需求。
- 稳定性突出：稳定性是伺服电机的另一大特点。即使在低速运行时，伺服电机也能保持平稳，使得伺服电机非常适合需要高速响应的场合，确保了运动控制的平滑性和连贯性。
- 响应及时：伺服电机具有极短的动态响应时间。电机加减速的过程非常迅速，通常在几十毫秒内就能完成，正是因为这一优势，使得伺服电机能够迅速响应控制指令，提高了整体系统的反应速度。
- 舒适性强：在舒适性方面，伺服电机的发热和噪声都明显降低，为用户提供了更加舒适的工作环境。
- 过载能力强：值得一提的是，伺服电机的过载能力非常出色。在运行过程中，它能够承受瞬时的高负载，过载能力基本可以达到额定负载的三倍以上，这为其在恶劣工作环境下提供了强有力的保障。
- 转矩平稳：伺服电机在 0～3000 转的转速范围内可保证转矩平稳，不会因转速的变化而产生过大的转矩波动，如图 8-26 所示。这种稳定的转矩输出使得伺服电机在各种应用场合中都能提供可靠的性能。

简而言之，伺服电机与日常所见的普通电机相比，具有显著的优势：普通电机在断电后，由于惯性，还会继续旋转一段时间后再停下；而伺服电机和步进电机能够实现即停即走，反应速度极快，并且相比之下，步进电机存在失步的问题，伺服电机则通过其闭环控制系统和诸多技术优势，确保了极高的运动控制精度和稳定性。

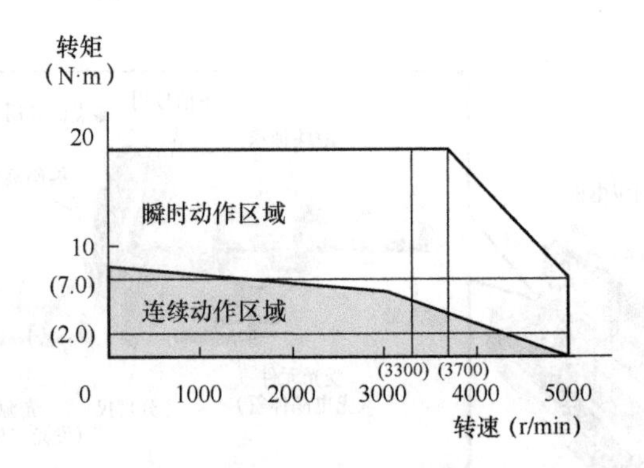

图 8-26 伺服电机在一定转速范围内的转矩变化

8.5.4 伺服电机的选型步骤

1．确定整体机械结构及零部件规格

在进行伺服电机的选型之初，必须先确定整体机械结构，这可能包括丝杆构造、传送带传动构造、齿条、齿轮等核心组件；紧接着，需要详细确定各种机械结构零部件的规格，例如，丝杆的长度、螺距、滑轮直径等关键参数，这些都是在选型过程中不可或缺的考虑因素。确定整体机械结构及零部件规格如图 8-27 所示。

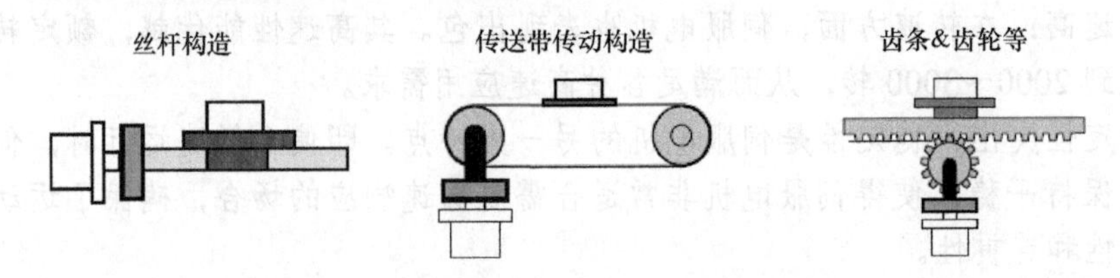

图 8-27 确定整体机械结构及零部件规格

2．确定运转模式

明确伺服电机的运转模式是伺服电机选型的关键步骤，该运行模式涵盖了加速时间、匀速时间、减速时间、停止时间、循环时间及移动距离等参数，如图 8-28 所示。选择恰当的运转模式对伺服电机容量的需求有着直接影响。通常情况下，通过适当延长加速时间、减速时间和停止时间，可以选择容量较小的伺服电机，从而满足节能和经济性的需求。

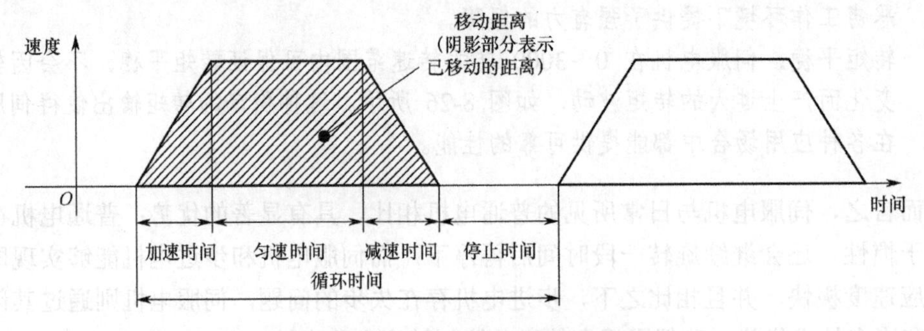

图 8-28 运行模式涵盖的参数

3．计算负载惯量和惯量比

在伺服电机的选型过程中，需要精确计算负载的惯量。一般情况下，惯量可视为保持某种状态所需的“力”。这一步骤需要综合考虑机械结构的各个部分，并参照通用的负载惯量计算方法进行。

随后，通过将计算得出的负载惯量除以伺服电机转子的惯量，可以得出惯量比。在进行这一计算时，务必注意伺服电机转子惯量的单位，通常为“千克・平方米”（$kg \cdot m^2$）。这一惯量比对于伺服电机的选型和性能评估至关重要。

一般来说，对于 750W 以下的伺服电机，惯量比应控制在 20 倍以下；对于 1000W 以上的伺服电机，惯量比应控制在 10 倍以下。若系统要求快速响应，则需要较小的惯量比；如果加速时间允许较长（如数秒），则可采用较大的惯量比。

一般的负载惯量计算方法如表 8-1 所示。

表 8-1　一般的负载惯量计算方法

形　状	负载惯量计算公式	形　状	负载惯量计算公式
圆盘	$J=\frac{1}{8}WD^2(\text{kg}\cdot\text{m}^2)$ W：重量（kg） D：外径（m）	空心圆柱	$J=\frac{1}{8}W(D^2+d^2)(\text{kg}\cdot\text{m}^2)$ W：重量（kg） D：外径（m） d：内径（m）
棱柱	$J=\frac{1}{12}W(a^2+b^2)(\text{kg}\cdot\text{m}^2)$ W：重量（kg） a,b,c：各边长度（m）	均质圆杆	$J=\frac{1}{48}W(3D^2+4L^2)(\text{kg}\cdot\text{m}^2)$ W：重量（kg） D：外径（m） L：长度（m）
直杆	$J=\frac{1}{3}WL^2(\text{kg}\cdot\text{m}^2)$ W：重量（kg） L：长度（m）	分离杆	$J=\frac{1}{8}WD^2+WS^2(\text{kg}\cdot\text{m}^2)$ W：重量（kg） D：外径（m） S：距离（m）
减速机	换算至 a 轴的惯量 $J=J_1+\left(\frac{n_2}{n_1}\right)^2 J_2(\text{kg}\cdot\text{m}^2)$ n_1：a 轴转速（r/min） n_2：b 轴转速（r/min）	丝杆	$J=J_B+\frac{W\cdot P^2}{4\pi^2}(\text{kg}\cdot\text{m}^2)$ W：重量（kg） D：螺距 J_B：滚珠丝杆的负载惯量
传送带	$J=\frac{1}{4}WD^2(\text{kg}\cdot\text{m}^2)$ W：传送带上的重量（kg） D：传送轮直径（m） ※不含传送轮的负载惯量		

4．计算伺服电机的转速

在计算伺服电机转速的过程中，必须全面考虑多个关键参数，包括移动距离、加速时间、减速时间及匀速时间等。这些参数对于确定伺服电机的转速需求至关重要。

- 移动距离决定了伺服电机需要驱动负载移动的总长度。
- 加速时间反映了伺服电机从静止状态增至工作速度所需的时间。
- 减速时间反映了伺服电机从工作速度降至静止状态所需的时间。
- 匀速时间表示伺服电机在稳定运行速度下的时间段。

综合考虑这些参数，能够更准确地计算出伺服电机在整个工作循环中所需的平均转速和峰值转速，从而确保伺服电机能够在各种工作阶段都能提供足够的动力，避免发生过载或性能不足的情况。

5. 计算伺服电机的转矩

根据负载惯量、加速时间、减速时间、匀速时间等计算所需的伺服电机转矩。

（1）峰值转矩

伺服电机在运转过程中（尤其是加减速时）所需的最大转矩，应控制在伺服电机最大转矩的 80%以下。

（2）摩擦转矩

伺服电机在长时间运转时所需的摩擦转矩（T_f，f 为 friction 的首字母），应控制在伺服电机额定转矩的 80%以下。以丝杆构造和传送带传动构造为例，其摩擦转矩的计算方法如图 8-29 所示。

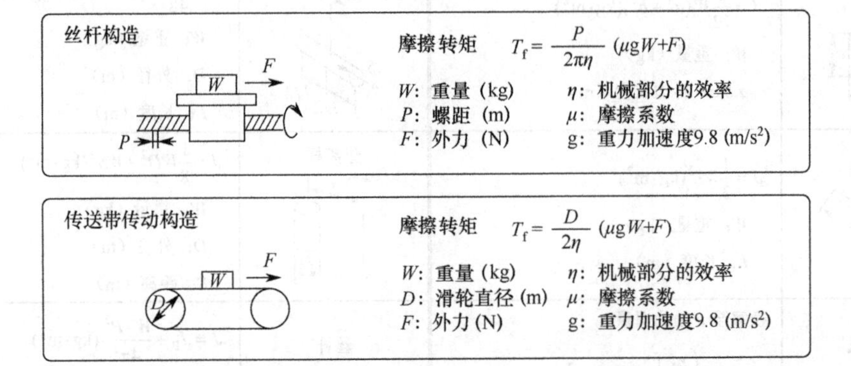

图 8-29　摩擦转矩的计算方法

（3）实效转矩

实效转矩（T_{rms}，其中 rms 是 root mean square 的缩写），又称平方根扭矩，是指在整个运转和停止过程中所需转矩的均方值。为了确保电机的稳定运行和延长其使用寿命，实效转矩应控制在伺服电机额定转矩的 80%以下。

实效转矩的计算公式如下：

$$T_{rms}=\sqrt{\frac{{T_a}^2\times t_a+{T_f}^2\times t_b+{T_d}^2\times t_d}{t_c}}$$

式中，T_a 为加速时转矩（N·m）；t_a 为加速时间（s）；t_c 为循环时间（s）；T_f 为摩擦转矩

（N • m）；t_b 为匀速时间（s）；T_d 为减速时转矩（N • m）；t_d 为减速时间（s）。

通过以上详细步骤，包括确定整体机械结构及零部件规格、确定运转模式、计算负载惯量和惯量比、计算伺服电机的转速、计算伺服电机的转矩等，现已具备足够的信息来选择一款能满足特定应用条件的伺服电机。

8.5.5 PLC 控制伺服电机的模式

PLC 对伺服电机的控制模式主要有三种，即转矩控制模式、位置控制模式、速度模式。

1. 转矩控制模式

转矩控制模式允许通过外部模拟量输入或直接对伺服驱动器的特定地址进行赋值来精确设定电机轴的输出转矩。这种控制模式提供了极高的灵活性和精确性，使得电机能够根据实际需求输出恰当的转矩。

举例来说：如果设定 10V 的模拟量对应 5N • m 的转矩，那么当外部模拟量设定为 5V 时，电机轴将输出 2.5N • m 的转矩。这种线性的控制关系使得操作人员能够方便地通过调整模拟量来设定所需的转矩值。

在转矩控制模式下，电机的行为会根据负载情况进行动态调整：如果负载低于设定的转矩值（如 2.5N • m），则电机正转，以提供足够的转矩来驱动负载；如果负载恰好等于设定的转矩值，则电机停止转动，保持当前位置；如果负载超过设定的转矩值，则电机反转，以尝试减小负载对电机的影响。这种情况通常出现在需要克服重力负载或其他外部阻力的场合。

除了可通过模拟量输入来设定转矩外，操作人员还可以通过通信的方式修改伺服驱动器中相应地址的数值来实现转矩的调整。这种方式提供了更远的控制距离和更高的灵活性，使得转矩控制更加便捷和高效。

总体而言，转矩控制模式使得伺服电机能够根据实际需求输出精确的转矩值，从而满足各种复杂应用场景的需求。无论是在需要精确控制转矩的工业生产线上，还是在需要克服重力负载的特殊环境中，转矩控制模式都能发挥出其独特的优势。

2. 位置控制模式

位置控制模式主要依赖于外部输入的脉冲信号来控制伺服电机的转动速度和转动角度。具体来说，脉冲的频率决定了伺服电机的转动速度，而脉冲的数量则精确控制了伺服电机的转动角度。这种控制模式使得伺服电机能够非常准确地达到预定的位置，从而满足各种精密定位的需求。

除了通过脉冲信号进行控制外，某些先进的伺服系统还支持通过通信方式直接设定伺服电机的速度和位移值。这种通信控制模式为远程操控和自动化集成提供了极大的便利，也使得控制过程更加灵活和高效。

由于位置控制模式能够同时对伺服电机的速度和位置进行高精度控制，因此它在需要精确定位的装置中得到了广泛应用。无论是在工业生产、机械加工，还是在科研实验等领域，位置控制模式都发挥着不可或缺的作用，从而为各种精密设备的稳定运行提供了有力保障。

3．速度模式

在速度模式下，伺服电机的转动速度可以通过模拟量输入或脉冲频率进行灵活调整，使得伺服电机的速度能够根据实际需求进行快速而精确的变化。当伺服系统中存在上位控制器，并执行外环 PID（比例-积分-微分）控制时，速度控制模式可展现出其精确定位的能力。

然而，为了实现精确定位，一个关键要素是将伺服电机的位置信号或直接负载的位置信号实时反馈给上位控制器。这种反馈机制允许上位控制器根据当前位置与目标位置的差距进行必要的运算和调整，从而确保伺服电机能够准确、迅速地到达预定位置。

速度模式在需要灵活调整伺服电机速度的同时，又要求保持一定定位精度的应用中表现尤为出色。无论是在自动化生产线上，还是在精密机械加工中，速度模式都能提供既快速又准确的运动控制，可满足现代工业对于高效率和高精度的双重需求。

课 后 习 题

1．简述 PLC 的特点。
2．在使用三菱触摸屏时需要注意哪些事项？
3．简述变频器的控制方式。
4．简述伺服电机的主要特点。